普通高等学校"十三五"规划教材

化工仪表及自动控制

HUAGONG YIBIAO JI ZIDONG KONGZHI

麻晓霞 王晓中 田永华 编

U0230994

化学工业出版社

·北 京·

《化工仪表及自动控制》在内容编排和组织上，注重理论联系实际，引用生产实际和工程实例，介绍了化工生产过程中自动控制系统方面的基础知识，重点阐述了被控对象的建模、检测变送仪表、自动控制仪表、执行器，各种自动控制系统的特点、设计及常用复杂控制系统的分析。在简单、复杂控制系统的基础上，还介绍了计算机控制系统，最后结合生产过程介绍了典型化工单元操作的控制方案。本书内容丰富、结构严谨、系统性强，理论联系实际，重在培养学生的工程意识和工程应用能力，以适用人才培养新模式；结合现代控制技术的特点，在传统自动控制基础知识的基础上，对新概念、新技术、新仪表、新系统做了全面的阐述，以适应自动检测技术和自动化理论的新发展。

本书可用作化工、食品、制药、炼油、轻工、冶金等工艺类专业的本科生教材，亦可作为相关专业的研究生和工程技术人员的参考用书。

图书在版编目（CIP）数据

化工仪表及自动控制/麻晓霞，王晓中，田永华编. —北京：化学工业出版社，2019.12（2024.7重印）
普通高等学校"十三五"规划教材
ISBN 978-7-122-35846-2

Ⅰ.①化⋯　Ⅱ.①麻⋯②王⋯③田⋯　Ⅲ.①化工仪表-高等学校-教材②化工过程-自动控制系统-高等学校-教材
Ⅳ.①TQ056

中国版本图书馆 CIP 数据核字（2019）第 278223 号

责任编辑：王海燕　窦　臻　　　　　　　　　装帧设计：刘丽华
责任校对：宋　玮

出版发行：化学工业出版社（北京市东城区青年湖南街 13 号　邮政编码 100011）
印　　装：北京科印技术咨询服务有限公司数码印刷分部
787mm×1092mm　1/16　印张 16¼　字数 401 千字　　2024 年 7 月北京第 1 版第 4 次印刷

购书咨询：010-64518888　　　　　　　　　售后服务：010-64518899
网　　址：http://www.cip.com.cn
凡购买本书，如有缺损质量问题，本社销售中心负责调换。

定　　价：39.00 元

前 言

伴随着科学技术的飞速发展，自动化技术已广泛地应用于化工、石油、制药、轻工、机械、生物、环境等重要领域。同时，自动化技术的进步也极大地推动了工业生产向大型化、连续化、复杂化方向发展，各种类型的自动控制系统已成为现代工业生产实现安全、高效、低耗的基本条件和重要保障。因此，对工程工艺类专业技术人员来说，学习和掌握必要的自动化知识，对管理与开发现代化生产过程是十分重要的。

《化工仪表及自动控制》是一本适用于化工、食品、制药、炼油、轻工、冶金等工艺类专业的本科生教材，亦可作为相关专业的研究生和工程技术人员的参考用书。本书结合现代控制技术的特点，在传统自动控制基础知识的基础上，对新概念、新技术、新仪表、新系统做了全面的阐述，以适应自动检测技术和自动化理论的新发展。

《化工仪表及自动控制》以检测技术、控制系统、控制装置为主线，并辅以计算机控制系统的应用，共分为九章。第一章介绍了化工生产过程中自动控制系统方面的基础知识；第二章到第五章重点阐述了被控对象的建模、检测变送仪表、自动控制仪表、执行器等环节的结构、原理和选型；第六章到第八章在分析简单和复杂控制系统的特点、设计及应用等基础上，介绍了计算机控制系统；第九章结合生产过程介绍了典型化工单元操作的控制方案。本书内容丰富、结构严谨、系统性强，在内容编排和组织上，引用生产实际和工程实例，充分体现了理论联系实际，重在培养学生的工程意识和工程应用能力，以适用人才培养新模式。

本书由麻晓霞、王晓中、田永华编写。具体章节分工为：第一章、第二章、第三章由王晓中编写，第四章、第五章、第六章、第七章由麻晓霞编写；第八章和第九章由田永华编写。全书由麻晓霞统稿。

本书在编写过程中，参考了大量的文献，得到了宁夏高等学校一流学科建设项目（宁夏大学化学工程与技术学科，编号 NXYLXK2017A04）的资助，同时获得了省部共建煤炭高效利用与绿色化工国家重点实验室、宁夏大学化学化工学院、化学国家基础实验教学示范中心（宁夏大学）、化学工业出版社和宁夏回族自治区一流基层教学组织（化学工程教研室）等单位的大力支持和帮助，在此致以诚挚的谢意。

由于编者水平有限，书中不妥之处在所难免，恳请广大专家和读者给予批评和指正。

编者
2019 年 10 月

目录

附录 / 240

参考文献 / 249

绪 论

自动化技术是当今举世瞩目的高科技之一，其研究开发和应用水平是衡量一个国家发达程度的重要标志。

自动化是一门涉及学科较多、应用广泛的综合性科学技术。它的进步推动了化工、炼油、冶金、轻工、食品等工业生产的飞速发展。所谓自动化就是脱离人的直接干预，利用控制装置，自动操纵机器设备或者生产过程，使其达到预期的状态或性能。

化工自动化是化工、炼油、冶金、轻工、食品等化工类型生产过程自动化的简称。在化工设备上配备上一些自动化装置，代替人的部分直接劳动，使生产在不同程度上自动地进行，这种用自动化装置来管理化工生产过程的办法称为化工自动化。

化工自动化是现代文明的产物，对推动一个国家的文明进步和经济发展都具有十分重要的意义，主要体现在以下三个方面：

第一，提高劳动生产率，加快生产速度，降低生产成本，提高产品产量和质量，促进经济发展。在传统的化工生产中，主要依靠人工手动控制生产过程，由于人体的大脑及手脚对外界的观察与控制精度和速度都有一定的限制，很难保证控制速度和控制质量。而如果用自动化装置代替人工操控，控制速度和控制质量都可以得到很大程度的提高和改善，可以保证生产过程在最佳条件下进行从而大大提高劳动生产率，加快生产速度，降低成本，实现优质高产，促进经济发展。

第二，改善劳动条件，降低劳动强度，推动文明进步。传统化工生产的突出特征就是工作环境恶劣，危险系数高，劳动强度大。化工生产过程实现自动化，操作工人便无须进入现场进行操作，只需在控制室中监控自动化装置的运转，在改善劳动条件的同时大大降低劳动强度，使得人类从恶劣环境下的体力劳动中解放出来。

第三，化工生产自动化能够保证生产安全，遇到突发意外或紧急事故时能够迅速自动干预，通过有效控制防止意外事故的发生或扩大，起到延长设备使用寿命，保障化工生产安全的作用。

化工自动化从简单仪表作用于化工生产到实现生产过程自动化也经历了较长时期，按年代划分，大致可以分成以下几个阶段：

（1）20 世纪 40 年代以前　此阶段绝大多数化工生产处于人工操作阶段，操作工人利用一些简单仪表检测生产过程中的重要参数，根据相应参数的大小，通过经验做出判断和相应的调控。对于那些连续生产的过程，在进出物料之间设置大容量贮槽，用来克服干扰和影响，起到稳定生产的作用。显然这个阶段与化工自动化相差甚远，生产效率很低，成本很高，产品的质量和产量也无法得到保证。

（2）20 世纪 50 年代到 60 年代　此阶段随着化工生产技术的不断进步，化工生产过程朝着大规模、高效率、连续化的方向迅速发展。因此，要保障这类化工生产的正常运行，必须要有性能良好的自动控制系统和仪表。这时，在实际生产中应用较多的压力、流量、温度和液位四大参数的简单自动控制系统得到了蓬勃发展。同时，串级控制系统、比值控制系统、均匀控制系统、前馈控制系统等复杂控制系统也相继出现。这个阶段所应用的自动化技术工具主要是基地式电动、气动仪表及单元组合式仪表。

（3）20 世纪 70 年代到 90 年代　此阶段化工自动化技术又有了新的发展，特别是计算机技术的进步，使得计算机在化工自动化中发挥越来越重要的作用。在自动控制系统方面，由于控制理论和控制技术的发展，各种新型控制系统相继出现，控制系统的设计与整定方法也有了很大进步。这时的自动化技术已经不只是局限于对生产过程中重要参数的自动控制了，而是突出显示了知识密集化、高技术集成化的特点，集信息技术、自动化技术、管理科学技术于一身。自动化过程中的智能化程度越来越高，控制的精度也越来越高。

（4）20 世纪末　此阶段由于集成电路技术及信息技术的飞速发展，把自动化技术推向了一个新的高度。特别是微处理器和现代数字通信技术的应用，促使自动化技术有了迅猛发展，新型的智能化测量控制仪表、可编程控制器等新技术、新产品层出不穷。利用现代通信技术，把多个测量控制仪表连接成网络系统，并按开放、标准的通信协议在多个现场智能测量控制设备之间以及与远程监控计算机之间实现数据传输与信息交换，组成集散型控制系统DCS。目前，集散型控制系统 DCS 凭借高稳定性、高可靠性、分散控制、集中控制、集中监视等实用功能已成为现代化工生产中的主力军。

由于现代化工自动化技术的发展，在化工行业，生产工艺、设备及其控制与管理已逐渐成为一个有机的整体。因此，一方面，从事化工仪表和自动化控制工作的技术人员必须深入了解和熟悉生产工艺和设备；另一方面，化工工艺技术人员也必须具有相应的自动控制知识，这对于设计、管理、运行现代化工装置是十分重要的。为此，专门为化工工艺类专业设置了本门课程。通过本课程的学习，学生能够了解化工自动化的基本知识，理解自动控制系统的组成、基本原理及各环节的作用；能根据工艺要求，与自控设计人员共同讨论提出合理的控制方案；能在工艺设计或技术改造中，与自控专业人员密切合作，综合考虑工艺和控制两个方面，为自控设计提供准确的条件与数据；能够了解主要工艺参数（压力、流量、温度及物位）的测量方法和测量仪表的工作原理及特点；能了解化工对象的基本特性（这点是自控专业所不具备的），并能够根据对象特性确定控制方法和控制规律以及在参数整定方面提出合理的建议。

化工生产过程自动化是一门综合性的技术学科，它应用自动控制学科、仪表学科、计算机学科及通信学科的理论与技术服务于化学工程学科。然而，化学工程本身又是一门覆盖面很广的学科，化工过程有其自身的规律，对于从事化工行业的工程技术人员来说，除了化工的专业知识，化工仪表及自动化的基本知识也是化工系统工程的重要组成部分。作为化工及其相关专业的本科学生有必要掌握好这门学科。

第一章

▶▶▶▶▶▶

自动控制系统基础知识

在化工生产中，尤其是连续性的生产过程中，各种设备相互关联，各个工艺生产过程中的工艺参数直接影响正常的生产过程，同时也是影响产品质量和产量的关键性因素。因此，对于影响生产过程的各个变量参数，必须施加以相应的控制过程。自动控制系统就是利用自动控制装置对生产过程中的重要工艺参数进行控制和调整，使其在受到外部干扰偏离正常状态时能够自动恢复到规定的数值范围内的系统。

第一节　化工自动化的主要内容

化工生产过程自动化，一般包括自动检测系统、自动信号和联锁保护系统、自动操纵及自动开停车系统、自动控制系统等方面的内容，现分别加以介绍。

1. 自动检测系统

利用各种检测仪表对主要工艺参数进行测量、指示或记录的，称为自动检测系统。它代替了操作人员对工艺参数的不断观察与记录，因此起到人的眼睛的作用。

图 1-1 的热交换器是利用蒸汽来加热冷液的，冷液经加热后的温度是否达到要求，可用测温元件结合平衡电桥来进行测量、指示和记录；冷液的流量可以用孔板流量计进行检测；

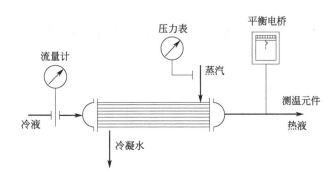

图 1-1　热交换器自动检测系统

蒸汽压力可用压力表来指示。这些就是热交换器自动检测系统。

2. 自动信号和联锁保护系统

生产过程中，有时由于一些偶然因素的影响，导致工艺参数超出允许的变化范围而出现不正常情况时，就有可能引起事故。为此，常对某些关键性参数设置自动信号联锁装置。当工艺参数超过了允许范围，在事故即将发生之前，信号系统就自动地发出声光信号，告诫操作人员注意，并及时采取措施。如工况已到达危险状态时，联锁系统会立即自动采取紧急措施，打开安全阀或切断某些通路，必要时紧急停车，以防止事故的发生和扩大，它是生产过程中的一种安全装置。例如某反应器的反应温度超过了允许极限值，自动信号系统就会发出声光信号，报警给工艺操作人员以便及时处理生产事故。由于生产过程的强化，仅仅靠操作人员处理事故已成为不可能，因为在一个强化的生产过程中，事故常常会在几秒钟内发生，由操作人员直接处理是根本来不及的，而自动联锁保护系统可以圆满地解决这类问题。如当反应器的温度或压力进入危险时，联锁系统可立即采取应急措施，加大冷却剂量或关闭进料阀门，减缓或停止反应，从而避免引起爆炸等生产事故。

3. 自动操纵及自动开停车系统

自动操纵系统可以根据预先规定的步骤自动地对生产设备进行某种周期性操作。例如合成氨造气车间的煤气发生炉，要求按照吹风、上吹、下吹制气、吹净等步骤周期性地接通空气和水蒸气，利用自动操纵系统代替人工操作，自动的按照一定的时间程序扳动空气和水蒸气的阀门，使它们交替地接通煤气发生炉，从而极大地减轻了操作工人的重复性体力劳动。

自动开停车系统可以按照预先规定好的步骤，将生产过程自动地投入运行或自动停车。

4. 自动控制系统

生产过程中各种工艺条件不可能是一成不变的。特别是化工生产，大多数是连续性生产，各设备相互关联着，当其中某一设备的工艺条件发生变化时，都可能引起其他设备中某参数或多或少地波动，从而偏离了正常的工艺条件。为此，就需要用一些自动控制装置，对生产中某些关键性参数进行自动控制，使它们在受到外界干扰的影响而偏离正常状态时，能自动地控制从而回到规定的数值范围内，为此目的而设置的系统就是自动控制系统。

由以上所述可知，自动检测系统只能完成"了解"生产过程执行情况的任务；联锁保护系统只能在工艺条件进入某种极限状态时，采取安全措施，以避免生产事故发生；自动操纵系统只能按照预先规定好的步骤进行某种周期性操纵。只有自动控制系统才能自动地排除各种干扰因素对工艺参数的影响，使它们始终保持在预先规定的数值上，使生产维持在正常或最佳的工艺操作状态。因此，自动控制系统是自动化生产中的核心部分，也是本课程了解和学习的重点。

第二节　自动控制系统的组成和分类

一、自动控制系统的基本组成

通常而言，控制的方式主要有两种：一种是人工控制，另一种是自动控制。自动控制系统就是在人工控制的基础上延伸发展起来的。因此，对照人工控制系统，可以更好地理解和掌握自动控制系统。

储液罐常用来作为一般的中间容器或成品罐。从前一个工序送来的物料连续不断地流入槽中，而槽中的液体又不断被送至下一工序进行加工或包装。当流入量 Q_i（或流出量 Q_o）

波动时，会引起槽内液位随之波动，严重时会发生溢出或抽空。为有效解决这个问题，可选用储槽液位为操作控制指标，以改变出口阀门开度为控制手段，如图 1-2(a) 所示。当储液罐中的液位过低时，关小出口阀门，液位越低，阀门关得越小；当液位过高时，开大出口阀门，液位越高，阀门开得越大。通过控制出口阀门的开度使储液罐中的液位一直维持在一个合理的范围内，避免出现溢液或放空的事故。概括起来，液位人工控制系统主要由三部分构成，控制过程如图 1-2(b) 所示。

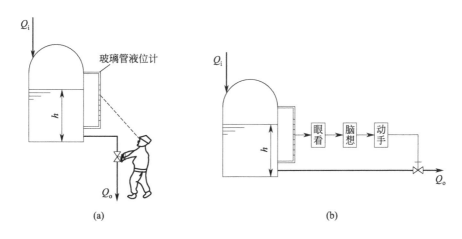

图 1-2　人工控制液位系统示意图

(1) 检测　通过眼睛观察玻璃管液位计中液位的高度，并通过神经系统告诉大脑。

(2) 判断（运算）、命令　大脑根据眼睛看到的液位高度信息进行思考，思考后与要求的液位高度进行比较，判断液位高度是否合理，得出偏差的大小和正负，然后根据操作经验发出行动指令。

(3) 执行　根据大脑发出的指令，通过手调整出口阀门的开度，调节出口流量的大小，从而使液位高度保持在一定合理范围内。

该控制系统中，操作者的眼睛、大脑、手三个器官，分别担负了检测、判断和执行三个作用，来完成测量、运算、操作阀门的整个过程。然而，现代化工生产过程对控制的速度和精度的要求不断增高，而人工控制受到人的生理限制，已经无法满足现代化工生产的需要。

为了解决这个难题，利用一套自动化装置来代替上述的控制过程，就由人工控制变为自动控制了，储液罐和自动化装置一起构成了一个自动控制系统。

与人工控制系统相比，自动化装置中的测量元件与变送器、控制器、执行器分别代替人的眼睛、大脑和手的功能。测量元件与变送器测定液位高度并将其转化为一种统一的标准信号；控制器将变送器送来的信号与工艺要求的液位高度相比较，得到偏差，按照某种运算规律得出结果并将此结果用特定信号发送出去；执行器根据控制器送来的信号来调整阀门的开度，从而实现对液位高度的自动控制。因此，一个完整的自动控制系统，应该由被控对象、测量元件与变送器、控制器和执行器四部分构成。

1. 被控对象

在自动控制系统中，把需要控制其工艺参数的生产设备或机器称为被控对象，也简称为对象。

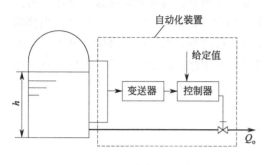

图1-3 储罐液位自动控制系统

图1-3所示的储液罐就是该液位自动控制系统的被控对象。化工生产中的各种反应器、换热器、精馏塔、吸收塔、泵以及各种容器、储液罐等都是常见的被控对象。被控对象可以是整个设备，也可以是复杂生产设备中的某一部分甚至是某一段管道。在复杂的精馏塔、吸收塔设备中可能有多个控制系统，包括塔压、塔温、塔釜液位等。这时在确定被控对象时，只有与控制有关的相应部分才是这个控制系统的被控对象。例如，在控制吸收塔吸收液储罐中液位高度时，被控对象指的是吸收液储罐，而不是整个吸收塔。

2. 测量元件与变送器

在生产过程中需要控制在一定范围内的工艺参数称为被控变量，而测量元件与变送器的作用就是检测被控变量并将其转换为统一的标准信号（电信号或气信号）。常见的有流量变送器、压力变送器及温度变送器等。

3. 控制器

控制器的作用是接收变送器传来的信号并与工艺要求的给定值相比较，得到偏差后按照相应的规律算出结果，再将此结果用特定信号发送给执行器。

4. 执行器

执行器通常指控制阀，它接收控制器发送过来的特定信号并转化为一定的调节作用，从而改变阀门的开启度，以抵抗和消除外部干扰。

二、自动控制系统的分类

自动控制系统有多种形式，也有很多分类方法。总体来讲，可以分为开环控制系统和闭环控制系统。开环控制系统的输出信号没有反馈到输入端，控制器不能随时获取被控变量的状态信息而做出相应的调整，不具备抑制干扰的能力。闭环控制系统的输出信号通过测量变送环节反馈到输入端，并与设定值相比较，得到的偏差传送给控制器，形成一个闭合回路。在闭环控制系统中，当被控变量偏离设定值时，控制器就会自动控制消除偏差，因此具有较强的抑制干扰的能力。在化工生产过程中，采用的多为闭环控制系统。

闭环控制系统又可以有多种分类方式，比如按被控变量来分类，可以分为流量、压力、温度、液位控制系统等；按控制器具有的控制规律来分类，可以分为比例、比例积分、比例微分、比例积分微分控制系统。在分析自动控制系统特性时，最经常使用的分类方法是按照需要控制的被控变量的给定值是否变化和如何变化来分类，这样可将自动控制系统分为三大类，即定值控制系统、随动控制系统和程序控制系统。

1. 定值控制系统

定值控制系统就是控制系统的给定值是固定不变的。在化工生产中，如果需要被控对象的工艺参数保持不变，或者说要求被控变量的给定值固定不变，那么就应该采用定值控制系统。图1-3所示的液位控制系统就是定值控制系统的一个例子，这个控制系统的目的就是让储液罐内的液位保持不变。化工生产中大部分都是这种类型的控制系统，如果没有特别说明，本书后面所讨论的都是定值控制系统。

2. 随动控制系统

随动控制系统也称为自动跟踪系统，这类自动控制系统的特点是给定值不断变化，而且这种变化不是预先设定的，而是随机的。随动控制系统的目的就是使所控制的工艺参数能够准确而快速地跟随给定值变化。例如航空上的导航雷达系统，电视台的天线接收系统，以及化工生产中固定比值的两种流体的流量控制等都属于随动控制系统。

3. 程序控制系统

程序控制系统也称为顺序控制系统，这类控制系统的给定值是变化的，但它不是随机变化，而是一个已知的时间函数，即生产技术指标按照一定的时间程序变化。这类系统在间歇生产过程中应用较普遍。例如间歇反应器的升温控制系统和机械工业中金属热处理的温度控制系统都属于该类系统。最近几年，程序控制系统应用越来越广泛，一些新型的程序控制装置也越来越多地被应用到生产中。

第三节　自动控制系统的表示方法

一个完整的自动控制系统，由被控对象、测量元件与变送器、控制器和执行器四个环节构成。通常，为了便于分析，清楚地表示自动控制系统组成各个环节之间的关系，可以采用方框图和工艺管道及控制流程图表示自动控制系统。

一、方框图

在研究、分析自动控制系统时，通常用方框图来表示系统中各环节的作用及各环节之间的信号联系。方框图一般由方框、信号线、比较点、引出点等几部分组成，一个方框代表系统中的一个环节；信号线用来表示各环节之间的相互关系和信号的流向；比较点表示对两个或两个以上的信号进行加减运算；引出点表示信号引出，从同一位置引出的信号完全相同。

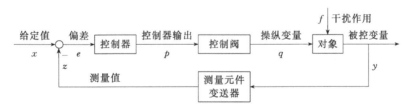

图 1-4　自动控制系统方框图

图 1-4 为一个典型的自动控制系统方框图。图中的每一个方框表示控制系统的一个部分，两个方框之间用一个带有指向的箭头符号表示其信号的相互关系。箭头指向方框表示该环节的输入，箭头离开方框表示该环节的输出。箭头符号下面的字母表示两个环节之间使用的是什么信号。控制器前端的小圆圈表示比较机构，实际上它是控制器的一个组成部分。在方框图中单独把它画出来是为了更清楚地说明它的比较作用。测量元件变送器首先获得被控变量 y 的输入信号，将其转化为输出信号 z 进入比较机构，与给定值 x 比较后得出偏差信号 e（即 $x-z$），控制器根据偏差信号 e 的大小，按照一定的规律运算后，输出控制信号 p 至调节阀，促使调节阀的开度发生变化，从而抑制或消除干扰作用 f 对被控变量的影响。

在自动控制过程中，把用来克服干扰对被控变量的影响，实现控制作用的变量参数称为操纵变量，实际生产中经常将流体的流量作为操纵变量。

方框图看似简单，用同一种方框图就可以代表不同的控制系统。图1-3中的液位控制系统也可以用方框图来表示。方框图中的被控对象为储液罐，被控变量 y 为液位，当储罐液位发生变化时，通过液位检测及变送器将液位的变化信息传输给控制器，控制器的比较机构将液位信号与给定值相比较，得到偏差信号 e，控制器通过控制出口阀门的开度来维持储液罐的液位不变。

需要注意的是，方框图中的每一个方框都代表一个具体的装置。方框与方框之间的连线只是代表方框之间的信号联系，并不代表方框之间的物料联系，方框之间连接线的箭头只是代表信号作用的方向，与工艺流程图上的物料线是不同的。工艺流程图上的物料线是物料从一个设备进入另一个设备，而方框图上的线条及箭头方向有时并不与流体流向一致。例如对控制阀来说，它控制着操纵介质的流量（即操纵变量），从而把控制作用施加于被控对象以克服干扰的影响，维持被控变量在给定值上。所以控制阀的输出信号 q，任何情况下都是指向被控对象的。然而控制阀所控制的操纵介质却可以是流入对象的（如蒸汽加热温度控制系统），也可以是由对象流出的（例如图1-3中的出口流量）。这说明方框图上控制阀的引出线只是代表施加到对象的控制作用，并不是具体流入或流出对象的流体，如果这个物料确实是流入对象的，那么信号与流体的方向才是一致的。

仔细研究图1-4可以看出，系统的输出变量是被控变量，但是它经过测量元件变送器后又返回到系统的输入端，与给定值进行比较。这种把系统的输出信号重新返回到输入端的方法叫作反馈。而且，在反馈信号 z 旁有一个"－"，在给定值 x 旁有一个"＋"（通常省略），这样控制器的偏差信号就可以表示为 $e＝x－z$。因为反馈信号 z 取负值，所以称之为负反馈。负反馈的信号能够使原来的信号减弱。相反，如果反馈信号取正值，反馈信号使原来的信号加强，就称为正反馈。

对于任何一个简单的自动控制系统，只要按照上面的原则去画它们的方框图时，就会发现，不论它们在表面上有多大差别，它的各个组成部分在信号传递关系上都构成了一个闭合的环路。所以，自动控制系统是一个闭环系统。在自动控制系统中，使用的通常都是负反馈。因为当被控变量 y 受到干扰升高时，只有负反馈可以使反馈信号 z 升高，偏差信号 e 降低，这样执行器在接收控制器信号调节阀门开度时，调节的方向为负，也就是减小阀门开度，从而使被控变量降回给定值。如果使用正反馈，不仅不能抑制干扰的影响，反而会促使被控变量偏离给定值更多，这在生产中是绝对不允许的。同样，当被控变量 y 受到干扰降低时，只有负反馈可以使反馈信号 z 降低，偏差信号 e 升高，阀门开度增加，从而使被控变量上升到给定值。

综上所述，自动控制系统是具有被控变量负反馈的闭环系统，它与自动检测、自动操纵等开环控制系统比较，最本质的区别就在于自动控制系统有负反馈。开环控制系统中，被控变量是不反馈到输入端的，如化肥厂的造气自动机就是典型的开环控制系统。图1-5是一种自动操纵控制系统的方框图，自动操纵控制系统在操作时，一旦开机，就只能是按照预先规定好的程序周而复始地运转。这时被控对象的工况如果发生了变化，自动操纵装置是不会自动地根据被控对象的实际工况来改变自己的操作的。也就是说自动操纵装置不能随时"了解"被控对象的情况并依此改变自己的操作状态，这是开环系统的缺点。反过来说，自动控制系统由于具有负反馈的闭环系统，它可以随时了解被控对象的情况，有针对性地根据被控变量的变化情况而改变控制作用的大小和方向，从而使系统的工作状态始终等于或接近于所希望的状态，这是闭环系统的优点。

图 1-5　自动操纵控制系统示意图

二、工艺管道及控制流程图

工艺管道及控制流程图（piping and instrumention diagram，P&ID）是在工艺流程图的基础上，按照其流程顺序，标出相应的测量点、控制点、控制系统及自动信号与连锁保护系统等形成的描述生产过程控制的原理图。一般在控制方案确定以后，由工艺人员和自动控制人员共同研究绘制。

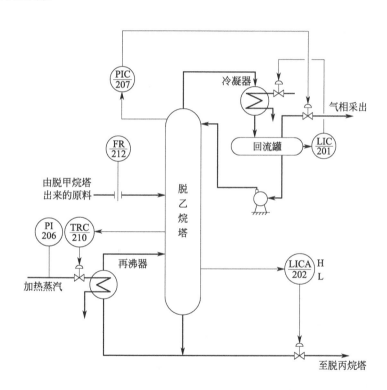

图 1-6　脱乙烷塔工艺管道及控制流程图

图 1-6 是乙烯生产过程中脱乙烷塔的工艺管道及控制流程图。工艺路线为从脱乙烷塔塔顶出来的馏分经塔顶冷凝器冷凝后，部分回流，其余则去下一个工序进行加氢反应。从塔底出来的釜液部分经再沸器后返回塔底，其余则去脱丙烷塔脱除丙烷。

在绘制 P&ID 图时，图中所采用的图例符号要按国家规定的标准进行，具体可参见化工行业标准 HG/T 20505—2014《过程测量与控制仪表的功能标志及图形符号》。下面结合图 1-6 对其中一些常用的图例符号做简要介绍。

1. 图形符号

（1）测量点 测量点（包括检测元件、取样点）是由工艺设备轮廓线或工艺管线引到仪表圆圈的连接线的起点，一般无特定的图形符号，如图 1-7 所示。必要时，检测元件也可以用象形或图形符号表示，例如采用孔板检测流量时，检测点也可用图 1-6 中进料管线上的符号表示。

图 1-7 测量点示意图　　　　　　　　　　图 1-8 连接线示意图

图 1-9 复式仪表示意图

（2）连接线 通用的仪表信号线均以细实线表示，当连接线表示交叉及相接时，采用图 1-8 的方式。必要时也可用加箭头的方式表示信号的方向。如果有需要，信号线也可按气信号、电信号、导压毛细管信号等用不同的表示方式来区分。

（3）仪表的图形符号 仪表的图形符号是一个细实线圆圈，直径约 10mm，仪表不同的安装位置均有相应的图形符号表示，如表 1-1 所示。

对于处理两个或两个以上被测变量，具有相同或不同功能的复式仪表时，可用两个相切的圆来表示；当测量点在图纸上距离较远或不在同一图纸上时，可分别用细实线圆与细虚线圆相切来表示，如图 1-9 所示。

表 1-1 仪表安装位置的图形符号表示

序号	安装位置	图形符号	备注	序号	安装位置	图形符号	备注
1	就地安装仪表	○		4	集中仪表盘后安装仪表	⊖	
		⊖	嵌在管道中				
2	集中仪表盘面安装仪表	⊖		5	就地仪表盘后安装仪表	⊖	
3	就地仪表盘面安装仪表	⊜					

2. 字母代号

在工艺管道及控制流程图中，位于表示仪表的小圆圈的上半圆内，一般标有两位（或两位以上）字母，第一位字母表示被测变量，后面字母表示仪表的功能，常用被测变量和仪表功能的字母代号如表 1-2 所示。

表 1-2　常用被测变量和仪表功能的字母代号

字母	首位字母		后继字母	字母	首位字母		后继字母
	被测变量	修饰词	功能		被测变量	修饰词	功能
A	分析		报警	N			
B	烧嘴、火焰			O			孔板、限制
C	电导率		控制	P	压力		连接或测试点
D	密度	差		Q	数量	积算、累积	积算、累积
E	电压		检测元件	R	核辐射		记录
F	流量	比率		S	速率、频率	安全	开关
G	可燃气体和有毒气体		视镜、观察	T	温度		传送
H	手动			U	多变量		多功能
I	电流		指示	V	振动、机械监视		阀
J	功率		扫描	W	重量、力		套管
K	时间	变化速率		X		X轴	
L	物位		灯	Y	事件、状态	Y轴	辅助设备
M	水分或湿度			Z	位置、尺寸	Z轴	驱动器

以图 1-6 脱乙烷塔工艺管道及控制流程图为例，说明如何以字母代号组合来表示仪表检测变量和功能。对于塔顶的压力控制器 PIC-207，第一位字母 P 表示被测变量为压力，第二位字母 I 表示具有指示功能，第三位字母 C 表示具有控制功能。因此，PIC 的组合就表示这是一台具有指示功能的压力控制器。同样，回流罐液位控制系统中的 LIC-201 表示这是一台具有指示功能的液位控制器。而脱乙烷塔下部的温度控制系统中的 TRC-210 表示这是一台具有记录功能的温度控制器。另外，当一台仪表同时具有指示和记录功能时，只需标注字母代号"R"，无需标注"I"，所以 TRC-210 表示该仪表同时具有指示、记录功能。同样，在进料管线上的 FR-212 表示这是一台同时具有指示、记录功能的流量仪表。而在塔底液位控制系统中的 LICA-202 表示这是一台具有指示、报警功能的液位控制器，在仪表圆圈外标有"H""L"字母，表示该仪表同时具有高、低限报警，在塔釜液位过高或过低时，都会发出报警信号。

3. 仪表位号

在自动化控制系统中，回路的每个仪表都应有相应的仪表位号。仪表位号由字母代号和阿拉伯数字编号两部分组成。仪表位号按被控变量来进行分类，即同一工段的同类被控变量的仪表，位号编号是连续的，而不同被控变量的仪表位号应分别编号。阿拉伯数字编号写在圆圈的下半部，第一位数字表示工段号，后续数字表示仪表序号。图 1-6 中仪表的数字编号第一位都是 2，表示脱乙烷塔在乙烯生产中属于第二工段。通过控制流程图，可以得到每台仪表的测量点位置、被测变量、仪表功能、工段号、仪表序号、安装位置等相关信息。例图 1-6 中的 PI-206 表示这是一台测量点在加热蒸汽管线上的蒸汽压力指示仪表，该仪表为就地安装，工段号为 2，仪表序号为 06。

第四节　自动控制系统的过渡过程和评价方法

一、自动控制系统的过渡过程

在自动控制过程中，我们把被控变量不随时间而变化的平衡状态称为系统的静态，而把被控变量随时间变化的不平衡状态称为系统的动态。这里所说的静态，并不是指系统静止不动，而是指系统的各参数或信号不发生变化，系统的各组成环节如变送器、控制器、控制阀都不改变其原来的状态，整个系统就处于一种相对稳定的平衡状态。严格意义上讲，应该称之为稳态。当自动控制系统在静态（稳态）时，物料进出和能量交换正常进行，不需要进行控制干预，这是在生产过程中希望一直保持的状态。

对于自动控制系统来说，就是希望能够将被控变量保持在一个不变的给定值上，这只有当进入被控对象的物料量（或能量）和流出对象的物料量（或能量）相等时才有可能。例如图 1-3 所示的液位控制系统，只有当进入储罐的流量和流出的流量相等时，液位才能恒定，系统才处于静态。

在实际的化工生产过程中，原本处于静态的系统可能会受到多种干扰因素的影响而破坏这种平衡状态。当这种平衡被打破时，被控变量就会发生变化，从而使控制器、控制阀等自动化装置改变原来平衡时所处的状态，产生一定的控制作用来克服干扰的影响，并力图使系统恢复平衡。从干扰发生开始，经过控制，直到系统重新达到静态平衡，这段时间中，整个系统的各个环节和信号都一直处于变动状态，所以把这种状态叫作动态。当自动控制系统处于动态时，被控变量是时刻变化的，它随时间而变化的过程称为自动控制系统的过渡过程，也就是自动控制系统从一个平衡状态过渡到另一个平衡状态的过程。

在自动控制过程中，由于干扰是客观存在的，不可避免。例如在生产过程中前后工序的相互影响，电压、气压的波动，气候的影响等，这些都会引起被控变量的变动。为消除这种变动，就需要自动控制系统不断地施加控制作用去对抗或抵消干扰作用的影响，从而使被控变量回归到给定值，重新达到静态。因此，自动控制系统的静态都是相对的、暂时的，而动态过程会时刻存在。所以了解和研究系统的动态过程就显得尤为重要。

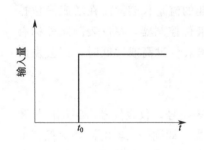

图 1-10　阶跃干扰示意图

系统在动态过程中，被控变量是随时间变化的。了解动态过程中被控变量的变化规律对研究自动控制系统就具有十分重要的作用。然而，被控变量随时间的变化规律首先取决于作用于系统的干扰形式。实际生产中，干扰作用没有固定的形式，且大多属于随机形式。在研究控制系统时，考虑到安全因素和使用方便的原因，常选择一些定型的干扰形式，如阶跃干扰、脉冲信号、正弦信号等，其中常用的是阶跃干扰，如图 1-10 所示。从图可以看出，阶跃干扰就是在某一瞬间 t_0，突然把干扰阶跃性地加到系统上，并一直保持在这个幅度。采取阶跃干扰是因为考虑到这种形式的干扰比较突然，比较危险，它对被控变量的影响也最大，如果一个控制系统能够有效地克服这种形式的干扰，那么一定能克服其他形式比较温和的干扰。而且，阶跃干扰的形式简单，容易实现，便于分析和研究。

二、过渡过程的形式

通常而言，自动控制系统在阶跃干扰作用下的过渡过程主要有四种基本形式，如图 1-11 所示。

1. 非周期衰减过程

非周期衰减过程的特点是受到干扰影响时，被控变量在给定值的某一侧作缓慢变化，没有来回波动，经过很长时间才能稳定在某一数值上，如图 1-11(a) 所示。由于这种过渡过程反应速度慢，恢复时间长，不能很快地达到新平衡状态，除非生产过程中被控变量不允许上下波动，否则尽量不采用这种形式。

2. 衰减振荡过程

衰减振荡过程的特点是受到干扰影响时，被控变量上下波动，但幅度逐渐减小，经过几个周期的波动后最后稳定在某一数值上，如图 1-11(b) 所示。由于这种过渡过程能够使系统较快地达到稳定状态，所以多数情况下，都希望生产过程的自动控制系统在阶跃干扰作用下采用衰减振荡过程。

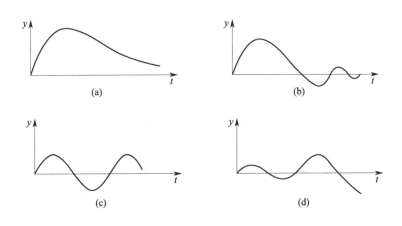

图 1-11　四种过渡形式示意图

3. 等幅振荡过程

等幅振荡过程的特点是在干扰作用下，被控变量在给定值附近来回波动，且波动幅度保持不变，如图 1-11(c) 所示。

4. 发散振荡过程

发散振荡过程的特点是在干扰作用下，被控变量上下来回波动，且波动幅度逐渐变大，即偏离给定值越来越远，如图 1-11(d) 所示。自动控制系统受到干扰影响时，被控变量在控制过程中偏离给定值越来越大直至失控，严重时将会引发事故，这在生产中是决不允许的，一定要尽力避免。

以上四种形式的过渡过程大致可以归纳为三类。

① 发散振荡过程［图 1-11(d)］称为不稳定的过渡过程，其被控变量在控制过程中逐渐远离给定值，生产过程中决不能采用这种过渡过程。

② 非周期衰减过程［图 1-11(a)］和衰减振荡过程［图 1-11(b)］称为稳定过渡过程，被控变量经过一段时间后，逐渐稳定下来，这是所希望的。只是非周期的衰减过程恢复平衡状态需要的时间很长，所以一般不采用；而衰减振荡过程能够较快地使系统达到稳定状态，所以最希望得到的过渡过程为衰减振荡过程。

③ 等幅振荡［图 1-11(c)］过程介于不稳定与稳定之间，一般也认为是不稳定过程，生产中应尽量避免。只有某些对控制质量要求不高的场合，这种过渡过程才可以采用。

三、自动控制系统的评价指标

不同种类的自动控制系统，为了完成一定任务，要求被控变量在受到任何干扰的影响后，必须迅速而准确地随给定值变化而变化。知道了前面介绍的过渡过程的几种形式，如何评判什么样的控制系统是好的，它的标准是什么？

工程上对自动控制系统的性能要求主要从系统的稳定性、准确性和快速性三个方面考虑。

1. 稳定性

所谓系统稳定是指系统受干扰作用前处于平衡状态，受干扰作用后系统偏离了原来的平衡状态，经过系统控制后能够回到以前的平衡状态，则称该系统是稳定的。自动控制系统的稳定性是最基本的性能要求。

2. 准确性

准确性是对稳定系统的性能要求，即系统跟踪值要准确。也就是系统受到干扰后，经过控制重新达到稳态时被控变量的实际值和给定值之间的误差要尽可能小。显然，这种误差越小，表示系统控制精度越高、越准确。

3. 快速性

快速性是对控制系统响应动作快慢的性能要求。当系统在干扰量或给定值发生变化时，可能要经过一个漫长的过渡或经过几个振荡过程达到稳态值所经历的时间长短。显然，控制系统在达到了稳定、准确的前提下，越快越好。

自动控制系统的过渡过程是衡量控制系统品质的依据。显然用稳、准、快是无法定量说明控制系统的优劣的。由于在多数情况下都希望得到衰减振荡过程，所以主要以衰减振荡的过渡过程形式来讨论控制系统的评价指标。

假定自动控制系统在阶跃干扰作用下的过渡过程曲线如图 1-11 所示。图上横坐标 t 为时间，纵坐标 y 为被控变量偏离给定值的变化量。假定在时间 $t=0$ 之前，系统处于静态且被控变量等于给定值，即 $y=0$；在 $t=0$ 时，在阶跃干扰作用下，记录系统的被控变量按衰减振荡变化曲线。根据这个过渡过程，如何来评价该控制系统的质量好坏呢？一般采用下面几个品质指标。

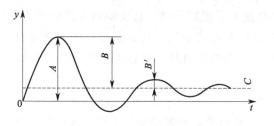

图 1-12 过渡过程评价指标示意图

（1）最大偏差和超调量　最大偏差是指在过渡过程中被控变量偏离给定值的最大数值。对衰减振荡过程来说，最大偏差就是第一个波的峰值，在图 1-12 中以 A 表示。最大偏差表示系统瞬间偏离给定值的最大程度。最大偏差越大表明系统偏离给定值就越远，这对稳定正常生产是不利的，因此最大偏差可以作为衡量系统质量的一个品质指标。很显然，希望最大偏差小一些为好，特别是对于一些有严格限制条件的系统，如化学反应器的化合物爆炸极限，催化剂活性温度极限等。而且考虑到干扰持续出现导致偏差有可能叠加，这就更需要限制最大偏差的允许值。所以，最大偏差是一个比较重要的品质指标。

除了最大偏差，超调量也可以用来表征被控变量偏离给定值的程度，在图 1-12 中以 B 表示。从图中可以看出，超调量 B 是最大偏差 A 与新稳定值 C 之差，即 $B=A-C$。

（2）余差　余差也称作残余偏差，是指系统重新到达稳态后新的稳态值与给定值之间的偏差，在图 1-12 中以 C 表示。偏差的数值可正可负。在生产中给定值一般是工艺技术要求的指标，当然希望被控变量越接近给定值越好，也就是余差越小越好。

对于有余差的控制过程称为有差调节，相应的控制系统称为有差系统。没有余差的控制过程称为无差调节，相应的控制系统称为无差系统。

（3）衰减比　前面介绍衰减振荡因其使系统可以很快地达到稳态而被认为是希望得到的过渡过程，但是衰减快慢到什么程度才是合适的呢？一般用衰减比作为指标，它是前后相邻两个峰值的比值。在图 1-12 中衰减比表示为 $B:B'$，习惯上写成 $n:1$ 的形式。当 n 接近于 1，说明过渡过程的衰减程度很小，接近于等幅振荡过程，由于这种过程一般认为是不稳定过程，通常不采用。如果 n 很大，则又接近于非周期振荡过程，过渡过程过于缓慢，当然也不合适。通过以上分析，衰减比过大或过小都不合适，一般处于 4～10 为宜。当衰减比处于此区间时，过渡过程开始阶段的变化速度比较快，能很快地达到一个峰值，然后马上下降，又很快达到一个远远低于第一个峰值的低峰值。当操作人员看到这种现象后，知道被控变量很快就会稳定下来，已经不需要继续施加过多的人为干预。所以衰减比选择在 4:1 至 10:1 的范围是操作人员根据多年的实践经验总结得到的。

（4）过渡时间　过渡时间是指从干扰作用发生的时刻起，直到系统重新建立新的平衡前所经历的时间。严格意义上说，系统要完全达到新的稳定状态需要无限长的时间。而实际上由于仪表灵敏度的限制，当被控变量接近稳态值时，指示值就基本上不发生变化了。因此，一般是在稳态值的上下规定一个适当的范围，当被控变量进入这一范围，就认为被控变量已经达到新的稳态值，也就是过渡过程已经结束。这个范围一般定为稳态值的 $\pm5\%$（或 $\pm2\%$）。这样，过渡时间就是从干扰开始作用之时起，直至被控变量进入新稳态值的 $\pm5\%$（或 $\pm2\%$）范围内所经历的时间。过渡时间短，表示过渡过程结束得比较快，这对系统的稳定是有益的，即使干扰频繁出现，系统也能很好地克服，系统控制质量就高。反之，过渡时间太长，前一个干扰引起的过渡过程还未结束，后一个干扰就已经出现了，多个干扰的影响叠加起来，就可能使被控变量超出工艺允许的范围，影响正常的生产。

（5）振荡周期　振荡周期通常用 T 表示，指的是过渡过程中同向两波峰之间的间隔时间，其倒数称为振荡频率。在衰减比相同的情况下，振荡周期越长，过渡时间就越长，因此希望振荡周期短些为好。

这样，过渡过程的品质就可以用最大偏差、衰减比、余差、过渡时间、振荡周期等几个重要指标来衡量。这些指标在不同的系统中各有其重要性，在实际应用时，应根据工艺条件要求分清主次，区别轻重，对那些对生产过程有决定性意义的品质指标应优先予以保证。同时，对一个系统提出的过渡过程的品质要求并不是越高越好，都应该从实际需要出发，否则就会导致控制成本的大幅增加，造成浪费。

【例 1-1】　某反应器的温度控制系统在阶跃干扰作用下的过渡过程曲线如图 1-13 所示。请分别求出最大偏差、余差、衰减比、振荡周期和过渡时间（给定值为 150℃）。

解：最大偏差 $A=180-150=30$（℃）

余差 $C=155-150=5$（℃）

第一个波峰值 $B=180-155=25$（℃），第二个波峰值 $B'=160-155=5$（℃）

故衰减比应为 $B:B'=25:5=5:1$

振荡周期为同向两波峰（波谷）之间的时间间隔，故周期 $T=20-5=15$（min）。

过渡时间与规定的被控变量波动大小有关，一般被控变量进入稳定值的 $\pm2\%$ 就可以认定过渡过程已经结束，那么范围波动为 $150 \times (\pm 2\%) = \pm 3℃$，这时，可在新稳态值（155℃）两侧以宽度为 $\pm 3℃$ 画一区域，图 1-13 中以画有阴影线的区域表示，过渡时间为 22.5min。

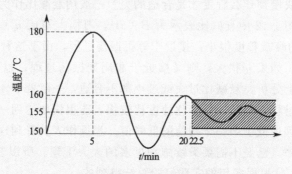

图 1-13　反应器温度过渡曲线

四、过渡过程品质的影响因素

影响过渡过程的因素分为内在因素和外在因素。从图 1-4 自动控制系统方框图可以看出，对于控制系统整体来说，输入信号只有两个（给定值和干扰作用），也就是外部因素主要由给定值和干扰作用引起。对于定值控制系统，给定值一般不变，被控变量随时间的变化规律取决于系统的输入信号，即干扰作用。前面已经讲过，出现的干扰信号是随机的。但在分析和设计控制系统时，为了便于研究控制系统的优劣，充分体现系统的特性和方便分析，常选择一些特定的输入信号，其中最常用的是阶跃反应信号。

影响过渡过程的内部因素是由系统特性引起的，系统特性是由系统中各环节的特性和系统的结构所决定的。自动控制系统由被控对象和自动化装置两大部分构成，被控对象的特性及自动控制系统的各个环节都会影响过渡过程的品质。其中，被控对象的特性起到决定性的作用。例如在前面提到的温度控制系统中，换热器的材质、结构、大小，换热器内的换热情况、散热情况及结垢程度等都属于被控对象的特性，这些都会影响到系统的控制质量。当然，自动化装置中测量与变送装置、控制器和执行器的选择和使用不当，也会对控制质量产生影响。自动化装置应该根据被控对象性质进行选择和调整，两者要很好地配合，才能获得高品质的过渡过程。因此，影响自动控制系统过渡过程品质的因素有很多，从下一章开始，将对组成自动控制系统的各个环节，包含被控对象、测量与变送装置、控制器和执行器逐一进行讨论。只有在充分了解每个环节的特性和作用后，才能研究和设计出高质量的自动控制系统。

习　题　<<<

1. 什么是化工自动化？它主要包括哪些内容？
2. 闭环控制系统与开环控制系统有什么不同？
3. 自动控制系统主要由哪些环节组成？各组成环节起什么作用？
4. 根据设定值的形式不同，闭环控制系统可以分为哪几类？分别有哪些特点？举例说明。
5. 试分别说明什么是被控对象、被控变量、操纵变量、干扰作用、设定值和偏差？

6. 图1-14所示为一反应釜温度控制系统示意图。A、B两种物料进入反应器进行反应，通过改变夹套内的冷却水流量来维持反应器内的温度不变。试画出该温度控制系统的方框图，并指出该系统中的被控对象、被控变量、操纵变量及可能影响被控变量的干扰作用是什么？

7. 图1-15所示为一自动式贮槽水位控制系统。（1）指出系统中被控对象、被控变量、操纵变量是什么？（2）试画出该系统的方块图。（3）试分析当出水量突然增大时，该系统是如何实现水位控制的？

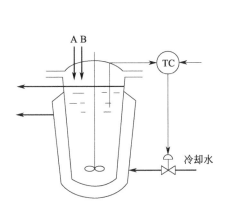

图1-14　反应釜温度控制系统

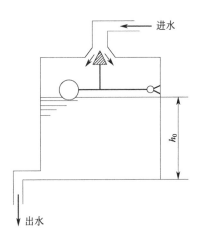

图1-15　自动式贮槽水位控制系统

8. 图1-16是硫酸生产中的沸腾炉控制流程图。试分别说明图中仪表所代表的意义。

9. 控制系统运行的基本要求是什么？

10. 什么是自动控制系统的过渡过程？在阶跃干扰作用下，其过渡过程有哪些基本形式？哪些过渡过程能基本满足工艺控制要求？

11. 结合图1-14所示的反应釜温度控制系统，说明该系统是一个具有负反馈的闭环控制系统。如果由于进料温度升高使得反应釜内温度超出给定值，试说明此时控制系统是如何通过控制作用来克服干扰作用对被控变量的影响的？

12. 什么是阶跃作用？为什么经常采用阶跃作用作为系统的输入作用？

13. 衰减振荡过程的品质指标有哪些？各自的含义是什么？

14. 影响过渡过程品质指标的因素是什么？

15. 某化学反应器工艺规定操作温度为（900＋10）℃。

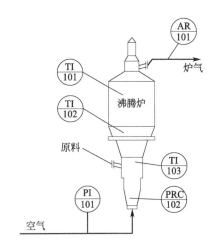

图1-16　沸腾炉控制流程图

考虑安全因素，控制过程中温度偏离给定值最大不得超过80℃。现设计的温度定值控制系统，在最大阶跃干扰作用下的过渡过程曲线如图1-17所示。试求该系统的过渡过程品质指标：最大偏差、超调量、衰减比、余差、振荡周期和过渡时间（被控温度进入新稳态值的$+1\%$［即$900\times(+1\%)=+9℃$］的时间），并回答该控制系统能否满足题中所给的工艺要求？

16. 某炼油厂常减压装置加热炉如图1-18所示。工艺要求严格控制加热炉出口温度T，T

可以通过改变燃油量来控制。据此设计一个定值温度控制系统,其中被控变量为加热炉出口物料温度,操纵变量为燃料油流量。要求:(1)画出工艺管道及控制流程图;(2)试画出该控制系统的方框图。

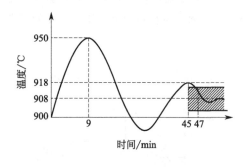

图 1-17　反应釜温度控制系统

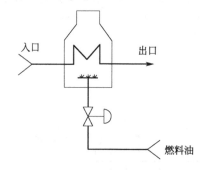

图 1-18　加热炉示意图

第二章

对象特性及数学建模

第一节　化工过程的对象特性及描述方法

　　自动控制系统控制质量与组成系统的每一个环节的特性都密切相关，尤其是被控对象的特性对控制质量的影响很大。因此本章重点研究被控对象的特性及相应的描述方法，该方法同样适用于其他环节特性的研究。

　　在化工自动化中，常见的对象包含各类精馏塔、换热器、流体输送泵和化学反应器等。有时气源、热源及动力设备（如空压机、电动机等）等装置在一些辅助系统中也可能是需要控制的对象。现代化工生产多为连续生产过程，因此本书重点研究连续生产过程中各对象的特性，所以也可以称为研究过程的特性。

　　化工自动化中的对象种类繁多、千差万别，有的操作简单，过程稳定；有的对象则不然，只要稍不小心就会偏离正常工艺条件，甚至造成事故。有经验的操作人员往往都很了解这些对象的特性，也只有充分了解和熟悉这些对象，才能使生产操作得心应手，在降低消耗的同时获得高产量、优质的产品。同样，在自动控制系统中，人工操作由自动化装置来代替，首先也必须充分了解对象的特性，掌握它们的内在规律，才能根据工艺对控制质量的要求，设计合理的控制系统，选择合适的控制方案。在控制系统投入运行时，也要根据对象特性优化控制器参数，使化工生产过程正常运行。尤其是一些比较复杂的控制方案设计，例如前馈控制、智能控制等，对象特性的研究就更为重要。

　　研究对象的特性，就是用数学的方法来描述对象输入量与输出量之间的关系。这种对象特性的数学特性的数学描述就称为对象的数学模型。

　　在进行对象数学描述（建模）时，通常将被控变量当作对象的输出变量，将干扰作用和控制作用当作对象的输入变量。控制作用和干扰作用共同作用引起被控变量的变化，如图 2-1 所示。对象的输入变量至输出变量的信号联系称为通道。其中控制作用与被控变量的信号联系称为控制通道；干扰作用与被控变量的信号联系称为干扰通道。在研究对象特性时，应预先明确对象的输入变量和输出变量分别是什么，然后再确定两者之间的关系。

　　根据对象所处的状态不同，对象的数学模型可分为静态数学模型和动态数学模型。静态

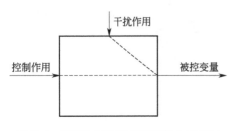

图 2-1 控制作用和干扰作用输入示意图

数学模型描述的是对象在静态（平衡状态）时输入量与输出量之间的关系；而动态数学模型描述的是对象在输入量变化时输出量的变化情况。对于两者之间的关系，可以说动态数学模型是在静态数学模型基础上发展起来的，对对象的特性描述会有更大的实际意义；静态数学模型是对象在平衡状态时动态数学模型的一个特例。

当然，用于控制的数学模型与用于工艺设计的数学模型并不是完全相同的。尽管两者都是利用相同的物理和化学原理来进行数学建模，但两者还是有很大差别。用于控制的数学模型通常是在工艺流程和设备型号、尺寸等都已经确定的前提下，探究对象的输入变量与输出变量之间的关系，也就是研究当对象的某些工艺变量（如温度、压力、流量等）变化时会引起被控变量如何变化。研究的目的是为了保障所设计的控制系统能有一个很好的控制效果。而研究用于工艺设计的数学模型是为了获得更好的经济效益，在产品规格和产量已经确定的情况下，通过数学模型的计算，来确定工艺流程和工艺条件以及设备的型号、尺寸等。

数学模型的表达形式一般可以分为参量模型和非参量模型两种类型。

1. 参量模型

参量模型是采用数学方程式来表示的数学模型。一般用来表征简单数学模型的对数方程式、复杂数学模型的微分方程式、偏微分方程式、差分方程式、状态方程式等，这些都是常见的参量模型。

有时，要得到对象的参量模型很困难，在这种情况下可采用非参量模型进行描述。

2. 非参量模型

非参量模型是采用图形或数据表格等形式来表示的数学模型。通常可以利用实验数据拟合得到，它的特点是直观形象，清晰明了，便于发现和了解其表达的特征趋势。只是由于它们不具备数学方程的解析功能，无法直接利用它们来进行系统地分析和设计。

由于对象的数学模型描述的是对象在受到控制作用或干扰作用后被控变量的变化规律，因此对象的非参量模型可以用对象在一定形式的输入作用下的输出曲线或数据来表示。根据输入形式的不同，主要有阶跃相应曲线、脉冲相应曲线、矩形脉冲相应曲线等。这些曲线一般都可以通过实验直接得到。

第二节 对象数学模型的建立

工业过程数学模型的表达方式很多，对它们的要求也各不相同，这主要取决于建立数学模型的目的是什么。例如，用于化工工艺设计及分析的数学模型是在产品规格和产量已确定的情况下，通过模型计算，确定设备的结构、尺寸、工艺流程和某些工艺条件等。但是，用于化工控制过程被控对象的数学建模一般是在工艺流程和设备尺寸等都确定的情况，研究对象的输入变量是如何影响输出变量的。这种被控对象数学模型建立的目的包括制定工业过程操作优化方案；控制系统的调试和控制器参数的整定；工业过程的故障检测与诊断；制定大型设备启动和停车操作方案；设计工业过程操作人员的培训系统；作为模型预测控制等先进控制方法的数学模型等。

显然，随着化工过程复杂程度的不同，建模的方法也是不一样的。目前对象数学建模方法主要有机理建模、实验建模及将两者结合的混合建模等多种方法。

一、机理建模

机理建模是根据对象或生产过程的内部机理，列写出各种有关的平衡方程，比如物料守恒、能量守恒、相平衡以及某些物性方程、设备的特性方程、化学反应定律、电路基本定律等，整理出用于描述对象特性的数学模型，这种数学建模通常称之为机理建模，使用该方法建立的数学模型称之为机理模型。由于机理模型来源于对象的内在机理，使其具有非常明确的物理意义，所得到的模型具有很好的适应性，便于对模型参数进行调整。然而部分化工过程过于复杂，某些物理、化学变化的内部机理还不够明确，加上分布参数元件又非常多，导致人们还难以写出准确描述这些对象特性的数学表达式，或者无法确定表达式中的某些系数。这样就没有办法通过机理建模来获取对象的数学模型。

机理建模的具体步骤如下：

① 根据实际工作情况和生产过程要求，确定过程的输入变量、输出变量及中间变量，搞清楚各变量之间的关系。

② 依据过程的内在机理，利用适当的定理定律，列写出原始方程式，必要时做出合乎实际的假设，以便忽略一些次要因素，使得问题简化。

③ 确定原始方程式中的中间变量，列写中间变量与其他因素之间的关系。

④ 消除中间变量，即得到只有输入变量和输出变量的微分方程。

⑤ 若微分方程是非线性的，需要进行线性化处理。

⑥ 标准化。即将与输入有关的各项放在等号右边，与输出有关的各项放在等号左边，按降幂排序。

1. 一阶对象的数学模型

对象的动态特性（输入变量与输出变量的关系）可以用一阶微分方程式来描述的控制对象，称为一阶对象。

以图 2-2 水槽对象为例进行介绍。水经过阀门 1 不断地流入水槽，水槽内的水又通过阀门 2 不断流出。工艺上要求水槽的液位 h 保持一定数值。在这里，水槽就是被控对象，液位 h 就是被控变量。如果阀门 2 的开度保持不变，而阀门 1 的开度变化就是引起液位变化的干扰因素。那么，这里所指的对象特性，就是指当阀门 1 的开度变化时，液位 h 是如何变化的。

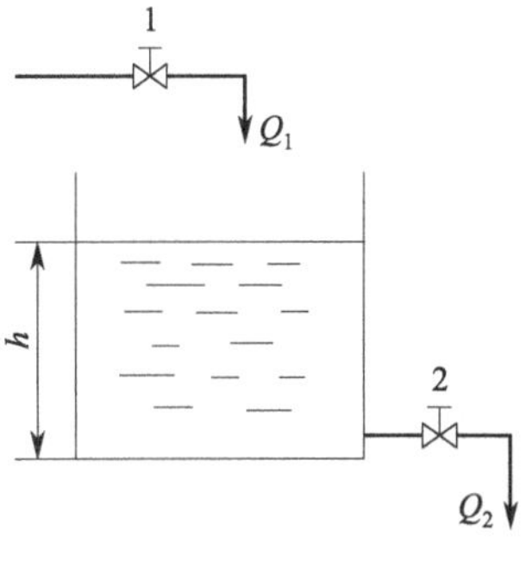

由图 2-2 可知，对象的输入量是流入水槽的流量 Q_1，对象的输出量是液位 h，也就是推导 h 与 Q_1 之间的数学表达式。

图 2-2　单个水槽工作示意图

在生产过程中，最基本的关系是物料平衡和能量平衡。当单位时间流入对象的物料（或能量）不等于流出对象的物料（或能量）时，表征对象物料（或能量）蓄存量的参数就要随时间而变化，找出它们之间的关系，就能写出描述它们之间关系的原始方程式。因此，写原始方程式的依据可表示为

对象物料(能量)蓄存量的变化率＝单位时间流入对象的物料(能量)—
单位时间流出对象的物料(能量)

在图 2-2 中，假定水槽截面积为 A，当流入水槽的流量 Q_1 等于流出水槽的流量 Q_2 时，系统处于平衡状态，即静态，此时液位 h 保持不变。

假定某一时刻 Q_1 有了变化，不再等于 Q_2，于是 h 也就变化了，h 变化与 Q_1 的变化究竟有什么关系？这必须从水槽的物料平衡来考虑，找出 h 与 Q_1 的关系，这就是推导表征 h 与 Q_1 关系的微分方程式的依据。

如果在很短一段时间 $\mathrm{d}t$ 内，由于 Q_1 不等于 Q_2，引起液位变化了 $\mathrm{d}h$，此时，流入和流出水槽的水量之差 $(Q_1-Q_2)\mathrm{d}t$ 应该等于水槽内增加（或减少）的水量 $A\mathrm{d}h$，用数学式表示为

$$(Q_1-Q_2)\mathrm{d}t = A\mathrm{d}h \tag{2-1}$$

上式就是微分方程式的一种形式，在这个式子中，还不能一目了然地看出 h 与 Q_1 的关系，因为在水槽出水阀 2 开度不变的情况下，随着 h 的变化，Q_2 也会变化。h 越大，静压头越大，Q_2 也会越大。因此，Q_1、Q_2、h 都是时间的变量，如何消去中间变量 Q_2，得到 h 与 Q_1 的关系式呢？

若假定变化量很微小（由于在自动控制系统中，各个变量都是在它们的额定值附近变化，因此这样的假定是允许的），则可以近似认为 Q_2 与 h 成正比，与出水阀的阻力系数 R_{S} 成反比，可表示为

$$Q_2 = \frac{h}{R_{\mathrm{S}}} \tag{2-2}$$

式中 R_{S}——出水阀的阻力系数。

将上式代入式(2-1)，移项整理可得

$$AR_{\mathrm{S}}\frac{\mathrm{d}h}{\mathrm{d}t}+h = R_{\mathrm{S}}Q_1 \tag{2-3}$$

令 $T=AR_{\mathrm{S}}$，$K=R_{\mathrm{S}}$
代入式(2-3)，得

$$T\frac{\mathrm{d}h}{\mathrm{d}t}+h = KQ_1 \tag{2-4}$$

这就是用来描述简单的水槽对象特性的微分方程式，它是一阶常系数微分方程式，式中 T 称为时间常数，K 称为放大系数。

2. 二阶对象的数学模型

对象的动态特性（输入变量与输出变量的关系）可以用二阶微分方程式来描述的控制对象，一般称为二阶对象。

对图 2-3 两串联水槽对象，建立对象数学模型的方法与一个水槽类似。

假定这时对象的输入变量是 Q_1，输出变量是 h_2，那么，这里所指的对象特性，就是指当阀门 1 的开度变化时，水槽液位 h_2 是如何变化的，也就是推导 h_2 与 Q_1 之间的数学表达式。

假定每个水槽的截面积都为 A，则分别对水

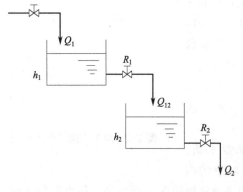

图 2-3　串联水槽工作示意图

槽列写出式(2-1)的物料平衡关系，得到

$$(Q_1 - Q_{12})\mathrm{d}t = A\,\mathrm{d}h_1 \tag{2-5}$$

$$(Q_{12} - Q_2)\mathrm{d}t = A\,\mathrm{d}h_2 \tag{2-6}$$

同样假定输入、输出量变化很小，水槽液位与输出流量具有线性关系，即

$$Q_{12} = \frac{h_1}{R_1} \tag{2-7}$$

$$Q_2 = \frac{h_2}{R_2} \tag{2-8}$$

由以上四个方程，经过简单的推导和整理，消去中间变量 Q_{12}、Q_2、h_1，可得到 h_2 与 Q_1 之间的关系式

$$AR_1AR_2\frac{\mathrm{d}^2 h_2}{\mathrm{d}t^2} + (AR_1 + AR_2)\frac{\mathrm{d}h_2}{\mathrm{d}t} + h_2 = R_2 Q_1 \tag{2-9}$$

令 $T_1 = AR_1$；$T_2 = AR_2$；$K = R_2$

代入式(2-9)，得

$$T_1 T_2\frac{\mathrm{d}^2 h_2}{\mathrm{d}t^2} + (T_1 + T_2)\frac{\mathrm{d}h_2}{\mathrm{d}t} + h_2 = KQ_1 \tag{2-10}$$

这就是用来描述两个串联水槽对象特性的微分方程式，它是二阶常系数微分方程式，式中 T_1 为第一个水槽的时间常数，T_2 为第二只水槽的时间常数，K 为整个对象的放大系数。

通过以上推导，可以得到描述对象特性的微分方程式。对于其他类型的简单对象，也可以用此方法来研究。但是，对于比较复杂的对象，用该数学方法来研究就比较困难，而且得到的微分方程式也不像上述的那么简单。

二、实验建模

前面已经讲到对于一些特性关系复杂的对象，无法通过机理建模的方法获得数学模型。而且在机理建模的过程中，为获取最终的数学方程式，通常需要进行许多的假定和假设，使其与实际情况产生较大偏离。因此在实际工作中，常常采用实验的方法来研究对象的特性，使其得到的特性更贴合于实际，同时也可以验证或修正机理建模得到的对象特性。

实验建模的方法就是在所要研究的对象上，加上一个人为的输入变量，并通过测量装置测取并记录对象输出变量随时间的变化情况，得到一系列用来表征和反映对象特性的实验数据（或曲线）的建模方法。有时，为了便于分析对象的特性，需要对这些数据或曲线进行必要的拟合和数据处理，使之能够更加直观地反映对象特性。

实验建模的特点就是忽视研究对象的内部情况，把它看做一个不需要了解内部结构和机理的黑匣子，仅仅从外部特性上来测试和描述它的对象特性，因此对于一些复杂的对象，实验建模会更加实用和省力。

一般来说，实验建模中输入变量的形式可以有阶跃干扰、矩形脉冲干扰、矩形脉冲波和正弦信号等多种，对应对象特性的实验测取方法可以分为阶跃反应曲线法、矩形脉冲特性曲线法、矩形脉冲波法和频率特性法。下面对几种常用的实验测取方法进行简单的介绍。

1. 阶跃反应曲线法

阶跃反应曲线的获取方法就是对象在阶跃输入作用下，用实验的方法测取输出变量随时间的变化情况。

比如要测取图 2-4 中简单水槽的对象特性。在这里，被控变量是水槽的液位 h，我们要

测取输入流量 Q_1 改变时被控变量 h 的反应曲线。假定在时间 t_0 之前，水槽处于平衡稳定状态，输入流量 Q_1 等于输出流量 Q_2，液位 h 不发生变化。然而在 t_0 时，突然开大进水阀并一直保持这个阀门开度，Q_1 的增加流量假定为 A。此时通过液位仪表测得液位 h 随时间的变化规律便得到简单水槽的反应曲线，如图 2-5 所示。

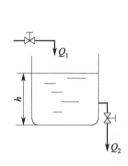

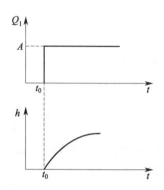

图 2-4 简单水槽示意图　　　　　图 2-5 水槽液位阶跃反应曲线

　　这种方法实施起来比较容易。该例中流量是输入变量，只要突然改变阀门的开度便可施加阶跃干扰，因此对装置的要求不高。输出变量 h 的变化规律可以利用简单的仪表记录下来，无须增加特殊的仪器设备。所以说，阶跃反应曲线法是一种比较容易实施的动态特性测试方法。当然这种方法也有它的不足之处。主要是被测对象在阶跃信号作用下从不稳定到稳定一般需要很长时间，在这段时间内，对象不可避免地还要受到其他干扰因素的影响，从而限制了测试的精度。而为了提高精度就必须加大阶跃幅值，这样就会影响正常的生产过程。因此一般所加阶跃幅值的大小范围限定在额定值的 5%～10%。因此可以说，阶跃反应曲线法是一种实施容易但精度较差的对象特性测试方法。

2. 矩形脉冲特性曲线法

　　矩形脉冲特性曲线的获取方法是在对象处于平衡稳定状态时，在时间 t_0 时突然施加一幅值为 A 的阶跃干扰，并在 t_1 时去除，这时测得的输出变量随时间的变化规律就是对象的矩形脉冲特性曲线。这种形式的干扰就是矩形脉冲干扰，如图 2-6 所示。矩形脉冲干扰的特点是加在对象上的阶跃干扰并不是一直存在，经过一段时间后就会被去除，因此阶跃干扰的幅值可适当增大用来提高测试的精度。因阶跃干扰的作用时间较短，对象的被控变量不会长时间地偏离给定值，因而不会对正常生产造成较大影响。这种方法也是目前常用的测取对象动态特性的方法之一。

　　采用矩形脉冲波和正弦信号（如图 2-7 与图 2-8）作为干扰输入信号获取对象的动态特性的方法，分别称为矩形脉冲波法与频率特性法。

　　上面介绍的这几种方法都需要在对象上施加一个干扰作用，由于施加干扰作用的幅值一般比较小，时间比较短，对正常生产的影响不大，在大部分的生产过程中都是允许的。因此，通过这几种方法实验获取对象的动态特性是切实可行的。

　　而对于一些不宜施加人为干扰来测取特性的对象，无法直接通过实验测取的方法获得对象的动态特性，则可以根据长期正常生产过程中积累下来的多种重要参数的大量数据或曲线，采用数学随机理论进行分析和拟合，来获取对象的动态特性。

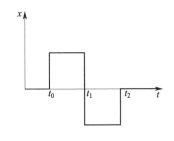

图 2-7　矩形脉冲波信号

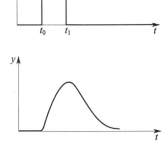

图 2-6　矩形脉冲信号及相应特性曲线

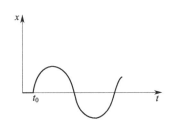

图 2-8　正弦信号

通常而言，机理建模与实验建模各有其优势和特点，因此目前比较流行的一种建模方法是将两者结合起来，称为混合建模。这种建模方法是先根据对象的内部机理进行数学建模，然后通过实验测取的方法确定数学式中未知或无法确定的参数，完成建模过程。这种建模方法既具有机理建模的适应性，又具有实验建模的实用性，是一种比较实用的建模方法。例如，对换热器建模，可以先根据热量平衡列写出平衡方程式，而方程式中涉及的换热系数 K 值等一般可以通过实验测得。

第三节　描述对象特性的参数

前面已经讲过，研究对象特性的输入变量可以有多种形式，因此对于不同形式的输入变量，输出变量的变化情况也有所不同。通常为了便于研究，可以假定对象的输入量都是阶跃干扰。

对象的特性除了可以通过其数学模型来进行描述，在实际使用过程中，为了方便起见，通常还可以用放大系数 K、时间常数 T、滞后时间 τ 三个特性参数来表示对象的特性。

一、放大系数 K

对于如图 2-4 所示的简单水槽对象，当输入变量 Q_1 发生变化后，输出变量液位 h 也会发生变化，经过一段时间后会重新稳定在某一数值上。液位 h 最终稳定的数值一定与 Q_1 的变化量 ΔQ_1 紧密相关。也可以说多大的输入就对应着多大的输出，这种特性称为对象的静态特性。

这里用 ΔQ_1 代表输入量 Q_1 的变化大小，Δh 代表输出量 h 的变化大小。Δh 随 ΔQ_1 的变化曲线如图 2-9 所示。重新平衡稳定时，Δh 的大小与 ΔQ_1 存在一一对应关系。如果用 K 表示 Δh 与 ΔQ_1 的比值，关系式如式(2-11)。

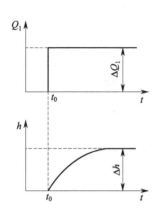

图 2-9　水槽液位的反应曲线

$$K = \frac{\Delta h}{\Delta Q_1} \tag{2-11}$$

因此 K 等于对象重新平衡稳定后的输出变化量与输入变化量的比值，它的物理意义也可以表述为：当存在一定量的输入变化量 ΔQ_1 作用于对象，放大了 K 倍就变为输出变化量 Δh，所以 K 被称为对象的放大系数。

对象的放大系数 K 越大表示对象的输入变量发生变化时，对输出变量的影响越大。在实际生产中，会发现有的阀门轻微的开度变化就会对生产过程产生很大影响，甚至会影响正常的生产，而有的阀门纵使开度变化很大对生产的影响也很小。在一个设备或一个工段中会有很多因素都对被控变量产生影响，然而各种因素的变化对被控变量的影响并不一致，也就是放大系数有所不同，放大系数越大，表明被控变量对这个因素的变化就越灵敏，在制定自动控制方案时就要重点考虑这个因素。

下面以合成氨厂的变换炉为例，进一步说明各个影响因素的放大系数的不同。利用煤炭制备的原料气中都含有一定量的一氧化碳，而一氧化碳不能直接参与合成氨反应并且会对合成氨催化剂产生一定的毒害作用，因此在进行合成氨工艺之前应该使一氧化碳的量尽可能地降到最低。这就需要用到一氧化碳转化炉，图 2-10 是一氧化碳变换过程示意图。它的作用就是在一定条件下将一氧化碳和水蒸气转化生成氢气和二氧化碳，同时放出热量。在这个过程中，需要一氧化碳的转化率尽可能地高，同时消耗的蒸汽量尽可能地少，还要保障催化剂的活性尽可能地持久。生产上经常使用控制变换炉一段的反应温度，来控制一氧化碳的转换率。

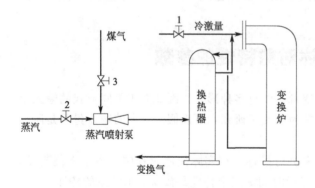

图 2-10　一氧化碳变换过程示意图

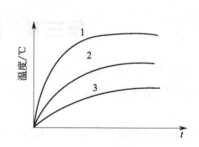

图 2-11　反应温度随不同
影响因素的变化曲线

1—冷激流量改变时的曲线；2—蒸汽流量
改变时的曲线；3—煤气流量改变时的曲线

影响变换炉一段反应温度的因素有很多，比如煤气流量、蒸汽流量以及冷激流量等。这几个影响因素里哪个对反应温度的影响最大呢？实际生产中发现，冷激流量对反应温度的影响最大；蒸汽流量的影响处于中间；煤气流量的改变对反应温度的影响最不明显。如果煤气流量、蒸汽流量以及冷激流量这几个影响因素的变化量相同，那么这几个因素变化时引起的反应温度的变化曲线如图 2-11 所示。图中曲线 1、2、3 分别表示冷激流量、蒸汽流量、煤气流量改变时反应温度的变化曲线。由该图可以看出，反应温度对冷激流量的变化最灵敏；其次为蒸汽流量，再次为煤气流量。这说明冷激流量对反应温度的放大系数最大，蒸汽流量的放大系数次之，煤气流量的放大系数最小。

二、时间常数 T

在正常的生产过程中受到干扰以后，部分对象很快就能达到新的平衡稳定状态；而有的对象则需要经过很长时间才能达到新的稳态值。比如图 2-12 中不同截面积的水槽受到相同输入流量的变化影响时，水槽液位的变化速度就明显不同。显然，截面积越小的水槽液位变化速度越快；而截面积越大的水槽液位变化速度越慢，到达新稳定状态所需要的时间就越长。如何来描述对象的这种变化速度快慢的特性呢？在自动化领域中，通常用时间常数 T 来表征。时间常数越大，表示对象受到干扰作用后变化速度越慢，到达新的稳定状态所需的时间越长。

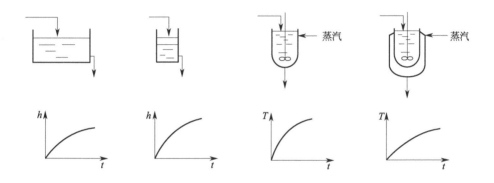

图 2-12　时间常数不同对象的变化曲线

下面利用简单水槽的例子来进一步说明放大系数 K 与时间常数 T 的物理意义。

通过推导可知，描述简单水槽对象特性的数学模型可以整理成如下形式

$$T \frac{\mathrm{d}h}{\mathrm{d}t} + h = KQ_1 \tag{2-12}$$

这里输入变量 Q_1 为阶跃干扰，当 $t \geqslant 0$ 时 $Q_1 = A$，如图 2-13（a）所示。为了更加直观地表述在 Q_1 作用下被控变量 h 的变化规律，对上述方程式进行求解，得

$$h(t) = KA(1 - e^{-t/T}) \tag{2-13}$$

根据式（2-13）可以画出被控变量 h 受到 Q_1 的阶跃干扰时随时间变化的曲线，如图 2-13（b）所示。

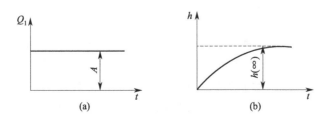

图 2-13　阶跃干扰示意图

从图中可以看出，被控对象受到阶跃作用后，被控变量发生了变化，当 $t \to \infty$ 时，被控变量达到了新的稳态值 $h(\infty)$，$t \to \infty$ 时代入式(2-13)中可得

$$h(\infty) = KA，或 K = h(\infty)/A \tag{2-14}$$

所以，放大系数 K 在这里可以表述为被控对象受到阶跃干扰后，被控变量达到的新的稳定值与输入变量大小的比值。由此可以看出，放大系数 K 的大小只与重新平衡稳定时的状态有关，而与变化的过程无关，所以是对象的静态性能。

为了探究时间常数 T 的物理意义，将 $t = T$ 代入式(2-13)中，就可以求得

$$h(T) = KA(1 - e^{-1}) = 0.632KA \tag{2-15}$$

再将式(2-14)代入式(2-15)中，得

$$h(T) = 0.632h(\infty) \tag{2-16}$$

在这里时间常数 T 就可以表述为当被控对象受到阶跃干扰后，被控变量达到新的稳态值的 63.2% 所需的时间。当然，时间常数越大，表明被控变量的变化速度就越慢，到达新的稳定状态时所需要的时间就越长。

在阶跃干扰作用的某一瞬间，液位 h 的变化速度是怎样的呢？将式(2-13)对时间 t 求导可得

$$\frac{\mathrm{d}h}{\mathrm{d}t} = \frac{KA}{T}e^{-t/T} \tag{2-17}$$

由式(2-17)可以看出，阶跃干扰作用后，液位 h 的变化速度并不是一成不变的。在干扰作用加入的瞬间，也就是 $t = 0$ 时，代入式(2-17)中可得

$$\frac{\mathrm{d}h}{\mathrm{d}t} = \frac{KA}{T}e^0 = \frac{KA}{T} = \frac{h(\infty)}{T} \tag{2-18}$$

经过很长时间，也就是当 $t \to \infty$ 时，可以得到

$$\left. \frac{\mathrm{d}h}{\mathrm{d}t} \right|_{t \to \infty} = 0 \tag{2-19}$$

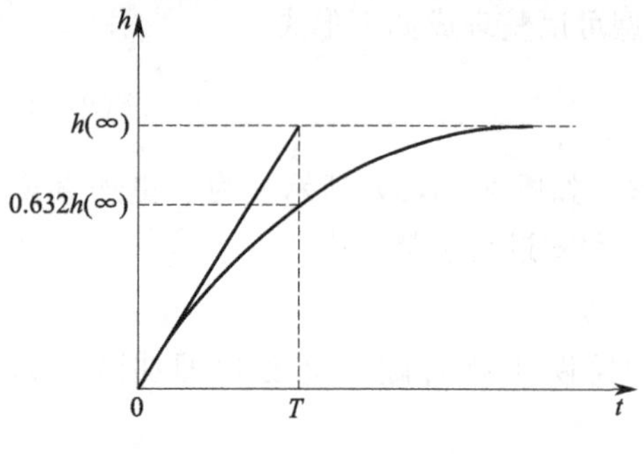

图 2-14　被控变量变化速度曲线

由此可以看出，在干扰输入的瞬间（$t = 0$），被控变量 h 的变化速度最快；随后变化速度越来越慢，当干扰持续很长时间后（$t \to \infty$），变化速度变为零。被控变量 h 随时间 t 的变化速度趋势可用图 2-14 所示的曲线来表示。从图中可以看出，干扰作用输入后某一瞬间被控变量的变化速度就等于曲线在该点时切线的斜率。当 $t = 0$ 时，$\left. \frac{\mathrm{d}h}{\mathrm{d}t} \right|_{t=0}$ 就是起点切线的斜率，由式(2-18)可得，该斜率大小为 $\frac{h(\infty)}{T}$。所以该切线与被控变量新的稳定值 $h(\infty)$ 的交点所截得的一段时间正好等于时间常数 T。因此，时间常数 T 的物理意义也可以这样来理解：当对象受到阶跃输入作用后，被控变量如果一直按照初始速度变化，达到新的稳态值所需的时间就是时间常数。只是实际上被控变量的变化速度并不是恒定的，而是越来越小的。所以，被控变量变化到新的稳态值所需要的时间，通常要比 T 长得多。理论上需要无限长的时间才能达到新的稳态值。无限长的时间在实际研究时很不方便，人们在计算时发现，当 $t = 3T$ 时，代入式(2-13)，可以得到

$$h(3T)=KA(1-e^{-3})\approx 0.95KA\approx 0.95h(\infty) \tag{2-20}$$

从式（2-20）中可以看出，在阶跃干扰输入后，经过 $3T$ 的时间被控变量就已经完成了全部变化范围的 95%。这时，可以近似地认为动态过渡过程已基本结束。

三、滞后时间 τ

在实际生产过程中，有的对象用放大系数 K 和时间常数 T 两个参数就可以完全描述它们的特性。但也有特殊对象，在受到干扰输入作用后，被控变量并非立刻就发生变化，而是需要经过一段时间 τ_0 才开始变化，这种滞后现象称为纯滞后；也有的对象在受到干扰输入作用后，被控变量的变化速度非常慢，一段时间后才慢慢加快，这种滞后现象称为容量滞后。

1. 纯滞后

纯滞后也称为传递滞后，用 τ_0 表示，一般是由介质的传递输送引起的。如图 2-15（a）中的溶解槽，料斗中的物料用皮带输送至溶解槽。当料斗改变送料量后，并不能立刻引起溶解槽中物料浓度的变化，而需要将改变后的物料输送至溶解槽中才会对槽中溶液浓度产生影响。以料斗的加料量作为对象的输入变量，溶解槽溶液浓度作为输出变量时，得到的特性曲线如图 2-15（b）所示。

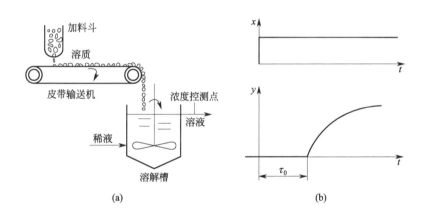

图 2-15　传送溶解槽及浓度变化曲线

由图 2-15（b）可以看出，有无纯滞后的对象特性曲线在形状上完全一致，只是有纯滞后的对象多增加了一段时间 τ_0。由于纯滞后 τ_0 的存在，导致控制作用输入时不能立刻引起被控变量的变化来对抗干扰，导致控制作用变弱，影响控制质量。

从测量方法来说，由于测量点选择不当，测量元件安装不合适等原因也会造成纯滞后。图 2-16 是一个蒸汽直接加热器。若以进入的蒸汽量 q 为输

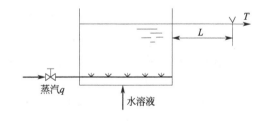

图 2-16　蒸汽直接加热器

入量，实际测得的溶液温度为输出量，测温点不在槽内，而是在离槽距离为 L 的管线上，那么当加热蒸汽量增大时，槽内温度升高，然而槽内溶液流到管线测温点处还要经过一段时间。所以，实际测得的温度 T 要经过时间 τ_0 后才开始发生变化，这段时间 τ_0 称为纯滞后

时间。在实际工作中，取样管线太长，取样点安装离设备太远等都会引起较大的纯滞后时间，应尽量避免或缩小。

2. 容量滞后

容量滞后是有些对象在受到阶跃输入作用后，被控变量最初的变化速度很慢，一段时间后才逐渐加快，最后又逐渐变慢直至到达新稳态的现象。由于被控变量开始的变化速度很慢导致的滞后，也叫作过渡滞后。容量滞后一般是由于物料或能量的传递需要克服一定阻力而引起的。

具有容量滞后对象的特性曲线如图 2-17 所示（前面介绍的串联水槽特性）。对于这种具有容量滞后的对象，使用放大系数 K、时间常数 T、滞后时间 τ 来描述对象特性时，需要进行相应的近似处理，也就是用具有纯滞后的一阶对象特性来近似处理容量滞后的二阶对象。近似处理方法为：在图 2-17 所示的二阶对象特性曲线上，过曲线的拐点 O 作一切线，与时间轴相交，交点与纵坐标之间的间隔时间就是容量滞后时间。由切线与时间轴的交点到切线与新稳定值 $h(\infty)$ 线的交点之间的时间间隔为时间常数 T。这样，二阶对象就被近似处理成有滞后时间 $\tau = \tau_h$，时间常数为 T 的一阶对象了。

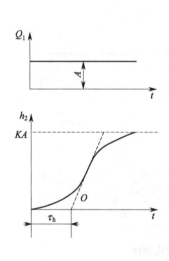

图 2-17 容量滞后对象特性曲线

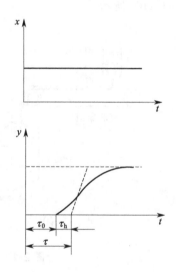

图 2-18 近似处理示意图

尽管纯滞后和容量滞后存在本质的不同，但实际上很难严格区分，当两者同时存在时，常常把它们合起来统称滞后时间 τ，即 $\tau = \tau_0 + \tau_h$，如图 2-18 所示。

在自动控制系统中，滞后对控制是不利的。不难理解，当系统受到干扰作用后，由于滞后的存在，导致被控变量不能立即变化来抵抗干扰，从而使控制质量变差。所以，在设计和安装使用控制系统时，应当尽量减小或消除滞后时间。例如，在确定控制阀与检测仪表的安装位置时，应尽量选取靠近控制对象的有利位置。同时，从工艺角度来说，应通过优化工艺路线，尽量减少或缩短那些不必要的管线及阻力，从而减少滞后时间。

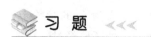 习 题 <<<

1. 什么是被控对象特性？研究被控对象特性有什么意义？

2. 分别说明通道、控制通道、干扰通道在反馈控制系统中是怎样影响被控变量的？

3. 什么是对象的数学模型？数学模型主要有哪几种形式？它们各有什么特点？

4. 简述建立数学模型有哪些主要方法？

5. 机理建模的步骤是什么？

6. 实验测取对象特性常用的方法有哪些？各自有什么优缺点？

7. 描述简单对象特性的参数有哪些？各有何物理意义？它们对自动控制系统有什么影响？

8. 对象的纯滞后和容量滞后各是什么原因造成的？对控制过程有哪些影响？

第三章

>>>>>>

检测仪表及传感器

在化学工业生产中，检测是必不可少的过程，它担负着对生产过程的检测任务，是保证生产连续、高效、安全和无污染运行的关键。及时而准确地对过程中各个有关参数如温度、压力、流量、物位等进行检测是进行自动化控制的基础。而用来检测这些参数的仪表统称为化工检测仪表。检测仪表由检测元件、变换放大、显示装置三个部分组成。其中检测元件又称为敏感元件，它直接感受工艺被测参数，并将其转换为与之对应的输出信号（如电压、电流、电阻、位移、气压等）。由于检测元件的输出信号种类较多，一般都需要经过变送器处理后转换成相应的标准统一信号 [如电动变送器为 $4\sim20\text{mA}$（DC）或气动变送器为 $20\sim100\text{kPa}$]，以供指示、记录或控制。用来将测得的这些参数转换为一定的便于传送的信号进行传送的仪表称为传感器。当传感器的输出为规定的标准信号时称为变送器。本章将主要介绍有关压力、流量、物位、温度等参数的检测方法、检测仪表及相应的变送器或传感器等。

第一节　化工检测仪表基础知识

一、化工检测仪表的分类

化工检测仪表形式各异，种类繁多，根据不同的原则，可以有多种不同的分类方法，其中常用的几种分类方法介绍如下。

（1）按测量参数分　按照测量的参数指标不同，可大致分为压力检测仪表、流量检测仪表、物位检测仪表、温度检测仪表及组分分析仪表等。

（2）按使用能源分　按照检测仪表使用的能源不同，可以分为气动仪表、电动仪表和液动仪表。当然目前工业上应用最多的为电动仪表。电动仪表是以电为能源，信号之间联系比较方便，适用于远距离传送和集中控制；便于与计算机联用；先进的电动仪表可实现防火、防爆功能，更有利于仪表的安全使用。但是电动仪表一般结构非常复杂，易受到环境温度、湿度、电磁场等的影响。

（3）按表达指示参数的方式分　按照仪表表达指示参数的方式不同，可以分为指示型、记录型、信号型、累积型及远传指示型等。

（4）按精密等级和适用场合分　按照精密等级及适用场所不同，可以分为实用仪表、范型仪表及标准仪表，分别适用于工业生产、实验室和标定室。

（5）按仪表组成形式分　按照仪表的组成形式不同，可以分为基地式仪表及单元组合仪表。

① 基地式仪表。这类仪表的特点是将测量、显示、控制等各部分集中组装在一个表壳里，形成一个整体。这种仪表比较适用于现场就地检测和控制，但不能实现多种参数的集中显示和控制，这大大限制了基地式仪表的应用范围。

② 单元组合仪表。这类仪表将对参数的测量及变送、显示、控制等各部分，分别制成能独立工作的单元仪表（简称单元，例如变送单元、显示单元、控制单元等）。这些单元之间以统一的标准信号互相联系，可以根据不同要求，方便地将各单元任意组合成各种控制系统，适用性和灵活性都很好。

化工生产中的单元组合仪表包括电动单元组合仪表和气动单元组合仪表两种。国产的电动单元组合仪表以 "电" "单" "组" 三字的汉语拼音字头为代号，简称 DDZ 仪表；同样，气动单元组合仪表简称 QDZ 仪表。

本章将介绍几个主要工艺参数的检测单元和显示单元，而控制仪表、执行器将分别在第四、第五章中介绍。

二、测量过程及误差

检测仪表种类繁多，针对生产过程中不同的参数、工作条件、功能要求等，可选用不同的检测方法及仪表结构进行检测。但是从测量的本质来看，检测过程即测量过程就是将被测参数经过一次或多次的信号转换，最终获得一种便于测量的信号形式，并通过指针位移或数字形式显示出来。测量过程中，尽可能希望测量仪表显示的数值与被测参数的真实值相一致。然而在实际测量过程中，由于所使用的测量仪表本身不可避免地存在精度限制，或测量者的主观局限性和外界环境的影响等因素，使得测量的结果不可能与真实值完全一致。因此，在测量结果与被测真实值之间的差距就称为测量误差。

测量误差可以用不同的方法来表示，即绝对误差、相对误差、引用误差（相对百分误差）。

1. 绝对误差 Δ

绝对误差（也称示值误差）在理论上是指仪表指示值 x_i 和被测真实值 x_t 之间的差值，可用下式来表示

$$\Delta = x_i - x_t \qquad (3-1)$$

真值是指被测物理量客观存在的真实数值，但无法真正获得，因此真正的绝对误差也无法获得。所以实际应用时，通常用测量值 x 与精密等级较高的标准表测量值 x_0 之间的差值来表示绝对误差，可表示为

$$\Delta = x - x_0 \qquad (3-2)$$

仪表在其标尺范围内各点读数的绝对误差是不同的，通常所说的 "绝对误差" 是指绝对误差中数值最大的值，即为最大绝对误差 Δ_{max}。

2. 相对误差

测量误差还可以用相对误差来表示。相对误差 y 等于绝对误差 Δ 与精密等级较高的标准测量表在这一点的测量值 x_0 之间的比值。可表示为

$$y = \frac{\Delta}{x_0} = \frac{x - x_0}{x_0} \times 100\% \tag{3-3}$$

3. 引用误差

工业中，仪表的精确度不仅与绝对误差有关，而且还与仪表的测量范围有关。仪表的测量范围通常指在允许的误差范围内，仪表能够准确测量的被测参数的最大值和最小值之间的范围，也称作该仪表的量程 M。例如，两台测量范围不同的仪表，如果它们的绝对误差相等，测量范围大的仪表精确度要比测量范围小的高。

工业上经常将绝对误差折合成仪表量程的百分数表示，称为相对百分误差 δ，即某一点的绝对误差与测量仪表的量程之比，表示为

$$\delta = \frac{\Delta_{\max}}{量程} \times 100\% \text{ 或 } \delta = \frac{\Delta_{\max}}{x_上 - x_下} \times 100\% \tag{3-4}$$

三、仪表的品质指标

评价一台仪表品质的优劣，通常利用以下几个指标来进行衡量。

1. 精确度（精度）

精确度简称精度，是精密度与准确度的总称。工业上，根据仪表的设计、使用要求，规定一个在正常情况下允许的最大误差，把它叫作允许误差。允许误差一般用相对百分误差来表示，即在规定的正常情况下允许的相对百分误差的最大值，即

$$\delta_允 = \pm \frac{仪表允许的最大绝对误差}{标尺上限值 - 标尺下限值} \times 100\% \tag{3-5}$$

可以看出，仪表的 $\delta_允$ 越大，表示它的精确度就越低；仪表的 $\delta_允$ 越小，表示仪表的精确度越高。

通常，仪表的精确度等级可以将仪表的允许相对百分误差去掉"$\pm$"号及"%"号来进行确定。目前，我国生产的仪表常用的精确度等级有 0.005，0.02，0.05，0.1，0.2，0.4，0.5，1.0，1.5，2.5，4.0 等。如果某台流量检测仪表的允许误差为 $\pm 2.5\%$，则认为该仪表的精确度等级符合 2.5 级。为了进一步说明如何确定仪表的精确度等级，下面举例说明。

【例 3-1】 某台测温仪表的测温范围为 $400 \sim 900℃$，该仪表的最大绝对误差为 $+3℃$，试确定该仪表的精度等级。

解： 该仪表的相对百分误差为

$$\delta = \pm \frac{3}{900 - 400} \times 100\% = \pm 0.6\%$$

去掉"$\pm$"号及"%"号，其数值为 0.6。由于国家规定的精度等级中没有 0.6 级仪表，而且该仪表的允许误差超过了 0.5 级仪表允许的最大误差，所以这台仪表的精度等级为 1.0 级。

【例 3-2】 某台测温仪表的测温范围为 $0 \sim 500℃$。根据工艺要求，温度指示值的误差不能超过 $\pm 3℃$，试问应选择什么精度等级的仪表才能满足要求？

解： 根据工艺要求，仪表的相对允许误差为

$$\delta_允 = \pm \frac{3}{500 - 0} \times 100\% = \pm 0.6\%$$

去掉"±"号和"％"号，得到的数值为0.6。其数值介于0.5～1.0之间，选择精度等级为1.0级的仪表时，其允许的误差为±5℃，超过了工艺允许的数值，所以应该选择0.5级仪表才能满足要求。

从上面两个例子可以看出，根据校验数据来确定仪表精度等级和根据工艺要求来选择仪表精度等级的情况是有区别的。根据校验数据来确定仪表精度等级时，仪表的允许误差应该大于（或等于）仪表校验所得的相对百分误差；而根据工艺要求来选择仪表精度等级时，仪表的允许误差应该小于（或等于）工艺所允许的最大相对百分误差。

仪表的精确度等级是衡量仪表品质好坏的重要指标之一。精度等级数值越小，该仪表的精确度等级越高。工业生产中使用测量仪表的精度大多是0.5级以下，而精度0.05级以上的仪表，一般用作标准仪表。

2. 变差（回差）

变差也称为回差，它的大小直接反映仪表恒定度的好坏。在外界条件不变的情况下，用同一仪表在仪表量程范围内对被测变量进行正反行程（逐渐由小到大和逐渐由大到小）测量，被测量值正行和反行所得测量值之间的最大偏差即为变差，如图3-1所示。

变差的大小，通常用正反行程测量值的最大绝对差值与量程比值的百分数来表示，即

$$变差 = \frac{正反行程最大绝对差值}{量程} \times 100\% \qquad (3\text{-}6)$$

造成变差的原因有很多，例如传动机构的间隙、齿轮间的摩擦、弹性元件的滞后等。必须强调的是，仪表的变差最大不能超出仪表的允许误差，否则应检修或更换仪表。

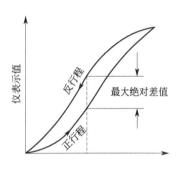

图 3-1 变差示意图

3. 灵敏度与分辨力

灵敏度与分辨力都是表征仪表对检测被测参数变化灵敏程度的指标。不同的是灵敏度适用于指针式仪表，分辨力适用于数字式仪表。

仪表的灵敏度定义为仪表指针的线位移或角位移与被测参数变化量的比值，可用下式来表示。

$$S = \frac{\Delta_a}{\Delta_x} \qquad (3\text{-}7)$$

式中　S——指针式仪表的灵敏度；

Δ_a——指针的线位移或角位移；

Δ_x——被测参数变化量。

由式(3-7)可以看出，仪表的灵敏度在数值上等于单位被测参数变化量所引起的仪表指针移动的距离（或偏转角度）。

指针仪表的灵敏限也可以用来表征仪表的灵敏程度，它是指能引起仪表指针移动的被测参数的最小变化量。一般来说，仪表灵敏限的数值应不大于仪表允许绝对误差的一半。

对于数字式仪表，应用分辨力来表示仪表灵敏度的大小。分辨力是指数字显示器的最末位数字间隔所代表的被测参数变化量。当然，量程不同的仪表分辨力是不同的，相应于最低

量程的分辨力称为该表的最高分辨力，也叫灵敏度。通常采用最高分辨力作为数字仪表的分辨力指标。例如，某电压表的最低量程是 0～1.000V，四位数字显示，末位数字的等效电压为 1mV，则该电压表的分辨力为 1mV。

4. 线性度

线性度也称为非线性误差，用来说明输出变量与输入变量的实际关系曲线与理论直线的

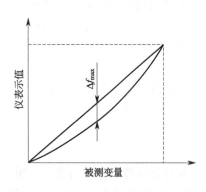

图 3-2　线性度示意图

偏离程度，如图 3-2 所示。实际应用时，通常希望测量仪表的输出与输入之间呈线性关系。因为在线性情况下，模拟式仪表就可以做成均匀刻度，而数字式仪表也就无须采取线性化措施。

线性度通常用实际得到的输入-输出特性曲线与理论直线之间的最大偏差与测量仪表量程比值的百分数表示，即

$$\delta_f = \frac{\Delta f_{max}}{仪表量程} \times 100\% \tag{3-8}$$

式中　δ_f——线性度；
Δf_{max}——实测曲线与理论直线的最大偏差。

5. 反应时间

采用仪表对被测参数进行测量时，希望仪表能够即时反应出被测参数的数值。然而实际应用时发现，被测参数突然变化以后仪表总是要经过一段时间后才能准确地显示出来。反应时间就是用来衡量仪表能否尽快反映出参数变化的品质指标。反应时间长，说明仪表需要较长时间才能准确显示测量值，这类仪表就不能用来测量频繁变化的参数。因为在这种情况下，被测参数的测量值还没能准确显示出来，参数又发生变化了，这样仪表始终不能准确显示被测参数的真实情况。所以，反应时间的长短实际上反映了仪表动态特性的好坏。

仪表的反应时间一般有多种表示方法。当输入信号突然变化时，输出信号也会由原始值逐渐变化到新的稳态值。反应时间可以用仪表的显示数值从开始变化到新稳态值的 63.2% 时所用的时间来表示，也可以用从开始变化到新稳态值的 95% 时所用的时间来表示。

第二节　压力检测仪表

压力是化工生产过程中一个需要严格控制的重要参数指标。因为大部分化工生产过程都需要在一定的压力条件下进行，例如合成氨通常需要几十兆帕的高压，高分子聚合甚至需要上百兆帕的超高压，而像减压蒸馏工艺中的压力则是比大气压低得多的负压或真空。如果压力不达标，不仅会影响产品质量和产量，甚至还会造成严重的生产事故。因此，压力检测在化工生产过程中非常重要。

一、压力检测仪表的分类

工程技术上的压力是指介质垂直均匀作用在单位面积上的力，等同于物理学中的压强，可用式(3-9) 表示

$$p = \frac{F}{S} \tag{3-9}$$

式中　p——压力；

F——垂直作用力；

S——受力面积。

国际单位制（代号为 SI）规定，压力的单位为帕斯卡，简称帕（Pa），1 帕斯卡的大小为 1 牛顿的力垂直均匀作用在 1 平方米面积上形成的压力，可以表示为

$$1Pa = 1N/m^2 \tag{3-10}$$

帕斯卡所表示的压力单位较小，工程上经常使用的是兆帕（MPa）。它们之间的关系为

$$1MPa = 1 \times 10^6 \, Pa \tag{3-11}$$

以前使用的压力单位比较混乱，使用起来很不方便。为此，1984 年 2 月 27 日国务院颁布了《关于在我国统一实行法定计量单位的命令》，规定我国使用国际法定计量单位帕斯卡（或兆帕）作为压力单位。但在一些老工具书及进口设备上依然采用了其他单位，为了方便换算，表 3-1 中列出了几种常用压力单位之间的换算关系。

表 3-1　各种不同压力单位换算关系表

压力单位	帕(Pa)	兆帕(MPa)	工程大气压 (kgf/cm^2)	物理大气压(atm)	汞柱 (mmHg)	水柱 (mmH_2O)	磅/英寸^2 (lb/in^2)	巴(bar)
1Pa	1	1×10^{-6}	1.0197×10^{-5}	9.869×10^{-6}	7.501×10^{-3}	1.0197×10^{-4}	1.450×10^{-4}	1×10^{-5}
1MPa	1×10^6	1	10.197	9.869	7.501×10^3	1.0197×10^2	1.450×10^2	10
$1kgf/cm^2$	9.807×10^4	9.807×10^{-2}	1	0.9678	735.6	10.00	14.22	0.9807
1atm	1.0133×10^5	1.0133	1.0332	1	760	10.33	14.70	1.0133
1mmHg	1.3332×10^2	1.3332×10^{-4}	1.3595×10^{-3}	1.3158×10^{-3}	1	0.0136	1.934×10^{-2}	1.3332×10^{-3}
$1mmH_2O$	9.806×10^3	9.806×10^{-3}	0.1000	0.09678	13.59	1	1.422	0.09806
$1lb/in^2$	6.895×10^3	6.895×10^{-3}	0.07031	0.06805	51.71	0.7031	1	0.06895
1bar	1×10^5	0.1	1.0197	0.09869	750.1	10.197	14.50	1

在表述压力时，通常有大气压力、绝对压力、表压、负压或真空度的说法。它们之间的关系见图 3-3。

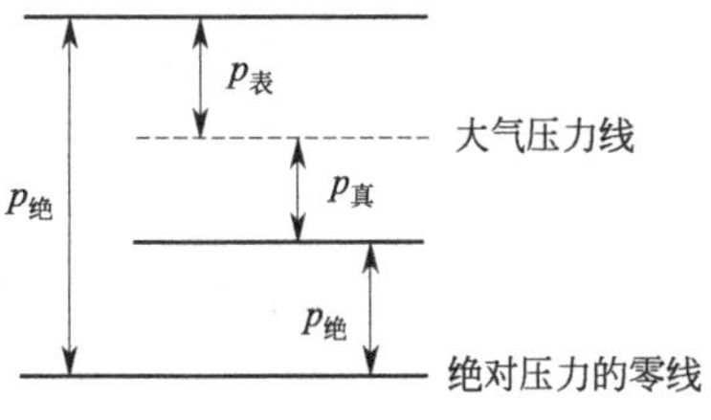

大气压力指地球表面的空气所产生的压力，一般用 $p_{大气压}$ 表示。绝对压力是指以绝对真空为基准作用于单位面积上的全部压力，用 $p_{绝对压力}$ 表示。工程上所用的压力指示值大多为表压。表压是绝对压力与大气压的差值，用 $p_{表压}$ 表示。也就是

图 3-3　各种压力之间的关系图

$$p_{表压} = p_{绝对压力} - p_{大气压}$$

当被测压力小于大气压力时，一般用负压或真空度来表示。也就是

$$p_{真空度} = p_{大气压} - p_{绝对压力}$$

因为工业中各种生产设备和测量仪表通常是处于大气压之中，所以，工程上习惯用表压或真空度来表示压力的大小。因此，除特别说明外，后面所提到的压力均指表压或真空度。

用来测量压力或真空度的仪表种类很多，按照其测量原理的不同大致可分为以下四类。

1. 液柱式压力计

液柱式压力计是根据流体静力学原理，将被测压力转换成相应的液柱高度来表征压力的大小。根据被测压力的大小，可以选择乙醇、水、水银等作为填充液体。按其结构形式的不同，可以分为 U 形管压力计、单管压力计和斜管压力计等。这类压力计的突出特点就是结构简单、使用方便、造价便宜。但由于液柱高度读数要受到毛细管作用、视差等因素影响，一般精度不高，同时由于玻璃管的强度有限，一般只能用来测量较低压力或负压。

2. 弹性式压力计

弹性式压力计利用各种不同形状的弹性元件，在压力作用下发生形变，根据形变位移的大小来测量压力。按照弹性元件的不同，可以分为弹簧管压力计、波纹管压力计及膜式压力计等。

3. 电气式压力计

电气式压力计是通过机械和电气元件共同作用将被测压力转换成电信号（如电压、电流等）来进行测量的压力仪表，根据感压原理的不同可分为电容式、压阻式、应变片式、霍尔片式、压电式等多种。

4. 活塞式压力计

活塞式压力计是根据帕斯卡定律及流体静力学平衡原理，将被测压力转换成活塞上所加平衡砝码的质量来进行测量，所以也称为压力天平。它的测量精度很高，允许误差可小到 $0.05\% \sim 0.02\%$。突出特点是结构复杂，价格昂贵，主要用作压力基准器以校准和检验其他压力计。

二、弹性式压力计

弹性式压力计是利用不同形式的弹性元件在压力作用下产生相应弹性变形的原理来进行测量。根据弹性元件的不同可以有弹簧管式、薄膜式及波纹管式等多种类型，不过弹性式压力仪表都具有结构简单、价格便宜、稳定可靠、读数方便、量程较宽和精度较高的优点，在工业生产中应用十分广泛。

1. 弹性元件

弹性元件是一种简易可靠的测压敏感元件，在一定的弹性限度内，弹性元件受压后产生的形变位移与受压大小成正比，根据形变位移量就能够测量压力的大小。通过改变弹性元件的材质和形状可以满足不同场合、不同范围的压力测量。常用的几种弹性元件的示意图如图 3-4 所示。

（1）弹簧管式弹性元件　弹簧管式弹性元件的测压范围较宽，可测高达 1000MPa 的压力。单圈弹簧管是弯成圆弧形的金属管子，它的截面做成扁圆形或椭圆形，如图 3-4（a）所示。当通入压力 p 后，弹簧管的自由端发生位移，单圈弹簧管自由端位移较小，因此能测量较高的压力。为了增加自由端的位移，还可制成多圈弹簧管，如图 3-4（b）所示。

（2）薄膜式弹性元件　根据结构不同，薄膜式弹性元件还可以分为膜片与膜盒等不同形式，它适用于较低压力的测量。图 3-4（c）为膜片式弹性元件，可以由金属或非金属材料做成，通常有平膜片和波纹膜片两种形式，在压力作用下能发生形变。膜盒是由两张金属膜片沿周口对焊起来形成的薄壁盒子，内部充满液体（例如硅油），如图 3-4（d）所示。

（3）波纹管式弹性元件　波纹管式弹性元件是一个波纹状的薄壁金属筒体，如图3-4（e）所示。这种弹性元件的特点是低压下容易变形，且位移量较大，适用于微压与低压的测量（一般不超过1MPa）。

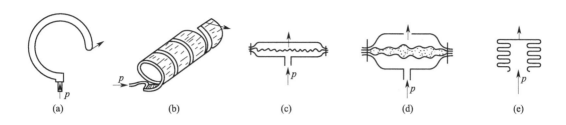

（a）　　　　　　　（b）　　　　　　　（c）　　　　　　　（d）　　　　　　　（e）

图 3-4　弹性元件的示意图

2. 弹簧管压力表

弹簧管压力表的测量范围很宽，规格种类繁多。按仪表精度来分，有精密压力表、普通压力表；按测量范围分，有真空表、微压表、低压表、中压表、高压表；按其用途不同，有耐腐蚀氨用压力表、耐酸压力表、禁油的氧气压力表等。这些压力表的结构和测量原理基本上是相同的，只是所用的材料和附加结构不同。其中单圈弹簧管压力表应用最为广泛，其结构构成如图3-5所示。

图3-5中所示的一根弯成270°圆弧椭圆截面的空心金属管子为单圈弹簧管，它就是该压力表的弹性元件。该管自由移动的一端封闭，另一端与接头连接。当管内通入压力 p 后椭圆形截面在压力的作用下，将趋于变成圆形，导致弯成圆弧形的弹簧管也随之产生向外挺直的扩张变形，从而引起弹簧管自由端产生微小位移。而自由端位移通过拉杆带动扇形齿轮产生逆时针偏转，带动与指针同轴的中心齿轮做顺时针偏转。通过齿轮传动，将自由端的微小位移进行放大，从而使指针在刻度标尺上指示被测压力值。输入压力越大，自由端位移越大，指针偏转的角度越大。由于弹簧管自由端位移与被测压力之间具有正比关系，因此弹簧管压力表的刻度标尺是线性的，在应用时比较方便。

图3-5中编号7代表游丝，其作用是克服因扇形齿轮和中心齿轮间的传动间隙而产生的仪表变差；而编号8所代表的调整螺钉可以用于改变机械传动的放大系数，用以实现调整压力表量程。

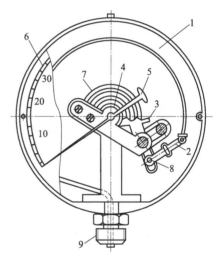

图 3-5　弹簧管压力表

1—弹簧管；2—拉杆；3—扇形齿轮；
4—中心齿轮；5—指针；6—面板；
7—游丝；8—调整螺钉；9—接头

在化工实际生产中，一般都要把压力控制在某一范围内，否则当压力过低或过高时，都会破坏正常工艺条件，影响生产甚至发生危险。如果采用带有报警或控制触点的压力表，压力过高或过低时都会发出警报信号以便引起操作人员的注意或通过中间继电器及时进行调控。在普通弹簧管压力表上增加简单的触点开关便可制成电接点信号压力表，图3-6是电接

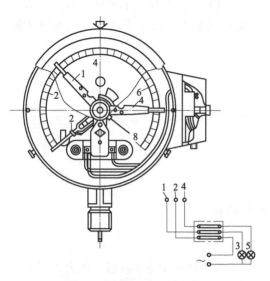

图 3-6　电接点信号压力表

1，4—静触点；2—动触点；3—绿灯；5—红灯

点信号压力表的结构和工作原理示意图。表盘上有两根可调节的静触点指针，指示压力的指针上有动触点 2，当压力达到上限规定值时，动触点 2 和静触点 4 相接触，形成闭合回路点亮红色信号灯 5。若压力低至下限规定值时，动触点 2 与静触点 1 接触，形成回路点亮绿色信号灯 3。其中静触点 1 和 4 的位置可根据工艺要求灵活调节。

三、电气式压力计

前面介绍的弹性式压力计一般应用于压力的就地显示或简单高低限报警，随着现代化工生产自动化水平的提高及计算机集散控制系统（DCS）的普及应用，化工生产中应用较多的是具有远程传输功能的电气式压力计。电气式压力计是一种能将压力转换成电阻、电流、电压、电容等电信号进行传输及显示的仪表，通常由压力传感器、测量电路及信号处理装置构成。压力传感器的作用就是检测压力大小并转换成相应电信号进行输出，当输出的电信号能够进一步变换为标准信号时，压力传感器就变成了压力变送器。这里的标准信号是指形式和数值范围都符合国际标准的信号。例如直流电流 4～20mA 就是当前常用的标准信号。

目前常用的压力传感器主要有应变片式、压阻式、霍尔片式、电容式、智能型等多种形式，下面逐一对它们进行介绍。

1. 应变片式压力传感器

应变片式压力传感器是利用应变片受到压力形变时电阻值发生变化的原理构成的。应变片通常有金属应变片（金属丝或金属箔）和半导体应变片两大类。当应变片被压缩时，它的电阻值减小；当应变片被拉伸时，它的电阻值增加。将应变片电阻值的变化通过桥式电路转变成相应的电压输出，通过记录显示桥式电路的电压变化来测量压力。

图 3-7 是应变片式压力传感器的原理图。传感器的中心是应变筒，应变筒的上端与外壳固定在一起，下端与不锈钢密封膜片相接，测量应变片 R_1 沿应变筒轴向贴放，温度补偿应变片 R_2 沿径向贴放，两应变片用特殊黏合剂紧贴于应变筒的外壁上。应变片与筒体之间不发生相对滑动，并且保持电气绝缘。当被测压力 p 作用于膜片时，应变筒轴向受压产生形变，沿筒体轴向贴放的测量应变片 R_1 也跟着被压缩而使电阻值变小；而沿筒体径向贴放的 R_2 却被拉伸导致电阻值增大。由于轴向压缩形变大于径向拉伸形变，因此 R_1 的减小值大于 R_2 的增加值。

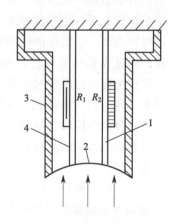

图 3-7　应变片式压力
传感器示意图

1，4—应变筒；2—密封膜片；
3—外壳

应变片式压力传感器的桥式电路如图 3-8 所示，测量应变片 R_1 和温度补偿应变片 R_2

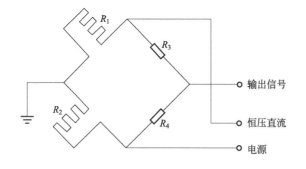

图 3-8　应变片式压力传感器的桥式电路

与两个固定电阻 R_3 和 R_4 组成桥式电路。无压力输入时，电桥处于平衡状态，输出电压为零。当有压力输入时，由于 R_1 和 R_2 的阻值变化而使桥路失去平衡，产生一个不平衡电压 ΔU，ΔU 正比于输入压力的大小，通过测量 ΔU 就可以知道压力的大小。由于传感器的固有频率较高，通常在 $25000\mathrm{Hz}$ 以上，可以保证较好的动态性能，所以应变片式压力传感器适用于变化较快的压力测量。

2. 压阻式压力传感器

压阻式压力传感器是利用单晶硅受压形变时引起电阻值变化的原理而构成，工作原理如图 3-9 所示。该传感器采用单晶硅片为弹性元件，利用集成电路的工艺在单晶硅膜片上沿特定方向扩散一组多个等值电阻，并将电阻接成桥路。单晶硅置于传感器腔内，一侧连接高压，另一侧连接低压。当两侧存在压差时，硅片发生形变，从而使单晶硅片上的电阻阻值发生变化，导致电桥失去平衡，输出相应的电压信号。

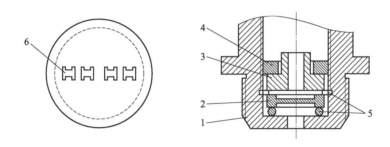

图 3-9　压阻式压力传感器

1—基座；2—单晶硅片；3—导环；4—螺母；5—密封垫圈；6—等效电阻

压阻式压力传感器结构简单、精度高、频率响应高、体积小，对工作环境要求不高，可以在恶劣环境下稳定工作。广泛应用于多种流体压力的测量。

3. 霍尔片式压力传感器

霍尔片式压力传感器是根据霍尔效应制成的，也就是利用霍尔片将由压力产生的弹性元件的形变位移转换成霍尔电势，从而测量压力的大小。

霍尔片通常为半导体材料制成的薄片。在霍尔片的 Z 轴方向加一磁感应强度为 B 的固定磁场，在 Y 轴方向有电流通过时，电子便沿 Y 轴反方向运动。电子在运动过程中受到电磁力的作用而使运动轨道发生偏移，造成霍尔片的一侧有大量电子积累，另一侧正电荷剩余，导致在霍尔片的 X 轴方向上存在电势差，这一电势差就是霍尔电势。霍尔电势示意图如图 3-10 所示。

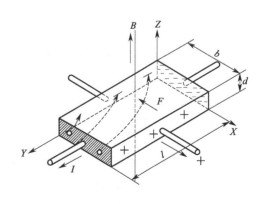

图 3-10　霍尔电势示意图

霍尔电势的大小一般与霍尔片的材料性质和形状，电流大小及磁感应强度等因素有关，数学表达式为：

$$U_H = R_H B I \tag{3-12}$$

式中　U_H——霍尔电势；

　　　R_H——霍尔常数，与霍尔片的材料性质和形状有关；

　　　B——磁场强度；

　　　I——电流大小。

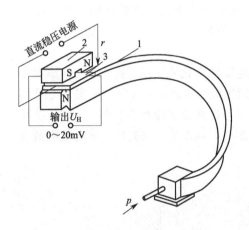

图 3-11　霍尔片式弹簧管压力传感器

1—弹簧管；2—磁钢；3—霍尔片

通常，导体也有霍尔效应，不过相比于半导体，它们的霍尔电势要小得多。由上式可知，在霍尔片的材质和形状一定的前提下，霍尔电势与磁感应强度 B 和电流 I 成正比。这样，在电流保持恒定的情况下，当霍尔片处于非均匀磁场中时，霍尔电势的大小只与所处的磁感应强度相关，也就是与所处的位置相关，就可得到霍尔电势与位移之间的关系，实现位移与电势的线性转换。

在霍尔片的基础上增加一个弹性元件比如弹簧管就可以构成霍尔片式弹簧管压力传感器，如图 3-11 所示。弹簧管的固定端引入被测压力，自由端与处于非均匀磁场中的霍尔片相连，弹簧管引入被测压力后，自由端发生形变产生位移，改变了霍尔片在非均匀磁场中的位置，使所产生的霍尔电势与被测压力成比例。根据霍尔电势的大小就能够知道被测压力的大小。利用霍尔电势就可以实现远距离传输、显示和控制。

4. 电容式压力传感器

电容式压力传感器主要应用变电容原理，将弹性元件与电容器巧妙地结合在一起。弹性元件在被测压力作用下产生形变进而改变可变电容的电容量。通过测量电容量的大小就可以得到被测压力的数值。电容式压力传感器具有结构简单、稳定可靠、精度高、体积小、重量轻、过载承受能力好等多个优点，使其成为当前应用最广泛的压力传感器。因电容式压力传感器的输出信号是标准的 4～20mA（DC）电流信号，一般称其为电容式压力变送器。

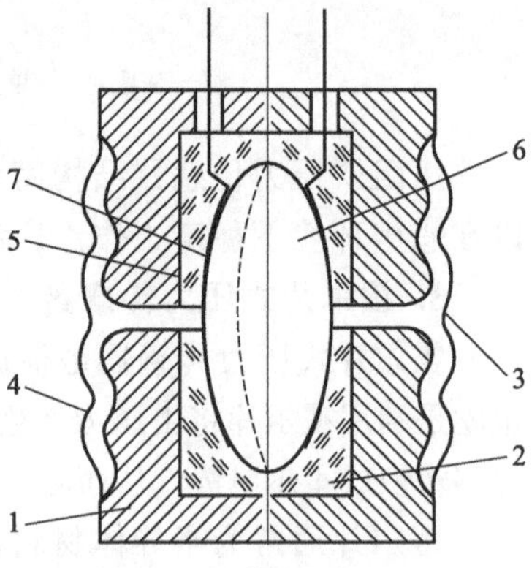

在实际化工生产中应用更多的是差压变送器，下面主要介绍差压变送器的结构和原理，压力变送器的结构和原理与差压变送器的基本相同。

电容式差压变送器的结构如图 3-12 所示，在左右对称的不锈钢基座的外侧加工成环状波纹沟槽并装上波纹隔离膜片。基座内部有玻璃层，基座和玻璃层中央通过孔道连通。玻璃层内表面为凹球面，球

图 3-12　电容式差压变送器原理图

1，2—基座；3，4—隔离膜片；
5—玻璃层；6—测量膜片；
7—固定电极

面上镀有金属膜,两球面构成电容的左右固定极。将弹性材料制成的测量膜片置于两固定极板之间,构成电容的中央动极板。测量膜片两侧的空腔及联通孔道中充满硅油,用来传导压力。

当两个被测压力分别加在左右两侧的隔离膜片时,通过硅油将压力传递到测量膜片上。由于两个压力存在压差,促使中央动极板向压力小的一侧弯曲变形,导致中央动极板与两边固定电极间的距离发生变化,一个电极的电容量增加,另一个的减小。电容的变化量通过引线传给测量电路,最终输出一个 4~20mA 的直流电信号。

电容式差压变送器的特有内凹结构可以有效保护测量膜片,防止压差过大对测量膜片造成损害。当压差超过允许测量范围时,测量膜片将紧密地贴靠在玻璃凹球面上保障测量膜片不被损害,而且过载后的恢复特性很好,大大提高了电容式差压变送器的过载承受能力。同时,微量的测量压差就能够引起测量膜片的形变而导致电容量发生变化,所以电容式差压变送器的灵敏度很高。

5. 智能型压力变送器

智能型压力变送器是在普通压力变送器基础上增加微处理器电路而形成的现场智能仪表。随着集成电路和通信技术的发展,微处理器在各个领域中的应用十分普遍。与普通型压力变送器相比,智能型压力变送器具有稳定可靠、精密度高、调节方便、量程宽的优点。当然,更大的优点就是它具有数字通信功能,通过具有相同通信协议的 DCS 系统或现场手持通信器对智能仪表的参数进行设定、修改,可以实现远程调试、远程监测各种数据。同时,智能变送器还具有完善的自我诊断显示功能。在测量过程中,一旦被测变量超出量程或仪表本身发生故障,智能变送器的 LCD 显示模块将出现错误代码,有利于及时发现并解决问题。这样,智能变送器可以帮助生产控制人员提高生产效率和仪表利用率。

当前,智能型变送器应用已经相当普及,其中费希尔罗斯蒙特(Fisher-Rosemount)公司的 3051 系列,霍尼韦尔(Honeywell)ST3000 系列,富士 FCX 系列,横河川仪 EJA 系列应用较为广泛,使用过程中都非常稳定可靠。

智能变送器增加了微处理器装置,变送器的输入输出非线性补偿不仅可以通过硬件实现,软件也具有相应的补偿作用,提高了变送器的精度;智能变送器的稳定可靠性高,通常情况下 5 年才需要校检一次。同时,智能变送器通过手持通信器或计算机控制系统与变送器远程通信,可对 1500m 之内的现场变送器进行参数设定、修正、量程调整及向变送器加入信息数据。这样,操作人员可以远离生产检测现场,尤其是无法到达或危险的地方,极大地方便了变送器的运行和维护。

四、压力检测仪表的选用及安装

1. 压力检测仪表的选用原则及方法

(1)压力表类型的选择 化工生产中,选择合适的压力检测仪表非常重要。选用原则通常是在满足工艺要求的前提下便于安装和维护,经济实用。具体选用时,一般从以下几个方面去考虑:

① 根据生产工艺对信号形式的要求选择压力表。例如就地安装还是需要信号远传,是否需要上下限报警等。

② 根据被测介质的物理化学性质，如介质的形态（气体、液体）、黏度、温度、腐蚀性、脏污程度、易燃易爆性等选择压力表。如测量氨气时只能选用弹性元件材质为碳钢的专用压力表，因为氨气对常用的铜合金弹性元件有强烈的腐蚀性从而损坏压力表。选用氧气压力表时，压力表的材质和结构与普通压力表无异，只是要求氧气压力表完全禁油，因为油一旦进入氧气系统容易引起爆炸。测量特殊介质时，用于不同介质的压力表上都有对应的色标，并标注了测量介质的名称，如表 3-2 所示。

表 3-2　压力表所测不同介质对应的色标

测压介质	色标颜色	测压介质	色标颜色
氧	天蓝色	乙炔	白色
氢	深绿色	其他可燃性气体	红色
氨	黄色	其他惰性气体或液体	黑色
氯	褐色		

③ 根据压力表工作的现场环境条件如环境温度、湿度、振动、磁场情况来进行选择。比如压力表安装位置振动严重时，就要考虑选择抗震压力表。抗震压力表有一个全密封的壳体，且壳体内充满阻尼油，从而减小振动对测量的影响。当测量的压力是脉冲形式时，可以选用带有缓冲装置的压力表，延长仪表的使用寿命。

④ 根据压力表所处位置及光亮情况选择仪表的外形尺寸。常用的压力表表盘直径有 40mm，60mm，100mm，150mm，200mm 和 250mm。

（2）压力表测量范围的选择　仪表的测量范围是指该仪表可按规定的精度对被测参数进行测量的下限值到上限值之间的范围，它通常根据生产过程中需要测量的参数大小来确定。

使用压力表时，为了避免弹性元件因受力形变过大而损坏，压力表的上限值应该高于生产过程中可能出现的最大压力值。同时，为延长仪表使用寿命，使仪表稳定运行，在选择测量范围时，应考虑留有足够的余地。根据《化工自控设计技术规定》，在测量稳定压力时，最大工作压力不能超出测量上限值的 2/3；测量脉冲压力时，最大工作压力不能超出测量上限值的 1/2；测量高压压力时，最大工作压力不能超出测量上限值的 3/5。而且，为了保证测量值的准确度，仪表的量程不能选得太大，一般要求被测压力的最小值不低于仪表满量程的 1/3 为宜。

根据被测参数的最大值和最小值得到仪表的上下限后，还不能直接将此上下限作为仪表的测量范围，还要根据国家主管部门制定的国家标准系列产品中的数值来确定。目前国产的各种类型的压力表的标尺刻度上限值都已经标准化，一般为 1.0MPa、1.6MPa、2.5MPa、4.0MPa、6.0×10^n MPa（n 为整数）。

（3）压力表精度等级的选择　仪表精度等级是根据工艺生产上所允许的最大测量误差来确定的。一般来说，所用的仪表精度等级越高，测量结果越精确，价格也相对越高，操作维护要求也越高。因此精度等级并不是越高越好，压力表精度等级的选择应遵循在满足工艺准确度要求前提下尽量选择经济实惠、精度较低的原则。

下面举例说明如何选择压力表。

【例 3-3】 某工段要求压力控制在 14～16MPa，工艺要求测量误差不得大于 0.5MPa，请为其选择一台就地安装显示压力表并指出型号、精度与测量范围。

解：该压力表要求就地安装显示，普通弹簧管压力表就能够满足要求。由于该工段压力相对稳定，最大压力不超过测量上限值的 2/3 即可，所以选择仪表的上限值为：

$$p = 16 \times \frac{3}{2} = 24 (\text{MPa})$$

根据附录一，应选择压力表的测量范围为 0～25MPa。

由于 $\frac{14}{25} > \frac{1}{3}$，也就是被测压力的最小值不低于满量程的 1/3，满足要求。

另外，根据工艺要求，允许误差为：

$$\delta_允 = \pm \frac{\Delta_允}{量程} \times 100\% = \pm \frac{0.5}{25} \times 100\% = 2\%$$

所以，根据我国工业常用压力表的精度等级，确定该压力表的精度等级为 1.6 级。

这样，最终可以确定选择的压力表为普通弹簧管压力表，型号为 Y-100，测量范围为 0～25MPa，精度等级为 1.6 级。

2. 压力表的安装

压力仪表的安装是否正确同样非常重要，直接影响到测量结果的准确性和压力表的使用寿命。在安装时，应该着重考虑以下几方面。

（1）测压点的选择　测压点必须能够真实反映被测压力的大小。为此，必须注意以下几点：

① 测压点要选在被测介质直线流动的管段上，不能选在管路拐弯、分叉、死角或其他易形成漩涡的地方。

② 测量流动介质的压力时，应选取与流动方向垂直的取压点，并保证取压管内端面与生产设备连接处的内壁平滑，不能有凸出物或毛刺。

③ 测量液体压力时，取压点应选在管道下方，保证导压管内不积存气体；测量气体压力时，取压点应选在管道上方，以保证导压管内不积存液体。

（2）压力表的安装

① 压力表应安装在容易观察读数和检修的地方，并且尽量避开有振动、高温、潮湿、强磁场干扰、强腐蚀性的位置。安装位置与测压点的距离要尽量短，最长不能超过 50m，以免滞后明显。

② 压力表与取压口之间应装有切断阀，以备仪表检修时使用。切断阀应在靠近取压口的位置安装。

③ 测量蒸汽压力时，应加装回形凝液管，以防止高温蒸汽直接与测压元件接触而损坏测压元件，如图 3-13(a) 所示；测量腐蚀性介质的压力时，应加装有中性介质的隔离罐，隔离罐内隔离液应尽量选用化学与物理性质稳定的液体。图 3-13(b) 表示被测介质密度 ρ_2 大于隔离液密度 ρ_1 的安装方法，图 3-13(c) 表示被测介质密度 ρ_2 小于隔离液密度 ρ_1 的安装方法。总体来说，测量特殊性质（如高温、腐蚀、沉淀、脏污、黏稠）的介质压力时，要有相应的防热、防腐、防堵措施。

④ 压力表的连接处，应加装合适材料的密封垫片以防泄漏。一般情况下可以使用石棉

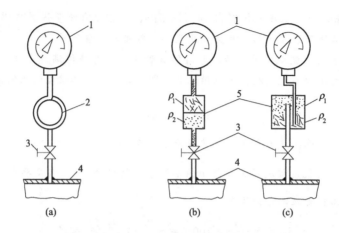

图 3-13　压力表的安装示意图

1—压力计；2—凝液管；3—切断阀；4—取压容器；5—隔离罐

板或铝片；高温高压时可选用退火紫铜或铝垫片。

⑤ 测量介质压力较高时，选用的压力表要带有通气孔，安装时表壳还应该朝向墙壁或无人通过的地方，以防发生意外。

3. 压力表的运行和维护

为保证压力表正常运行，延长使用寿命，在使用过程中还应该加强对压力表的维护和检查。相应的维护工作主要体现在以下几个方面：

① 压力表测压时要慢慢升压，不能让指针猛然偏转，以免压力过猛冲击仪表，损坏测量元件。

② 定期查看压力表的表体、阀门、管路、接头是否破损、泄露、腐蚀；压力表整体保持清洁，表盘更应该清洁明亮，刻度清晰易见；压力表取压管要定期清洗，尤其是测量脏污介质的压力时更要缩短清洗周期。

③ 时常查看压力表指示是否平稳，有无跳动或卡针现象；无压力时，零位是否准确；定期抽查压力表的准确度、灵敏度、误差大小是否满足工艺要求。

第三节　流量检测仪表

在化工生产过程中，流体流量的检测非常重要。比如反应器中进出物料的配比和流量需要严格控制；生产过程中的热量传递通常也要通过控制介质流量来实现；同时，介质流量是进行经济核算、优化经济效益的重要参数。因此，为保证化工生产的平稳高效运行，通常以介质流量作为调控指标，流量大小是否合适是决定生产过程能够平稳、高效、经济、安全运行的关键因素。

一、流量检测仪表的分类

所谓流量就是单位时间内流过管道某一截面的流体数量的大小，也称之为瞬时流量。而在某一段时间内流过管道的流体流量的总和，也就是瞬时流量在某一段时间内的累计值称为总量。

瞬时流量和总量都可以用质量流量和体积流量两种方法来表示。通常质量流量用 M 表示，体积流量用 Q 表示。若知道流体介质的密度是 ρ，则质量流量 M 与体积流量 Q 之间的关系为

$$M = Q\rho \tag{3-13}$$

体积流量常用的单位有立方米每小时（m^3/h）、升每小时（L/h）、升每分（L/min）、升每秒（L/s）等；质量流量常用的单位有吨每小时（t/h）、千克每小时（kg/h）、千克每秒（kg/s）等。

目前测量流量的方法有很多，测量原理和所应用的仪表结构形式千差万别，目前也还没有一种统一的分类方法，这里简单介绍其中的一种。

1. 速度式流量仪表

速度式流量仪表测量的是流体在管道内的流速，通过流速来计算流体的流量。例如差压式流量计、转子流量计、电磁流量计、涡轮流量计等。

2. 容积式流量仪表

容积式流量仪表是一种以单位时间内排出的流体的固定容积的数目来计算流量的仪表。例如椭圆齿轮流量计、活塞式流量计等。

3. 质量流量仪表

质量流量仪表是一种以测量流体流过的质量来计算流量的仪表。质量流量计通常可以分为直接式和间接式两种。直接式质量流量计直接测量质量流量。例如量热式、角动量式、陀螺式和科里奥利力式等。间接式质量流量计是利用体积流量和密度计算求得质量流量的。质量流量计不受流体的温度、压力、黏度、密度等变化因素的影响，精度较高，是一种比较理想的流量仪表。

表 3-3 给出了部分流量测量仪表及特性。

表 3-3　部分流量测量仪表及特性

仪表名称	测量精度	主要应用场合	说明
差压式流量计	1.5	可测液体、蒸汽和气体的流量	应用范围广,适应性强,性能稳定可靠,安装要求较高,需一定直管道
椭圆齿轮流量计	0.2～1.5	可测量黏度液体的流量和总和	计量精准度高,范围度宽,结构复杂,一般不适用于高低温场合
腰轮流量计	0.2～0.5	可测液体和气体的流量和总和	精度高,无需配套的管道
浮子流量计	1.5～2.5	可测液体、气体的流量	适用于小管径、低流速、没有上游直管道要求的场合,压力损失较小,使用流体与工厂标定流体不同时,要作流量示值修正
涡轮流量计	0.2～1.5	可测基本洁净的液体、气体的流量和总和	线性工作范围宽,输出电脉冲信号,易实现数字化显示,抗干扰能力强,可靠性受磨损的制约,弯道型不适用于测量高黏度液体
电磁流量计	0.5～2.5	可测各种导电液体和液固两相流体介质的流量	不产生压力损失,不受流体密度、黏度、温度、压力变化的影响,测量范围大,可用于各种腐蚀性流体及固体颗粒或纤维的液体,输出线性,不能测气体、蒸汽和含气泡的液体及电导率很低的液体流量,不能测高温和低温流体的流量

仪表名称	测量精度	主要应用场合	说明
涡街流量计	0.5～2	可测液体、气体、蒸汽的流量	可靠性高,应用范围广,输出与流量成正比的脉冲信号,无零点漂移,安装费较低,测量气体时,上限流速受介质可压缩性变化的限制,下限流速受雷诺数和传感器灵敏度限制
超声波流量计	0.5～1.5	用于测量导声流体的流量	可测非导电性介质,是非接触式测量的电磁流量计的一种补充,可用于特大型圆管和矩形管道,价格较高
质量流量计	0.5～1	可测液体、气体、浆体的质量流量	热式流量计使用性能相对可靠,响应慢;科氏质量流量计具有较高的测量精度

二、速度式流量计

(一) 差压式流量计

差压式流量计是目前化工生产中应用最广泛的流量检测仪表。它的检测原理是利用流体流经节流装置时前后会产生相应的压力差来测量流量。因此也称之为节流式流量计。压差式流量计通常由节流装置、测量压差的差压计及显示仪表三部分组成。

1. 节流装置及工作原理

节流装置就是能使管道中的流体产生局部收缩的元件,应用比较广泛的是孔板、喷嘴、文丘里管。下面以孔板为例详细说明其工作原理。

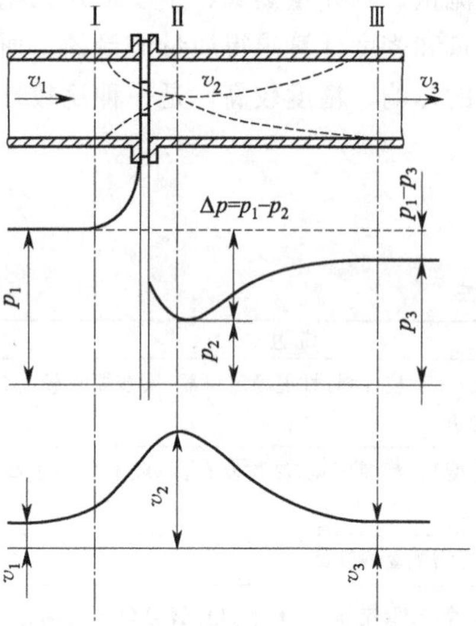

图 3-14 孔板前后压力、流速变化图

流体在管道内流动时,通常具有两种能量形式,一种是因为有压力而具有静压能;另一种是由于流体有流动速度而具有动能。这两种能量形式在一定的条件下可以互相转化。根据能量守恒定律,流体所具有的总能量（包含静压能和动能）与流体流动过程中的能量损失总和不变。如图 3-14 所示,当管道内以流速 v_1 正常流动的流体遇到节流孔板前,静压力为 p_1。当流体靠近节流孔板时（截面 I 处）,由于孔板的小孔直径很小,从而阻碍流体的流动。此时,流体的部分动能转换为静压能,导致流体的动能减小而静压能增加,尤其是靠近管壁处的流体受到节流装置的阻碍作用最大,因而管壁处的静压能增加最多。这样,管壁处的压力就高于管道中心的压力,从而在节流装置入口端面处产生一径向压差。该压差促使流体产生径向附加速度,从而使流体向管道中心处收缩。值得注意的是,收缩流体的最小截面并不在孔板的小孔处,而是在惯性作用下流过孔板后继续收缩,在截面 II 处达到最小,这时流速达到最大值 v_2。随后收缩的流束又逐渐恢复,在截面 III 时恢复完全。

在节流装置使流束先收缩后恢复的过程中,流体的动能和静压能之间在不停地发生转化。在截面 I 处,流体具有流速 v_1,静压力 p_1;到达截面 II 处时,流速增大到 v_2,静压力降低到 p_2,而后又逐渐恢复到 p_3。由于在流体流动和节流过程中肯定要消耗一部分能量,所以流体的静压力不可能恢复到原来的数值 p_1,相应的压力损失为 p_1-p_3。

通过前面的介绍我们知道，流体在节流装置前压力较高，一般用"＋"标志表示；节流装置后压力较低，以"－"标志表示。重要的是，节流装置前后压差的大小与流量大小呈正比例，管道中流体的流量越大，流经节流装置前后产生的压差也越大。所以我们只要测出节流装置前后两侧压差的大小，就可以表示流量的大小，这就是节流装置测量流量的工作原理。

另外，由于待测流体的流速不同，实际测量时截面Ⅱ的位置并不是固定不变的。这样，截面Ⅰ与截面Ⅱ处的压力 p_1、p_2 就无法准确测量。因此，实际测量应用的方法是在孔板前后的管壁上选择两个固定的取压点来测量流体在节流装置前后的压力变化。因而，测压点及测压方式的选择都会影响到压差与流量之间的关系。

2. 差压流量计流量方程

通过利用流体力学中的伯努利方程和流体连续性方程推导得出的阐明压差与流量之间定量关系就是差压流量计的流量方程，表达式为

$$Q = \frac{\pi}{4} \alpha \varepsilon d^2 \sqrt{\frac{2}{\rho} \Delta p} \tag{3-14}$$

$$M = \frac{\pi}{4} \alpha \varepsilon d^2 \sqrt{2\rho \Delta p} \tag{3-15}$$

式中　Q——流体的体积流量；

M——流体的质量流量；

α——流量系数，一般通过实验求得，它与节流装置的结构形式、取压方式、孔口面积与管道面积比值、雷诺数、孔口边缘锐度和管壁粗糙度等因素有关；

ε——膨胀校正系数，应用时可直接查阅手册得到（对不可压缩的液体来说，经常取值为1）；

d——节流装置开孔直径；

Δp——节流装置前后压差；

ρ——工作状态时被测流体的密度。

由流量基本方程式可以看出，要想通过压差知道流量的大小，必须清楚 α 的取值。α 的取值受到许多因素的影响，使用标准节流装置时可以直接从相关手册中查出；使用非标准节流装置时只能通过实验方法来确定。当 α、ε、d、ρ 都确定时，被测流体的流量与压力差 Δp 的平方根成正比。

3. 标准节流装置

差压式流量计应用于生产和实际流量检测已经很多年，在应用过程中积累了大量的数据资料。因此，国内外的节流装置都已实现标准化。标准化的节流装置是指包括结构形式、尺寸大小、加工要求、取压方法、使用条件等都按照统一标准规范化的节流装置。目前，我国执行的流量测量节流装置国家标准为 GB/T 2624.2—2006。下面按照国家标准对标准节流装置的规定做一简单介绍。

（1）标准化节流装置的结构尺寸　国标中对标准化节流装置的结构尺寸已做了统一要求，如图3-15所示。标准中规定开孔部分的厚度 e 应为 $0.005D \sim 0.02D$；孔板总厚度 E 应为 $e \sim 0.05D$；任何情况下，孔径

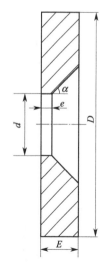

图 3-15　标准孔板示意图

d 都必须大于等于 12.5mm；d/D 直径比应该为 0.1～0.75；锥面的斜角 α 为 45°±15°。实际应用时可查阅相应国家标准。

（2）标准化节流装置的取压方式　取压方式是指节流装置前后取压的位置。前面已经介绍过流量与压差之间的关系与取压方式密切相关，因此取压方式的标准化也相当重要。国标规定的标准孔板取压方法为角接取压和法兰取压两种方式；标准喷嘴一般采用角接取压。角接取压就是在节流件（孔板或喷嘴）与管壁的夹角处取压，通常有环室取压和单独钻孔取压两种结构形式，如图 3-16 所示。环室取压适合管道内流体压力较高时使用，管道中流体的压力在 0.6～6.4MPa 都可以使用；而直接钻孔取压通常在流体压力为 2.5MPa 以下时使用。

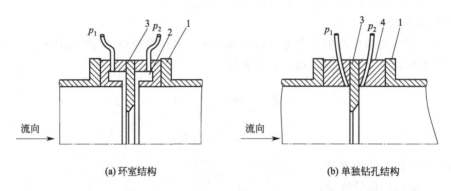

(a) 环室结构　　　　　　　　　　　　(b) 单独钻孔结构

图 3-16　环室取压和单独钻孔取示意图

1—管道法兰；2—环室；3—孔板；4—夹紧环

环室取压的优点是取压面较宽，便于测出平均压差，有利于提高测量精度。但是加工制造和安装要求很高。如果加工和现场安装条件的限制无法达到要求时，测量精度依然不高。因此在现场使用时，尤其是测量对精度要求不高的大口径管道时，为了加工和安装方便，经常用单独钻孔取压。

（3）标准化节流装置的选用及安装　不同种类的节流元件都有各自的不同特点，分别有各自适用的情形。标准孔板的加工和安装最简单，喷嘴次之，文丘里管最复杂，造价和成本自然也是遵从这个顺序。所以一般情况下标准孔板的应用最广泛，尤其是大流量的检测一般都使用孔板。孔板的缺点就是流体经过时压力很大，当工艺管道上不允许有较大的压力损失时，只能采用喷嘴或文丘里管。另外，当测量易腐蚀、易磨损、脏污流体时，采用喷嘴较好；测量高温、高压流体时，采用孔板或喷嘴较好；文丘里管只适用于低压流体的测量。

节流元件安装使用时，一定要保证节流元件的开孔与管道的轴线同心，并使节流元件端面与管道的轴线垂直；在节流元件前后两倍管径长度的管道必须圆滑，不能有明显的粗糙或凸出物；标准节流装置测量流体时的管道直径要求大于 50mm，流体雷诺数大于 $1×10^4$；流体介质应充满全部管道并连续流动，流体的流动状态持续稳定并不发生相变。

差压流量计通过检测节流元件前后的压差来测量流体流量的大小，这个差压信号必须由导压管引出，因此导压管的安装也非常重要。通常，导压管要尽可能短一些，总长不能超过50m；导压管应尽量垂直或与水平面之间存在一定夹角，便于排除引压管中可能积存的气体或液体，还应该加装气体、液体收集器，便于定期排放；引压管要严格密封，不能有泄漏现象；检测脏污、腐蚀性介质流量时，应加装带有中性隔离液的隔离罐；安装引流管时要配备相应的切断、排污阀门。

4. 差压式流量计的测量误差

差压式流量计在测量流量时应用非常广泛，但实际应用中往往误差较大，有时甚至超过10%。当然，造成这么大的误差并不是仪表自身缺陷造成的，往往是使用不当造成的。如此大的误差肯定会对经济核算和物料衡算数据造成很大的影响，在仪表使用过程中应该尽量减小测量误差。这就需要了解误差产生的原因，针对性地采取措施减小测量误差。

下面列举一些可能会产生测量误差的原因，以便在应用中予以注意。

(1) 被测流体工作状态变动引起的误差　实际使用差压流量计时被测流体的状态参数（温度、压力、湿度等）以及相应的流体密度、黏度、雷诺数等参数与设计计算时变化较大就会造成较大误差。要想减小或消除此类误差，必须按照新的状态参数重新进行设计计算，或者将所测的数值加以合理的修正。

(2) 节流装置安装不正确引起的误差　节流装置安装不正确也是引起差压式流量计测量误差的重要原因之一。节流装置通常都有特定的安装方向。一般地说，节流装置露出部分标注 "＋" 号的一侧就是流体的入口方向。使用孔板作为节流元件时，孔板的尖锐侧为入口端，开放侧为出口端。安装方向错误会导致较大误差，在使用时应该注意。

(3) 孔板入口边缘的磨损引起的误差　节流装置使用较长时间后，尤其是测量夹杂有固体颗粒等机械物的流体介质时会造成节流装置的几何形状和尺寸发生变化。特别是使用广泛的孔板，其入口边缘的尖锐度会由于冲击、磨损和腐蚀而不断下降。这样，在相同数量的流体经过时所产生的压差 Δp 将变小，从而导致仪表指示值偏低。偏差严重时应更换新的孔板。

(4) 节流装置内表面脏污结垢引起的误差　差压式流量计长时间使用后，在节流装置的内表面上可能会沉积一层污垢，造成沉淀、结焦、堵塞等现象，也会产生较大误差，应该及时清洗、清洁。

(5) 导压管安装不正确或导压管堵塞、渗漏引起的误差　导压管要如实准确地反映节流装置前后的压力变化，安装不正确、堵塞或泄露时都会引起较大的测量误差。对于不同的被测介质导压管都有不同的安装要求，下面根据具体情况来进行讨论。

① 测量液体的流量时，两根导压管内都应该充满同样的液体并且没有气泡，以保证两根导压管内的液体密度相等。这样，两根导压管内液柱所产生的压力就可以互相抵消。为了保证导压管内没有气泡，必须要做到以下几点：

a. 取压点应该位于节流装置的下半部，并且与水平线呈一定夹角，夹角 α 的角度一般为 $0°\sim45°$，如图 3-17 所示。如果从底部引出，液体中夹带的固体杂质会沉积在引压管内，引起堵塞无法使用。

b. 引压导管最好垂直向下，条件不允许时导压管起码要有一定的倾斜度（至少 1:10），便于气泡排出。

c. 在引压导管的管路中要有排气装置。通常压差计放置在节流装置的下方，排气装置的连接图如图 3-18 (a) 所示。当差压计只能放置在节流装置之上时，则需加装贮气罐，如图 3-18 (b) 所示。这样，即使导压管中存在少量气泡，也会进入贮气罐中，不影响压差的测定。

② 当测量的流体为气体时，除了引压导管的连接方式有些不同，前面叙述的这些原则仍然适用，测压时仍然要保持两根导压管内流体的密度相等。因此，为了保证导压管内不积存液体，一般采取如下措施：

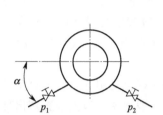

图 3-17　测量液体流量时取压示意图

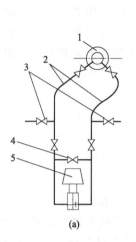
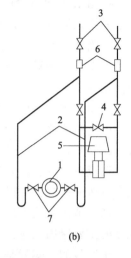

图 3-18　测量液体流量时排气装置图

1—节流装置；2—引压导管；3—放空阀；4—平衡阀；

5—差压变送器；6—贮气罐；7—切断阀

　　a. 取压点应在节流装置的上半部。

　　b. 导管最好垂直向上，无法实现时起码要向上有一定的倾斜度，以保证引压导管中不积存液体。

　　c. 如果差压计必须放置在节流装置之下，则需加装贮液罐和排放阀，如图 3-19 所示。

　　③ 测量蒸汽的流量时，除了要注意上述的使用原则，还必须避免高温气体与差压计直接接触并考虑解决蒸汽冷凝液的液柱高度问题，以消除冷凝液液位高低不同对测量结果的影响。为解决这个问题，通常采用图 3-20 的连接方法。取压点从节流装置的水平位置接出，并分别安装凝液罐。这样，两根导压管内都充满了冷凝液，避免高温气体与差压计直接接触且液位一样高，从而实现压差的准确测量。

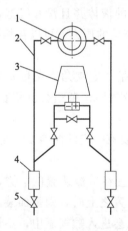

图 3-19　测量气体流量时排气装置图

1—节流装置；2—导压管；3—差压变送器；

4—贮液罐；5—排气阀

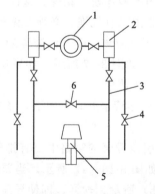

图 3-20　测量蒸汽流量安装示意图

1—节流装置；2—凝液罐；3—导压管；

4—排放阀；5—差压变送器；6—平衡阀

　　（6）差压计安装不正确或使用不当引起的误差　将节流装置前后差压接至差压计或变送

器前，必须安装切断阀和平衡阀构成三阀组，如图 3-21 所示。目的是避免差压计或变送器单方向受压从而产生误差。最常用的方法就是使用隔离液。当隔离液的密度 ρ_2 小于或大于被测介质密度 ρ_1 时，分别采用图 3-22 所示的两种形式加装隔离液。

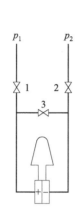

图 3-21　差压计三阀组安装示意图

1，2—切断阀；3—平衡阀

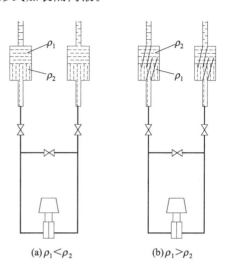

(a) $\rho_1 < \rho_2$ 　　　　(b) $\rho_1 > \rho_2$

图 3-22　测量腐蚀介质安装示意图

（二）转子流量计

在化工生产中经常遇到需要测量较小流量的情况，前面介绍的差压流量计主要适用于大管径、高雷诺数的流体的测量，对小管径（比如小于 50mm）、低雷诺数的流体的测量精度无法满足。而转子流量计则特别适用于测量小管径、低雷诺数流体的流量，测量的流量可小到每小时几升。

1. 工作原理

转子流量计是利用流体流动节流原理来测量流量的，这与前面所讲的差压式流量计在工作原理上是不同的。差压式流量计是在节流元件流通面积不变的条件下，通过测量差压变化来表征流量的大小。而转子流量计是在固定压差的条件下，利用变化流通截面积的方法来测量流量的大小，即差压流量计是固定节流面积、变压降的流量测量方法，而转子流量计采用的是恒压降、变节流面积的流量测量方法。

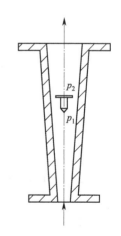

转子流量计一般由两部分构成。一部分是自上而下逐渐收缩的锥形管，锥形管上都带有刻度；另一部分是在锥形管中可以上下自由运动的转子，如图 3-23 所示。测量时，被测流体（气体或液体）由锥形管下端进入，沿着锥形管向上运动，流过转子与锥形管之间的环隙，再从锥形管上端流出。此时的转子也相当于一个节流元件。根据节流原理，当流体流经锥形管时，产生一个静压力 Δp，该静压力作用于转子下横截面 S 上，产生一个向上的推力，使转子向上移动。向上移动的过程中，

图 3-23　转子流量计原理示意图

转子与锥形管的环隙面积增大，流过此环隙的流体流速降低，导致向上的推力减小，当这个推力与流体里的转子重力正好相等时，此时转子就停浮在一定的高度上。这样，转子在锥形管中的不同高度就代表着不同的流量大小。如果在锥形管外沿其高度刻上对应的流量值，那

么根据转子平衡位置的高低就可以直接读出流量的大小。这就是转子流量计测量流量的基本原理。

转子流量计中转子停留在某处的平衡条件是

$$V(\rho_t - \rho_f)g = (p_1 - p_2)S \tag{3-16}$$

式中　V——转子的体积；

　　　ρ_t——转子材料的密度；

　　　ρ_f——被测流体的密度；

　p_1、p_2——转子前后流体的压力；

　　　S——转子的最大横截面积；

　　　g——重力加速度。

由于在测量过程中，V、ρ_t、ρ_f、S、g 均为常数，所以（$p_1 - p_2$）也应为常数。这就是说，在转子流量计中，流体的压降是固定不变的。所以转子流量计是以恒定压降变化节流面积的方法测量流量的。

由式（3-16）可得

$$\Delta p = p_1 - p_2 = \frac{V(\rho_t - \rho_f)g}{S} \tag{3-17}$$

在 Δp 一定的情况下，流过转子流量计的流量与转子和流通截面积 F_0 有关。由于锥形管自下往上逐渐扩大，所以 F_0 就与转子浮起的高度一一相关。这样，就可以根据转子浮起的高度来判断被测介质的流量大小，流体流量与转子高度之间的关系可用下式表示：

$$M = \varphi h \sqrt{2\rho_f \Delta p} \tag{3-18}$$

$$Q = \varphi h \sqrt{\frac{2}{\rho_f} \Delta p} \tag{3-19}$$

式中　M——质量流量；

　　　Q——体积流量；

　　　φ——仪表常数；

　　　h——转子停留的高度。

将式（3-17）代入以上两式，分别得到

$$M = \varphi h \sqrt{\frac{2gV(\rho_t - \rho_f)\rho_f}{S}} \tag{3-20}$$

$$Q = \varphi h \sqrt{\frac{2gV(\rho_t - \rho_f)}{\rho_f S}} \tag{3-21}$$

2. 电远传式转子流量计

前面介绍的指示式转子流量计，只能用于就地指示。然而现代化工生产更需要的是具有远程传输功能的仪表，电远传式转子流量计就可以将反映流量大小的转子高度 h 转换为电信号，适合于远程传输并能进行显示或记录。下面以 LZD 系列电远传式转子流量计为例介绍电远传式转子流量计的结构和工作原理。

LZD 系列电远传式转子流量计主要由流量变送部分和电动显示部分两部分组成。

（1）流量变送部分　LZD 系列电远传式转子流量计是通过差动变压器实现流量变送的。如图 3-24 所示，差动变压器由铁芯、线圈以及骨架组成。线圈骨架分成长度相等的两段，初级线圈均匀紧密缠绕在骨架的内层，并使两个线圈同向串联相接；次级线圈分别均匀紧密缠绕在两段骨架的外层，并将两个线圈反向串联相接。

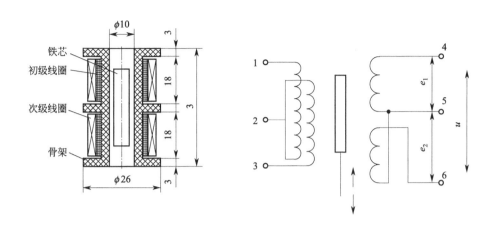

图 3-24　差动变压器原理示意图

当铁芯位于差动变压器两段线圈的中间位置时，初级激磁线圈激励的磁力线穿过上、下两个次级线圈的数目相同，因而两个匝数相等的次级线圈产生的感应电势 e_1、e_2 也相等。由于两个次级线圈为反相串联，所以 e_1、e_2 相互抵消，4、6 两端输出的总电势为零。即

$$u = e_1 - e_2 = 0$$

当铁芯向上移动时，由于铁芯改变了两段线圈中初级、次级的耦合情况，通过上段线圈磁力线的数目增加，而通过下段线圈的磁力线数目减少，导致上段次级线圈产生的感应电势大于下段，即 $e_1 > e_2$，也就是 4、6 两端输出的总电势 u 不再为零，而是大于零。当铁芯向下移动时，正好与上移情况相反，即输出的总电势 u 小于零。但无论哪种情况，只要铁芯不在中间位置时，都会输出一个不平衡电势，它的大小和相位由铁芯相对于线圈中心移动的距离和方向来决定。

若将转子流量计的转子与差动变压器的铁芯连接起来，使转子随流量的大小带动铁芯一起运动，就可以将流量的大小转换成输出感应电势的大小，这就是电远传转子流量计的转换原理。

（2）电动显示部分　LZD 系列电远传转子流量计的结构原理图如图 3-25 所示。当被测介质流量改变时，转子停留的位置发生变化，通过连杆带动差动变压器 T_1 中的铁芯上下移动。当流量增加时，铁芯向上移动，变压器 T_1 输出一不平衡电势，进入电子放大器。放大后的信号一方面通过可逆电机带动显示机构工作；另一方面通过凸轮带动接收的差动变压器 T_2 中的

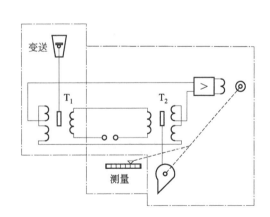

图 3-25　电远传转子流量计原理示意图

铁芯向上移动，使 T_2 也产生一个不平衡电势。由于 T_1、T_2 的次级绕组反向串联，它们产生的不平衡电势会相互抵消。当 T_1、T_2 产生的不平衡电势恰好相等时，进入放大器的电压

为零，T_2 中的铁芯便停留在相应的位置上，这时显示机构会给出表征被测流量大小的数值。

3. 转子流量计示值修正

转子流量计是一种非标准化仪表，一般情况下，应按照实测介质进行标定。但仪表厂为了生产方便，都是在工业基准状态下（20℃，101325Pa）用水或空气进行标定。也就是说转子流量计标尺上的流量刻度值，测量液体时表示 20℃ 时水的流量值，测量气体时则表示 20℃、101325Pa 压力下空气的流量值。然而，在实际使用时，绝大多数的流体都不是这两种标准状态，就必须按照实际被测介质的温度、压力、密度等参数对流量指示值进行修正。

（1）修正液体流量 测量液体的转子流量计刻度值，是仪表厂在常温（20℃）下用水标定得到的，根据式（3-21）可写为

$$Q_0 = \varphi h \sqrt{\frac{2gV(\rho_t - \rho_w)}{\rho_w S}} \tag{3-22}$$

式中 Q_0——用水标定时的刻度流量；

ρ_w——20℃时水的密度。

当被测介质不是水时，由于密度的改变必须对流量刻度进行修正或重新标定。对一般液体介质来说，温度和压力改变时对密度影响不大。如果被测介质的黏度与水的黏度相差较小（不超过 0.03Pa·s），可近似认为 φ 是常数，则有

$$Q_f = \varphi h \sqrt{\frac{2gV(\rho_t - \rho_f)}{\rho_f S}} \tag{3-23}$$

式中，Q_f 表示密度为 ρ_f 的被测介质的流量。

式（3-22）与式（3-23）相除，整理后得

$$Q_0 = \sqrt{\frac{(\rho_t - \rho_w)\rho_f}{(\rho_t - \rho_f)\rho_w}} Q_f = K_Q Q_f \tag{3-24}$$

$$K_Q = \sqrt{\frac{(\rho_t - \rho_w)\rho_f}{(\rho_t - \rho_f)\rho_w}} \tag{3-25}$$

式中，K_Q 为体积流量密度修正系数。

同理可得质量流量的修正公式为

$$M_0 = \sqrt{\frac{(\rho_t - \rho_w)}{(\rho_t - \rho_f)\rho_f \rho_w}} \times M_f = K_M M_f \tag{3-26}$$

$$K_M = \sqrt{\frac{(\rho_t - \rho_w)}{(\rho_t - \rho_f)\rho_f \rho_w}} \tag{3-27}$$

式中，K_M 为质量流量密度修正系数；M_f 为密度为 ρ_f 的被测介质的实际质量流量。

不同 ρ_f 的不同液体介质所对应的密度修正系数 K_Q、K_M 见表 3-4。

表 3-4 密度修正系数表

ρ_f	K_Q	K_M	ρ_f	K_Q	K_M	ρ_f	K_Q	K_M
0.40	0.670	1.516	0.95	0.971	1.022	1.50	1.272	0.847
0.45	0.646	1.435	1.00	1.000	1.000	1.55	1.297	0.837
0.50	0.683	1.365	1.05	1.028	0.979	1.60	1.323	0.827
0.55	0.719	1.307	1.10	1.056	0.960	1.65	1.351	0.818
0.60	0.754	1.256	1.15	1.084	0.943	1.70	1.376	0.809

ρ_f	K_Q	K_M	ρ_f	K_Q	K_M	ρ_f	K_Q	K_M
0.65	0.787	1.211	1.20	1.111	0.927	1.75	1.401	0.800
0.70	0.819	1.170	1.25	1.139	0.911	1.80	1.427	0.792
0.75	0.851	1.134	1.30	1.165	0.897	1.85	1.453	0.785
0.80	0.882	1.102	1.35	1.193	0.884	1.90	1.477	0.778
0.85	0.912	1.073	1.40	1.220	0.872	1.95	1.504	0.771
0.90	0.944	1.046	1.45	1.245	0.859	2.00	1.529	0.764

现举例说明如何利用密度修正系数计算不同液体介质的实际流量。

【例 3-4】 现用一只市售普通转子流量计来测量甲醇的流量，已知转子为不锈钢材料，$\rho_t = 7.9 \text{g/cm}^3$，甲醇的密度 $\rho_f = 0.79 \text{g/cm}^3$。试问流量计显示为 5.4L/s 时，甲醇的实际体积流量是多少？

解：将 $\rho_t = 7.9 \text{g/cm}^3$，$\rho_f = 0.79 \text{g/cm}^3$，$\rho_w = 1.0 \text{g/cm}^3$ 代入式（3-25）得

$$K_Q = 0.88$$

将此值代入式（3-24），得

$$Q_f = \frac{1}{K_Q} \times Q_0 = \frac{1}{0.88} \times 5.4 = 6.1 (\text{L/s})$$

所以甲醇的实际流量为 6.1L/s。

（2）修正气体流量　由于气体的可压缩性较强，除了密度对流量造成的影响外，温度、压力等因素也会影响气体的流量测定，在修正时密度、压力和温度都需要考虑。

转子流量计测量气体流量时，仪表厂使用工业基准状态下（293K，101325Pa）的空气进行标定。对于测量非基准状态下其他气体介质，当转子流量计显示流量为 Q_0 时，工作介质的实际流量可用下式进行修正。

$$Q_t = \sqrt{\frac{\rho_0}{\rho_t}} \times \sqrt{\frac{p_t}{p_0}} \times \sqrt{\frac{T_0}{T_t}} \times Q_0 = \frac{1}{K_\rho} \times \frac{1}{K_p} \times \frac{1}{K_T} \times Q_0 \tag{3-28}$$

式中　Q_t——被测介质的实际流量，Nm^3/h；

$\quad\quad \rho_t$——被测介质在标准状态下的密度，kg/m^3；

$\quad\quad \rho_0$——空气在标准状态下的密度（1.293kg/m^3）；

$\quad\quad p_t$——被测介质的绝对压力，Pa；

$\quad\quad p_0$——标准状态时的绝对压力（101325Pa）；

$\quad\quad T_0$——标准状态时的热力学温度（293K）；

$\quad\quad T_t$——被测介质的热力学温度，K；

$\quad\quad Q_0$——转子流量计显示数值，m^3/h（标准状态下）；

$\quad\quad K_\rho$——密度修正系数；

$\quad\quad K_p$——压力修正系数；

$\quad\quad K_T$——温度修正系数。

【例 3-5】 某化工厂使用普通转子流量计测量温度为 17℃、表压为 0.07MPa 的氮气流量，问转子流量计读数为 22m³/h 时（标准状态下），氮气的实际流量是多少？

解： 根据题意可知 $Q_0 = 22m^3/h$，$T_0 = 293K$，$p_0 = 0.1013MPa$，$\rho_0 = 1.293kg/m^3$，$p_t = 0.07 + 0.1013 = 0.1713$（MPa），$T_t = 17 + 273 = 290$（K），$\rho_t = 1.36kg/m^3$。

将上列数据代入式（3-28），便可得

$$Q_1 = \sqrt{\frac{1.293}{1.36}} \times \sqrt{\frac{0.1713}{0.1013}} \times \sqrt{\frac{293}{290}} \times 22 = 27.7 (m^3/h)$$

即这时空气的流量为 27.7m³/h。

（三）涡街流量计

涡街流量计又称漩涡流量计。它应用非常广泛，可以用来测量各种管道中的液体、气体和蒸汽的流量，尤其适用于输油管道、天然气管道、复杂水管道等特殊场合的流量检测。

涡街流量计的工作原理是利用有规则的漩涡剥离现象来测量流体的流量。在流体中安放一个非流线形漩涡发生体（阻流体，圆柱或三角柱），如图 3-26 所示。当流体的流速达到一定数值时，会在阻流体的下游处产生两列相互平行并且上下交替出现的漩涡，这些漩涡好像街道旁的路灯，所以叫作涡街，而此现象首先被卡门（Karman）发现，所以也称作"卡门涡街"。研究发现，在一定的流量范围内，漩涡分离频率正比于管道内流体的平均流速，只要选用合适的检测元件测出漩涡产生的频率就能够知道流体的体积流量。漩涡产生的频率与平均流速之间的关系为

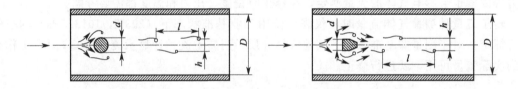

图 3-26 涡街产生示意图

$$f = St \times \frac{v}{d} \tag{3-29}$$

式中　f——单侧漩涡产生的频率，Hz；

　　　v——流体平均流速，m/s；

　　　d——圆柱体直径，m；

　　　St——斯特劳哈尔（Strouhal）系数。

涡街流量计只有一个固定的漩涡发生体，没有其他运动部件，即使在比较恶劣的情况下依旧表现出很好的耐受性、优异的稳定性及卓越的可重复性。因此，涡街流量计具有结构简单、安装方便、测量范围宽、精确度较高、应用范围广、稳定可靠、价格便宜的优点。涡街流量计应用较广，但不适用于测量雷诺数较低（比如小于 20000）的流体。流体的雷诺数较低时，仪表的线性度变差，尤其是流体黏度较高时会明显影响甚至阻碍漩涡的产生。

漩涡频率的检测方法有许多种，例如热敏检测法、电容检测法、应力检测法、超声检测法等。这些方法都是利用产生的漩涡作用于某一敏感参数，引起敏感参数的变化，通过这些

变化推算漩涡频率的大小。比如超声波检测法，超声波发射器发射的超声波因为受到漩涡的影响而改变，通过超声波接收器收集处理超声波的变化就可以得到漩涡产生的频率。热敏检测法的原理示意图如图 3-27 所示，它采用一根加热的铂电阻丝作为漩涡频率的转换元件。在圆柱形发生体上有一段被隔墙分成两部分的空腔，在空腔上还留有导压孔，在隔墙中央装有一根被加热了的细铂丝。在产生漩涡的一侧，流速降低，静压升高，于是在有漩涡的一侧和无漩涡的一侧之间产生静压差。在压差作用下流体从空腔上的导压孔进入，从没产生漩涡的一侧流出。流体在空腔内流动时将铂丝上的热量带走，铂丝温度下降，导致其电阻值减小。由于漩涡是交替地出现在柱状物的两侧，所以铂热电阻丝阻值的变化也是交替的，且阻值变化的频率与漩涡产生的频率相对应，故可通过测量铂丝阻值变化的频率来计算流量。

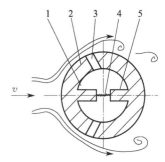

图 3-27 圆柱热敏频率检测器原理示意图

1—空腔；2—圆柱体；3—导压孔；4—铂阻丝；5—隔墙

（四）电磁流量计

当测量具有导电性的液体介质流量时，可以使用电磁流量计进行测量。电磁流量计是基于电磁感应原理来实现流量测量的流量计。具有导电性的液体比如酸、碱、盐溶液以及含有固体颗粒（例如泥浆）或纤维液体的流量都可以使用电磁流量计测量。

电磁流量计通常由变送器和转换器两部分组成。电磁流量计的变送器将流量数值变换成对应的感应电势。转换器将微弱的感应电势放大，并转换成统一的标准信号输出，以便进行远程传输指示、记录或与电动单元组合仪表配套使用。

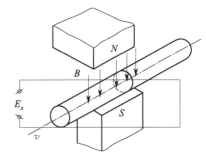

图 3-28 电磁流量计变送部分原理示意图

图 3-28 为电磁流量计变送部分的原理示意图。在一段非导磁材料制成的管道外面，设置一个磁场。当导电的被测介质垂直于磁力线方向流动时，切割磁力线而产生一个微弱的感应电势。当磁感应强度固定不变，管道直径一定时，这个感应电势的大小仅与流体的流速有关，而与其他因素无关。感应电势与流体流速之间的关系如下式：

$$E_x = K_x B d v \qquad (3\text{-}30)$$

式中　E_x——感应电势，V；

　　　K_x——比例系数；

　　　B——磁感应强度，T；

　　　d——管道直径，m；

　　　v——垂直磁力线方向流体的运动速度，m/s。

已知体积流量 Q 与流速 v 的关系为

$$Q = \frac{1}{4}\pi d^2 v \qquad (3\text{-}31)$$

将式（3-31）代入式（3-30），便得

$$E_x = \frac{4K_x BQ}{\pi d} = KQ \tag{3-32}$$

$$K = \frac{4K_x B}{\pi d} \tag{3-33}$$

式中，K 称为仪表常数，在磁感应强度 B、管道直径 d 固定不变时，K 就是一个常数，感应电势的大小与体积流量之间具有正比例的线性关系，因而仪表显示盘具有均匀刻度。

值得注意的是，使用导磁管路时会造成磁力线被管壁短路，同时流体在处于磁力线的导管中流动时应尽可能地降低涡流损耗，所以测量导管要使用非导磁的高阻材料制成。

电磁流量计的测量导管内没有可移动或突出于管内的部件，因而压力损失很小。当电磁流量计采用防腐衬里时，可以测量具有腐蚀性液体的流量，也可以用来测量含颗粒、悬浮物等液体的流量，比如泥浆等。此外，其输出信号与流量之间的关系与流体的温度、压力、黏度和流动状态无关。电磁流量计检测时对流量变化反应速度很快，可用来测量脉动流量，同时，测速范围较宽。

电磁流量计的原理决定了它只能用来测量具有导电性液体的流量，被测液体的导电率不能小于水的导电率。而对于气体、蒸汽及其他非导电液体无法使用。由于磁感应电势非常微弱，需要引入高倍数的放大器，因此很容易受外界电磁场的干扰，在安装使用时要尽可能远离一切磁场干扰，并且电磁流量计结构复杂，造价较高。

三、容积式流量计

容积式流量计也是化工生产中经常使用的一类流量计。它们的结构形式各有不同，但测量原理基本一致。容积式流量计都是利用测量元件把流体不断地分割成固定体积的小单元，然后根据测量元件的频率就可以得出流体的总量。经常使用的主要有椭圆齿轮流量计、腰轮流量计、刮板流量计等。

1. 椭圆齿轮流量计

椭圆齿轮流量计又叫作奥巴尔流量计，它通过固定的容积来计算流量，与被测流体的流动状态和黏度无关，特别适合于高黏度流体（如重油、油漆、液态树脂等）的流量检测。

（1）工作原理　椭圆齿轮流量计的测量部分是由壳体和两个相互啮合的椭圆形齿轮组成。当流体流过流量计时，因为要克服阻力导致能量损失，从而使进口侧压力大于出口侧压力，在此压力差的作用下，产生作用力矩推动椭圆齿轮连续转动，椭圆齿轮在转动过程中不断将充满在半月形容积中的流体排出。椭圆齿轮每转动 1/4 周，就会排出一个半月形容积的流体。椭圆齿轮流量计的工作原理示意图如图 3-29 所示。所以，椭圆齿轮每转动一周就会排出 4 倍半月形容积的被测介质，只要知道齿轮的转数就可以计算椭圆齿轮流量计的体积流量 Q，即

图 3-29　椭圆齿轮流量计工作原理示意图

$$Q = 4nV_0 \qquad\qquad (3\text{-}34)$$

式中　n——椭圆齿轮的旋转速度；

　　　V_0——半月形测量室容积。

椭圆齿轮流量计的外伸轴都带有计数器，以确定齿轮的旋转速度。现代大多数的椭圆齿轮流量计都带有测速发电机或光电测速盘，可准确显示和记录被测介质的平均流量和累积总量。

（2）工作特点　椭圆齿轮流量计是依据被测介质的压力去推动齿轮旋转进行计量的容积式流量计，它与流体的流动状态及黏度等性质无关。因此特别适用于高黏度介质的流量测量。测量精度较高，压力损失较小。但是使用椭圆齿轮流量计测量流量的介质中不能含有固体颗粒，更不能夹杂机械物，否则会引起齿轮磨损甚至卡死。为此，椭圆齿轮流量计的入口端必须加装过滤器。另外，椭圆齿轮流量计的使用温度不能太高，否则容易导致齿轮卡死。

使用椭圆齿轮流量计时，被测介质的流量不能太小，否则会因泄露导致误差过大，影响测量精度。同时，椭圆齿轮流量计结构复杂，加工制造要求精度很高，因而价格普遍较高。

2. 腰轮流量计

腰轮流量计又称为罗茨流量计，它与椭圆齿轮流量计的原理基本一致，只是腰轮流量计使用腰轮转子，而椭圆齿轮流量计使用椭圆齿轮转子。如图 3-30 所示，腰轮上没有齿轮，主要靠套在伸出壳体的两根轴上的转动齿轮啮合传动。它与椭圆齿轮流量计一样，腰轮每转过一圈，便排出 4 倍固定容积的流体，只要知道腰轮的转动次数，就可以得出被测流体的体积流量。

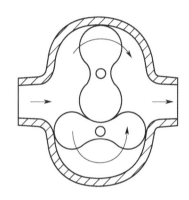

图 3-30　腰轮流量计结构示意图

腰轮流量计可用于测量清洁液体的流量，也可以测量气体流量，精度较高，可达 0.5～0.1 级，主要缺点就是压力损失较大，体积庞大、笨重，成本较高。

四、质量式流量计

质量流量计是近年来新发展起来的一种新型流量仪表。在实际的化工生产中，很多时候人们更关心的是流体的质量流量而不是体积流量。这是因为物料平衡、热平衡以及贮存、经济核算等使用质量流量更加方便和准确。所以，一般情况下需要将已测出的体积流量乘以介质的密度，换算成质量流量。然而被测介质密度受温度、压力、黏度等许多因素的影响很大，尤其介质是气体时更加突出，这些因素往往会给测量结果带来较大的误差。而质量流量计能够直接得到质量流量，省去了繁琐的换算和修正过程，从根本上提高测量精度。

质量流量计大致可分为两大类，一类是直接式质量流量计，即测量的就是流体的质量流量；另一类是间接式或推导式质量流量计，这类流量计是通过体积流量计和密度计的组合来测量质量流量的。

直接式质量流量计有很多形式，比如量热式、角动量式、差压式以及科氏力式等。下面介绍常用的一种——科里奥利（Coriolis）质量流量计，简称科氏力流量计。

这种流量计的测量原理是基于科里奥利（Coriolis）力制成的质量流量计。流体在振动管中流动时，将产生与质量流量成正比的科里奥利力。图 3-31 是 U 形管科氏力形成原理示意图。

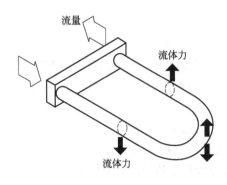

流量

流体力

流体力

图 3-31 U形管科里奥利力原理示意图

U形管按照固有的频率进行振动，振动方向垂直于U形管所在平面，流体从一端流入，由另一端流出。这样，U形管内的流体在沿管道流动的同时又随管道做垂直运动，此时流体就会产生一个科里奥利加速度，并以科里奥利力反作用于U形管。由于流体在U形管两侧的流动方向相反，因此作用于U形管两侧的科氏力大小相等且方向相反，于是形成一个作用力矩。U形管在该力矩的作用下将发生扭曲，扭曲量的大小与通过U形管的流体质量流量成正比。如果在U形管两侧中心平面处安装两个电磁传感器测出U形管扭曲量的大小，就可以知道流体的质量流量 M，其关系为：

$$M = \frac{K_S \theta}{4 \omega r} \tag{3-35}$$

式中　θ——扭曲角度；

K_S——扭曲弹性系数；

ω——振动角速度；

r——U形管跨度半径。

科氏力质量流量计所测得的流体质量流量与流体的密度、温度、压力、黏度等因素无关；上下游有无直管段都不影响质量流量的测量；对于各种非牛顿流体以及含固体颗粒的浆液也能够测量。只是它的阻力损失较大，会对测量精度有一定影响。同时，测量流体介质必须充满测量管才能正常测量。

五、流量检测仪表的选用原则

选用一台合适的流量计对流量检测及控制都具有十分重要的意义，而流量计的种类繁多，性能和特点千差万别，选用时必须综合考虑以下四个方面，最终确定一个最佳选择。

1. 考虑被测介质的特性

要想选择一台合适的流量计，首先要从被测介质的特性去考虑。应该明确被测介质是气体、液体还是蒸汽；流体是清洁还是脏污；被测介质是否具有腐蚀性；是否具有导电性；被测介质的温度、压力、流动状态是怎样的；流速是稳定的还是脉冲的；被测介质的黏度高低以及是否含有固体颗粒及其他杂质等。明确被测介质的这些特性后才能进行合理选型。

2. 考虑仪表是否满足工艺测量要求

明确流量计的精确度、重复性、线性度、灵敏度、压力损失、测量范围、信号输出特性、响应时间等性能指标是否满足工艺测量要求。

3. 考虑流量计的安装及使用条件

为保障流量计长期稳定运行还必须考虑流量计所处的安装位置及使用条件。安装处的温度、湿度、电磁干扰、更换维修空间、管段布局、管径大小、管道长度等各方面都要综合考虑。

4. 考虑流量计的使用维护成本

选择流量计还必须考虑仪表的使用及维护成本，综合考虑购置成本、安装维护成本、校验成本、附加配件成本及使用寿命。在满足前面要求的情况下尽量选择成本低、使用寿命长的流量计。

常用流量测量仪表选型参考如表 3-5 所示。

表 3-5 流量测量仪表选型参考表

流量计类型			精确度/(±)%	洁净液体	蒸汽或气体	脏污液体	黏性液体	腐蚀性液体	磨损悬浮液体	流量体	低速流体	大管道	自由落下固体粉粒	整车	明渠	不满管
差压	非标准	标准孔板	1.50	0	0	*	*	0	*	*	*	*	*	*	*	*
		文丘里	1.50	0	0	*	*	0	*	*	*	0	*	*	*	*
		双重孔板	1.50	0	0	*	*	0	*	*	0	*	*	*	*	*
		1/4 圆喷嘴	1.50	0	0	*	*	0	*	*	0	*	*	*	*	*
		圆缺孔板	1.50	0	0	0	*	0	*	*	*	*	*	*	*	*
		笛型匀速管	1.00~4.00	0	0	*	*	*	*	*	*	0	*	*	*	*
	特殊	一体化节流式流量计	1.00、1.50、2.00、2.50	0	0	*	*	*	*	*	*	*	*	*	*	*
		楔形	1.00~5.00	0	0	0	0	*	0	*	*				*	
		内藏孔板	2.00	0	0	*	0	*	*	0	*	*	*	*	*	*
面积		玻璃转子	1.00~5.00	0	*/0	*	*	0	*	*	0	*	*	*	*	*
	金属	普通	1.60、2.5	0	*/0	*	*	0	*	*	0	*	*	*	*	*
		特殊 蒸汽夹套	1.60、2.50	*	*/0	*	*	*	*	*	*	*	*	*	*	*
		特殊 防腐型	1.60、2.50	*	*/0	*	*	*	*	*	*	*	*	*	*	*
速度		靶式	1.00~4.00	0	*/0	0	0	0	0	*	*	*	*	*	*	*
	涡轮	普通	0.10、0.50	0	0	*	*	*	*	*	*	*	*	*	*	*
		插入式	0.10、0.50	0	0	*	*	*	*	*	0	*	*	*	*	*
		水表	2.00	0	*	*	*	*	*	*	*	*	*	*	*	*
	旋涡	普通	0.50、1.00、1.50	0	*	*	*	*	*	*	*	*	*	*	*	*
		插入式	1.00~2.50	0	0	*	*	*	*	*	0	*	*	*	*	*
		旋进式	0.50、1.00、1.50	0	0	*	*	*	*	*	*	*	*	*	*	*
电磁			0.20、0.25、0.50、1.00、1.50、2.00、2.50	0	*	0	0	0	0	*	*	0	*	*	*	*
容积		椭圆齿轮	0.10~1.00	0	*											
		刮板式	0.10、0.50、0.20、1.00、1.50	0	*	*	0	0	*	*	*	*	*	*	*	*
		腰轮 液体	0.10、0.50	0	*	*	0	*	*	*	*	*	*	*	*	*
固体		冲量式	1.00、1.50	*	*	*	*	*	*	*	*	*	*	0	*	*
		电子皮带秤	0.25、0.50	*	*	*	*	*	*	*	*	*	*	0/*	*	*
		轨道衡	0.50	*	*	*	*	*	*	*	*	*	*	*	*	*
其他		超声波流量计	0.50~3.00	0	*	*	*	0	*	0	0	0	*	*	*	*
		科氏力质量流量计	0.20~1.00	0	*	0	0	0	0	0	0	*	*	*	*	*
		热导电式质量流量计	1.00	0	0	0	*	0	*	0	0	0	*	*	*	*

注："0"为适宜;"＊"为不适宜。

第四节　温度测量仪表

在化工生产中，许多工艺的控制指标都与温度有关，所以温度的测量与控制是保障生产正常运行和产品质量的关键环节。而且大部分化工反应装置都是密闭体系，随着温度的升高压力也不断上升，如果控制不好甚至可能引发爆炸事故。因此，测量和控制温度也是保障安全生产的重要因素。

温度的高低采用温标来表征，温标是用来衡量温度高低的标尺，它规定了温度零点和测量温度的基本单位。目前，我国常用的是摄氏温标、热力学温标和国际实用温标，华氏温标也会偶尔用到。

1. 摄氏温标

摄氏温标就是我们平时所说的摄氏温度，符号为℃，它规定在标准大气压下水的冰点为0℃，水的沸点为100℃，在0～100之间分成100等分，每一等分为1℃。

2. 热力学温标

热力学温标又称为开尔文温标，简称为开氏温标。热力学温标是以热力学原理确定的温标，规定分子运动停止时的温度为绝对零度。由于热力学温标为一种纯理论性温标，无法实际应用，因此又建立了一种接近热力学温标而又实用方便的国际实用温标。

3. 国际实用温标

国际实用温标是一种用来复现热力学温标的国际协议性温标。它选择一些纯物质的平衡温度作为温标的基准点，规定了不同温度范围内的标准仪器，建立了标准仪器的示值与国际实用温标关系的补插公式，应用这些公式可求出任何两个相邻基准点温度之间的温度值。

现在国际上通用的温标是1968年国际计量委员会制定的《国际实用温标》（IPTS—68）。它规定热力学温度为基本温度，使用符号T表示，单位为开尔文，记作K。同时定义1K等于1atm下水的三相点热力学温度的1/273.16。水的三相点温度为0.01℃，因此摄氏温度t与热力学温度T的关系是：t（℃）$=T$（K）-273.15。

一、温度测量仪表的分类

温度不能直接测量，只能借助于冷热不同物体之间的热交换，以及物体的某些物理性质随冷热程度不同而变化的特性来加以间接测量。

温度测量范围宽广，既有接近绝对零度的低温，也有高达几千度的高温，这样宽广的测量范围，需用到各种不同的测温方法和测温仪表。若按使用的测量范围分，常把测量600℃以上的测温仪表称为高温计，把测量600℃以下的测温仪表称为温度计。若按用途分，可分为标准仪表、实用仪表。若按工作原理分，则分为膨胀式温度计、压力式温度计、热电偶温度计、热电阻温度计和辐射高温计五类。若按测量方式分，则可分为接触式与非接触式两大类。采用接触式时，测温元件与被测介质直接接触，被测介质与测温元件进行充分地热交换，热平衡时实现测温；采用非接触式时，测温元件与被测介质不直接接触，而是通过辐射或对流进行热交换以实现测温。常用接触式和非接触式测温仪表见表3-6。

表 3-6　常见温度仪表及性能

测温方式	测温原理		温度计名称	温度范围/℃	特点及应用场合
接触式 测温仪表	膨胀式	固体 热膨胀	双金属温度计	−50～60	结构简单、使用方便,与玻璃液体温度计相比,坚固、耐振、耐冲击、体积小,但精度低,广泛应用于有振动且精度要求不高的机械设备上,并可直接测量气体、液体、蒸汽的温度
		液体 热膨胀	玻璃液体温度计	−30～600 水银(汞) −100～150 有机液体	结构简单、使用方便、价格便宜、测量准确,但结构脆弱易损坏,不能自动记录和远传,适用于生产过程和实验室中各种介质温度的就地测量
		气体热 膨胀	压力式 温度计	0～500 液体型 0～200 蒸汽型	机械强度高,不怕振动,输出信号可以自动记录和控制,但热惯性大,维修困难,适于测量对铜及铜合金不起腐蚀作用的各种介质的温度
	热电阻	金属 热电阻	铜电阻、 铂电阻	−200～600 铂电阻 −50～150 铜电阻 −60～180 镍电阻	测温范围宽,物理化学性能稳定,测量精度高,输出信号易于远传和自动记录,适于生产过程中测量各种液体、气体和蒸汽介质的温度
		半导体 热电偶	锗、碳、金属氧 化物热敏电阻	−90～200	变化灵敏、响应时间短、力学性能强,但复现性和互换性差,非线性严重,常用于温度补偿元件
	热电偶	金属 热电偶	铂铑 30-铂铑 6, 铂铑-铂、镍铬-镍硅, 铜-康铜等电偶	−200～1600	测量精度较高,输出信号易于远传和自动记录,结构简单,使用方便,测量范围宽,但输出信号与温度示值呈非线性关系,下限灵敏度较低,需冷端温度补偿,被广泛地应用于化工、冶金、机械等部门的液体、气体、蒸汽等介质的温度测量
		难熔金属 热电偶	钨-铼,钨-钼, 镍铬-金铁热电偶	0～2000 −270～0	钨-铼系及钨-钼系热电偶可用于超高温的测量,镍铬-金铁热电偶可用于超低温的测量,但未进行标准化,因而使用时需特别标定
非接触式 测温仪表	辐射测量	辐射法	辐射式高温计	20～2000	全辐射式温度计,结构简单、结实价廉、反应速度快,但测量误差较大;部分辐射温度计结构复杂,测量精度及稳定性也较高,输出信号均可自动记录及远传,适宜测量静止或运动中不宜安装热电偶的物体表面温度
		亮度法	光学高温计	800～2000	测量精度高,使用方便,测量结果容易引起人为主观误差,无法实现自动记录,广泛应用于金属熔炼、浇铸、热处理等不能直接测量的高温场合
		比色法	比色高温计	50～2000	仪表示值准确

下面介绍两种最常用的温度计。

1. 膨胀式温度计

膨胀式温度计是基于物体受热时体积膨胀变大的性质制成的。我们平时生活中最常见到的水银温度计及体温计都属于液体膨胀式温度计,而双金属温度计则属于固体膨胀式温度计。

(1) **液体膨胀式温度计**　液体膨胀式温度计的结构和原理比较简单,生活中最常用到的就是玻璃液体温度计,水银温度计和体温计都属于玻璃液体温度计。玻璃液体温度计是由装有液体的玻璃温包、毛细管和刻度标尺三部分构成。测温时，温包中液体受热膨胀，体积增大的程度正比于温度的高低，根据液体体积变化来指示温度。

玻璃管温度计填充液体应用最多的是水银（即汞）。虽然水银膨胀系数并不大，但其不易氧化、稳定性好、不沾玻璃、液态温度范围大、膨胀系数线性好等优点使其成为玻璃管温度计填充液体的首选。

玻璃管温度计的主要优点是结构简单、测量方便、价格便宜、结果准确等，因此广泛应用于工业生产、科学研究及生活中的各个领域；缺点就是玻璃易碎易损坏，不能自动记录和远程传输，只能用于就地显示。

（2）固体膨胀式温度计　固体膨胀式温度计中双金属温度计将两片线膨胀系数不同的金属片叠焊在一起制成感温元件。感温元件金属片受热后，由于两金属片的膨胀系数不同导致膨胀长度不同而发生弯曲，如图 3-32 所示。温度越高两金属片的膨胀长度差距就越大，弯曲得就越厉害，双金属温度计就是基于这一原理测量温度的。为提高检测灵敏度，通常将双金属片制成螺旋形状，外加金属保护套管。当温度变化时，双金属片的膨胀或收缩量不同，导致螺旋形状卷起或松开时会带动指针在刻度盘上指示出相应的温度数值。

将双金属温度计加上简单的机构就可以制成双金属温度信号器，如图 3-33 所示。当温度变化时，双金属片 1 发生弯曲，弯曲到与调节螺钉接触时，电路接通，信号灯 4 便点亮。当用继电器代替信号灯便可以制成用来控制加热源的两位式温度控制器。温度的控制范围可通过改变调节螺钉 2 与双金属片 1 之间的距离来调整。若以电铃代替信号灯便可以制成双金属温度信号报警器。

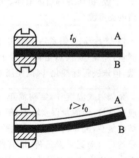

图 3-32　双金属片受热变形示意图

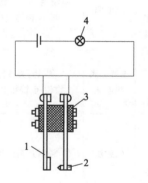

图 3-33　双金属温度信号器示意图

1—双金属感温元件；2—调节螺钉；3—绝缘子；4—信号灯

2. 压力式温度计

密闭体系中，压力会随着温度的变化而变化。压力式温度计就是利用该原理来测温的。压力式温度计的结构如图 3-34 所示。它主要由以下三部分组成。

（1）温包　它是直接与被测介质相接触通过热传递感受被测温度高低的元件，因此要求它具有强度高、膨胀系数小、热导率高以及抗腐蚀等特性，所以制造温包常用的材料主要是铜合金、钢或不锈钢。

（2）毛细管　它是用铜或钢等材料冷拉成的无缝圆管，用来传递压力的变化。毛细管的直径越细，长度越长，则传递压力的滞后就越严重。然而，在长度固定的前提下毛细管越细，仪表的精度就越高。

（3）弹簧管　它是普通压力表使用的弹性元件，用来指示压力的大小。

在化工生产中，应用最多的是热电偶温度计和热电阻温度计。

二、热电偶温度计

热电偶温度计是以热电效应为基础，将温度变化转换成热电势变化进行测温的仪表。由于它具有结构简单、使用方便、精度高、灵敏度好、测量范围广、稳定可靠，便于信号的远传、自动记录和集中控制等优点，是目前应用最广泛的测温仪表。

热电偶温度计通常由三部分组成：热电偶，测量仪表（毫伏计或电位差计），连接热电偶和测量仪表的导线（补偿导线及铜导线）。热电偶温度计构成示意图如图 3-35 所示。

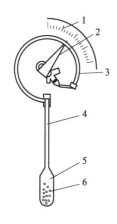

图 3-34 压力式温度计结构示意图

1—刻度盘；2—指针；3—弹簧管；

4—毛细管；5—温包；6—填充物质

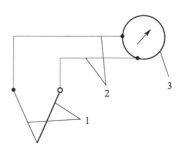

图 3-35 热电偶温度计构成示意图

1—热电偶；2—导线；3—测量仪表

1. 热电偶测温原理

热电偶是工业上最常用的一种感温元件。它是由两种不同材料 A 和 B 的一端焊接而成，焊接的一端作为测量端，插入被测介质中感受被测温度，称为工作端或热端，另一端分别与导线连接作为参考端，称为冷端或自由端。

热电偶测温原理源自 1821 年塞贝克（Seebeck）发现的热电现象。他发现将两种材料不同的导体或半导体设计成如图 3-36 所示的闭合回路，当两个连接点分别处于 t、t_0 不同的温度时，回路中会产生一个微弱的热电势，这就是热电效应。热电效应是如何产生的呢？当两种材料不同的金属相互连接时，由于它们的自由电子密度不同，假设金属 A 中的自由电子密度大于金属 B，在两种金属的连接处，从 A 扩散到 B 的自由电子数目多于从 B 扩散到 A，金属 A 就因失去电子多而带正电，金属 B 则因得到电子多而带负电。这样在两金属的连接处形成一个静电场，电场的方向由 A 指向 B。由于该静电场的存在，将阻碍自由电子的进一步扩散。刚开始的时候，静电场较弱，自由电子的扩散运动占优势，随着扩散的进行，静电场的作用不断加强，结果当扩散进行到一定程度时，自由电子扩散作用与静电场的反作用能够相互抵消。这时在 A、B 连接接触面形成一个稳定的电势差 e_{AB}，这就是接触电动势。接触电动势的大小仅与两种材料的性质和接触点的温度有关，在热电偶材料确定后就只和温度有关，所以也叫热电势，标记为 $e_{AB}(t)$。注脚 AB 表示自由电子从 A 流向 B，A 带正电，如果下标次序改为 BA，则 e 前面的符号亦应相应的改变，即 $e_{AB}(t) = -e_{BA}(t)$。温度越高，金属中的自由电子就越活跃，自由电子迁移扩散的数目就越多，接触面处电场强度也越强，接触电动势就越大。

当两金属的两端接点温度不同时，如图 3-36 所示，假设 $t>t_0$，由于两金属两端的接点温度不同，就产生了两个大小不等、方向相反的热电势 $e_{AB}(t)$ 和 $e_{AB}(t_0)$。值得注意的是，对于同一金属来说，由于其两端温度不同，自由电子迁移的速度也不同，也会产生一个相应的电动势，这个电动势称为温差电势。但由于温差电势比接触热电势微弱得多，常常忽略。这样在图 3-36 所示闭合回路中的总热电势 $E(t,t_0)$ 应为

$$E(t,t_0)=e_{AB}(t)-e_{AB}(t_0) \quad (3-36)$$

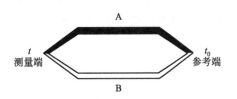

图 3-36　热电偶测温原理图

这样，闭合回路中的热电势 $E(t,t_0)$ 就等于热电偶两接点热电势的代数和。当两材料确定后，热电势就是两接点温度 t 和 t_0 的函数差。如果一端温度 t_0 固定，即 $e_{AB}(t_0)$ 为定值，则热电势 $E_{AB}(t,t_0)$ 就只是温度 t 的单值函数了。这样，只要测出热电势的大小，就能判断测温点温度的高低，这就是利用热电现象测温的原理。

从热电偶测温原理可以看出，如果组成热电偶回路的是同一种金属材料，则无论两接点温度如何，闭合回路的总热电势为零；如果热电偶两接点温度相同，纵使两金属材料不同，闭合回路的总热电势依然为零。热电偶产生热电势的大小除了与两接点处的温度有关外，还与两种金属的材料有关，也就是说在相同温度下不同金属材料制成的热电偶产生的热电势是不同的，可以从附录二～附录四中查到。

2. 连接导线对热电势的影响

使用热电偶测温时，必须通过导线连接测量热电势的仪表，如图 3-37 所示，这样就在 AB 所组成的热电偶回路中加入了第三种材料（即导线），而第三种材料的接入又形成了新的接点，导线的引入会对回路中的热电势造成什么影响呢？

根据图 3-37 中的电路，2、3 两接点的温度均为 t_0，那么电路的总热电势为

$$E_t=e_{AB}(t)+e_{BC}(t_0)+e_{CA}(t_0) \quad (3-37)$$

根据前面可知，多种金属组成的闭合回路内，只要各接点温度相等，则此闭合回路内的总电势等于零。若将 A、B、C 三种金属组成一个闭合回路且保证各接点温度都等于 t_0，则回路内的总热电势等于零。即

$$e_{AB}(t_0)+e_{BC}(t_0)+e_{CA}(t_0)=0$$

则

$$-e_{AB}(t_0)=e_{BC}(t_0)+e_{CA}(t_0) \quad (3-38)$$

将式（3-38）代入式（3-37）得

$$E_t=e_{AB}(t)-e_{AB}(t_0) \quad (3-39)$$

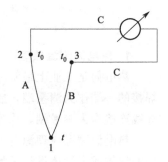

图 3-37　热电偶导线连接示意图

结果显示，只要保证引入导线的接点温度一致，引入导线不会对回路中的热电势造成影响。

3. 热电偶的分类

从热电偶的测温原理可以得出，理论上任意两种存在自由电子密度差异的金属材料都可

以构成热电偶的热电极。但实际情况并非如此，目前国际电工委员会共推荐了八种标准化热电偶，如表3-7所示。这是因为热电偶热电极材料的选择标准非常严格，一般应同时满足以下几个要求：

① 物理、化学稳定性要好。这样才能够保证在测温范围内热电性质保持稳定，同时即使在高温下也不被氧化和腐蚀。

② 电阻温度系数小，灵敏度高。

③ 线性好。温度与热电势之间尽可能呈现良好的线性关系，这样不但能够提高精度，还可以使仪表盘刻度均匀。

④ 韧性好，便于加工。要求材料的结构均匀，韧性好，便于加工成丝。

⑤ 重现性好。便于厂家批量生产。

表 3-7 标准化热电偶表

所配热电偶名称	热电偶分度号	测量范围/℃	所配热电偶名称	热电偶分度号	测量范围/℃
铂铑 30-铂铑 6 热电偶	B	0～1700	镍铬硅-镍硅热电偶	N	−200～1300
铂铑 10-铂热电偶	S	0～1600	镍铬-铜镍热电偶	E	−200～900
铂铑 13-铂热电偶	R	0～1600	铁-铜镍（康铜）热电偶	J	−200～750
镍铬-镍硅热电偶	K	−200～1200	铜-康铜热电偶	T	−200～350

下面简单介绍一下工业上最常用的几种标准化热电偶。

（1）镍铬-镍硅热电偶 该热电偶分度号为 K，以镍铬为正极，镍硅为负极；常用测量范围为 0～1000℃，短期可超过 1000℃。这种热电偶造价低，稳定性好，线性好，重现性好且热电势大，灵敏度高，因而应用十分广泛。

（2）铂铑 10-铂热电偶 该热电偶分度号为 S，铂铑 10 丝（铂 90％，铑 10％）作为正极，纯铂丝作为负极；测量范围为 0～1300℃，短期测量可高达 1600℃。该热电偶使用贵金属作为热电极，优点是化学稳定性好，耐高温，不易氧化，精度高，重现性好，一般用于精密温度测量或用作基准热电偶，缺点是造价太高。

（3）铂铑 30-铂铑 6 热电偶 该热电偶分度号为 B，以铂铑 30 丝（铂 70％，铑 30％）为正极，铂铑 6 丝（铂 94％，铑 6％）为负极；其常用测量范围为 300～1600℃，短期可测1800℃。该热电偶的优点是高温下物理、化学稳定性好，测量精度高。缺点是测量温度较低时热电势小，价格昂贵。

（4）镍铬-铜镍热电偶 该热电偶分度号为 E，以镍铬为正极，铜镍为负极；测量范围为−200～900℃。这种热电偶的灵敏度高，价格便宜，在中低温测量时应用广泛。

每种热电偶热电势对应的温度都不相同，它们之间的对应关系可以从标准数据表中查到，本章附录二～附录四给出了几种常用热电偶的分度表，方便计算时查找。

4. 热电偶的结构

热电偶结构类型很多，按照其外形结构可以分为普通型、铠装型、表面型和快速型四种类型。

（1）普通型热电偶 普通型热电偶主要由热电极、绝缘子、保护套管和接线盒四部分组成，如图 3-38 所示。

热电极通常由两种金属材料构成。热电极的直径大小由材料的价格、机械强度、电导率以及热电偶的测量范围等决定。贵金属的热电极大多是直径为 0.3～0.65mm 细丝，普通金

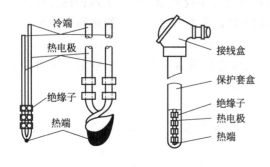

图 3-38 普通热电偶结构图

属的热电极直径一般为 0.5～3.2mm。热电极长度由安装条件及插入深度而定，一般为 350～2000mm。

绝缘子用于热电偶两热电极之间的电气绝缘，使用到的材料根据测量温度范围而定，常用绝缘材料有高温陶瓷管、氧化铝、氧化镁、石英等，结构通常有单孔、双孔及四孔等。

保护套管是套在热电极、绝缘子外边的保护装置，其作用是保护热电极不受化学腐蚀和机械损伤。选择保护套管材料要根据测温范围、插入深度以及测温时间常数等因素来确定。通常要求保护套管材料具有耐高温、耐腐蚀、气密性好、机械强度高、热导率高等特点。一般常用的保护套管材料主要有金属、非金属和金属陶瓷三大类。金属制成的保护套管特点是机械强度高，韧性好，在 1000℃ 以下使用较多；而非金属主要应用于 1000℃ 以上。保护套管的结构形式一般是螺纹式和法兰式两种。

接线盒用于连接热电极和导线，还具有保护接线端子的作用。它可以用铝合金、不锈钢、工程塑料等多种材料制成。为了防止灰尘和有害气体进入热电偶保护套管内，接线盒的出线孔和面盖均要用垫片和垫圈密封。连接热电极和导线的螺丝必须上紧，以免产生较大的接触电阻导致测量的准确度下降。

（2）铠装热电偶　铠装热电偶是将金属套管、绝缘材料、热电偶丝一起经过整体复合拉伸而成的一体化组合体，具有体积小、安装方便、响应速度快、抗震好、耐高压等优点，得到越来越多的应用。

（3）薄膜型热电偶　薄膜型热电偶是由两种非金属薄膜固定在绝缘基板上构成的一种特殊结构的热电偶。主要适用于表面温度测量，只是测量温度不能太高，一般不超过 300℃。

（4）快速型热电偶　它是一种测量高温熔融物体专用的热电偶，整个热电偶元件的尺寸很小，也称为消耗式热电偶。

5. 热电偶冷端补偿

（1）补偿导线　使用热电偶测温时，只有热电偶参考端（冷端）温度保持不变时，热电势才是被测温度的单值函数。在实际应用时，如果热电偶的工作端与参考端离得很近，参考端温度将容易受到周围环境的影响，难以保持恒定。为了使热电偶的参考端温度保持恒定，可以采用把热电偶做得很长的方法，使参考端远离工作端。但是，热电偶多用贵重金属制成，这样做要多消耗许多贵重金属，成本很高。因此，可以采用一种专用导线，拉大热电

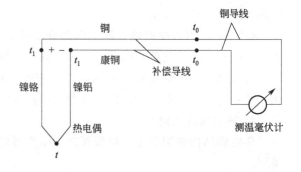

图 3-39　补偿导线示意图

偶的参考端与工作端之间的距离，使参考端的温度保持恒定，如图 3-39 所示。这种专用导

线就称为"补偿导线"。补偿导线是由两种不同性质的金属材料制成，在一定温度范围内（通常100℃以下）与所连接的热电偶具有相同或相近的热电特性，关键还必须是廉价金属。不同热电偶都有特定的补偿导线，补偿导线的材料要与热电偶材料相匹配，并且还要区分正负极，热电偶的正、负极分别与补偿导线的正、负极相接。常用热电偶补偿导线见表3-8。而对于镍铬-铜镍这类使用非贵重金属制成的热电偶，则可直接使用本身材料作补偿导线。

表 3-8　常用热电偶补偿导线

| 热电偶名称 | 补偿导线 | | | | 工作端为100℃，冷端为0℃时的标准电势/mV |
| | 正极 | | 负极 | | |
	材料	颜色	材料	颜色	
铂铑10-铂	铜	红	铜镍	绿	0.645 ± 0.037
镍铬-镍硅（镍铝）	铜	红	铜镍	蓝	4.095 ± 0.105
镍铬-铜镍	镍铬	红	铜镍	棕	6.317 ± 0.170
铜-铜镍	铜	红	铜镍	白	4.277 ± 0.047

（2）冷端补偿方法　目前常用的不同热电偶热电势-温度对应表都是在冷（参考）端温度为0℃的情况下得到的，而实际使用时很难保证冷端温度为0℃。纵使使用补偿导线，也只能保证冷端温度恒定，而不是0℃。这样，测量结果一定会产生误差。因此，在应用热电偶测温时，为保证测量结果的准确性，应该想办法让冷端温度保持为0℃，或者是对测量结果进行修正，这就是热电偶的冷端温度补偿。一般采用下述几种方法。

① 冰点恒温法。我们知道水的冰点为0℃，冰水混合物的温度总是恒定在0℃。因此，只要把热电偶的两个冷端分别插入浸在冰水混合物里且装有绝缘油的容器中，就能够保证冷端温度始终保持在0℃。只是这种方法在工业生产中不方便使用，更多应用在实验室中。

② 冷端修正法。实际测量时，如果冷端温度无法保证0℃，而是某一温度 t_0，势必会造成误差。假设待测物质的实际温度为 t，冷端温度为 t_0，测得的热电势为 $E(t, t_0)$。则可以按照式（3-40）来进行修正。

$$E(t,0) = E(t,t_0) + E(t_0,0) \tag{3-40}$$

式中，$E(t, 0)$ 为冷端为0℃，测量端为 t 时的热电势；$E(t, t_0)$ 为冷端为 t_0，测量端为 t 时的热电势；$E(t_0, 0)$ 为冷端为0℃，测量端为 t_0 时的热电势，通过 $E(t, 0)$ 来修正冷端温度为 t_0 而不是0℃造成的误差。

【例3-6】　使用分度号为 S 的铂铑10-铂热电偶检测某反应器温度，冷端温度为室温25℃，测得的热电势 $E(t, t_0) = 1401\mu V$，试问该反应器的实际温度。

解：由附录二中可以查出 $E(25, 0) = 142\mu V$

$$E(t,0) = E(t,t_0) + E(t_0,0) = 1401 + 142 = 1543(\mu V)$$

再由附录二查得 $1543\mu V$ 对应温度为212℃。

值得注意的是，使用冷端修正的方法进行冷端补偿时，要求冷端温度必须恒定。因此该方法只适用于实验室或临时测温，无法应用于工业中的连续测温。

③ 仪表零点校正法。当冷端温度相对恒定时，可直接将仪表机械零点调至冷端温度处，以减小冷端温度造成的误差。这种方法比较简单，容易实现，在工业上经常使用。只是当冷端温度变化时，机械零点需要重新调整，所以当冷端温度变化频繁时，无法使用该方法。

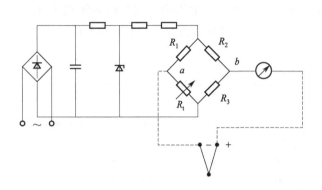

图 3-40　补偿电桥示意图

④ 补偿电桥法。补偿电桥法是利用不平衡电桥产生的电势，来补偿热电偶因冷端温度变化而引起的热电势变化值，如图 3-40 所示。补偿电桥由锰铜电阻 R_1、R_2、R_3 和铜电阻 R_t 四个桥臂和稳压电源所组成，与热电偶串联在测量回路中。热电偶的冷端与 R_t 放在一起以保证二者的温度相同。如果冷端温度为 20℃时电桥达到平衡，即 $R_1 = R_2 = R_3 = R_t^{20}$，此时，电桥的输出电压 $U_{ab} = 0$。当周围环境高于 20℃时，热电偶因冷端温度升高而使热电势减小。

与此同时，铜电阻 R_t 阻值随温度升高而增大，电桥中 R_1、R_2、R_3 的电阻值却不发生变化。这样，电桥不再平衡，由于 R_t 阻值增大导致 a 点电位高于 b 点电位，a、b 间输出一个不平衡电压 U_{ab}。如果选择适当的桥臂电阻和电流，恰好可以使电桥产生的不平衡电压 U_{ab} 补偿由于冷端温度升高而引起的热电势的减小值，这样就可以通过补偿电桥减小冷端温度变化造成的误差。

只是如果电桥是在 20℃时达到平衡，使用这种补偿电桥时应把仪表的机械零位调到 20℃处。如果补偿电桥是在 0℃时达到平衡，仪表的机械零位应调至 0℃处。

⑤ 共用补偿热电偶法。实际生产中，如果测温点较多，为了节省开支，可以用一台测温仪表带多支热电偶，如图 3-41 所示，多支热电偶共用一支补偿电偶 AB。使用时只要保证补偿热电偶的温度恒定，就相当于多支工作热电偶的冷端温度保持恒定。通常将补偿热电偶的工作端插入 2~3m 的地下或放在恒温装置中，使其温度恒定为 t_0。这时测温仪表测得的温度为 E（t，t_0）所对应的温度，而与接线盒所处的温度 t_1 无关。

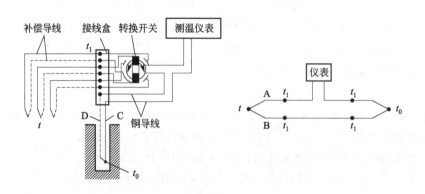

图 3-41　共用补偿热电偶示意图

由于热电偶测温时产生的热电势较小，所以一般适用于较高温度（500℃以上）的测量。

而对于中低温（500℃以下）的测量使用热电阻温度计更合适。

三、热电阻温度计

热电阻温度计由热电阻、显示仪表以及连接导线等几部分构成。其中热电阻是温度计的感温元件，是该类温度计的核心部分。

1. 测温原理

热电阻温度计是基于金属导体或半导体的电阻值随温度变化而变化的特性（电阻温度效应）来进行温度测量的。感温元件的电阻值与温度之间的关系为

$$R_t = R_{t_0}[1 + \alpha(t - t_0)] \tag{3-41}$$

$$\Delta R_t = R_t - R_{t_0} = \alpha R_{t_0} \times \Delta t \tag{3-42}$$

式中　R_t——温度为 t 时的电阻值；

　R_{t_0}——温度为 t_0（通常为 0℃）时的电阻值；

　α——电阻温度系数；

　Δt——温度的变化值；

　ΔR_t——电阻值的变化值。

从式中可以看出，热电阻的阻值与温度的变化呈正比例关系，只要知道电阻值的大小，就可以用来测量温度。

与热电偶温度计相比，热电阻的输出信号更大，所以适合于中低温（500℃）液体、气体、蒸汽及固体表面的温度测量，同样具有远传、自动记录和实现多点测量的优点。

2. 工业常用热电阻

虽然大多数金属导体的电阻值都会随温度的变化而变化，但仅有很少几种能够用作测温热电阻，这是因为能够满足实际应用的热电阻的材料都要满足以下要求：

① 良好的物理化学稳定性，即使在高温等恶劣环境下依旧稳定；

② 电阻温度系数大，灵敏度高；

③ 电阻率高，可以减小体积；

④ 电阻值与温度之间最好有一定的线性关系，且范围较宽；

⑤ 热容量小，复现性高；

⑥ 价格便宜，方便加工。

所以，完全满足上述要求的金属材料实际很少，目前只有铂和铜实现了标准化生产。

（1）铂电阻　铂电阻由纯铂丝绕制而成，因为金属铂特有的物理化学稳定性好、复制性好、加工延展性好、易于提纯等优点使其成为一种比较理想的热电阻材料。缺点是电阻温度系数小，灵敏度较低；电阻值与温度不呈线性关系；价格昂贵等。

另外，在不同的温度范围内，电阻值与温度之间存在不同的关系。

在 $-200 \sim 0$℃的温度范围内，关系为

$$R_t = R_0[1 + At + Bt^2 + C(t - 100℃)t^3] \tag{3-43}$$

在 $0 \sim 850$℃的温度范围内，关系为

$$R_t = R_0(1 + At + Bt^2) \tag{3-44}$$

式中　t——任意温度值；

R_t、R_0——温度为 t、0℃时的铂热电阻的电阻值；

A、B、C——通过实验获得的常数，$A = 3.950 \times 10^{-3}/℃$，$B = -5.850 \times 10^{-7}/(℃)^2$，$C =$

$-4.22 \times 10^{-22} / (℃)^3$。

R_0 不同，$R_t \sim t$ 的关系也不同。工业上常用的铂电阻有两种，一种是 $R_0=10Ω$，对应的分度号为 Pt10。另一种是 $R_0=100Ω$，对应的分度号为 Pt100（见附录五）。

（2）铜电阻 金属铜电阻的优点是温度系数大，灵敏度高；易加工提纯，价格便宜；电阻值与温度呈线性关系；在 150℃ 以下，稳定性好。缺点是铜的电阻率小，且温度超过 150℃ 后易被氧化。所以铜电阻温度计通常在测量较低温度时使用。在 $-50 \sim 150℃$ 的范围内，铜电阻值与温度的关系为

$$R_t = R_0 [1+\alpha(t-t_0)] \tag{3-45}$$

式中，α 为铜的电阻温度系数（$4.25 \times 10^{-3} /℃$）。

由式（3-45）可以看出，在一定的温度范围内，铜电阻值与温度呈现良好的线性关系。根据 R_0 不同，工业上应用的铜电阻有 Cu50 和 Cu100 两种分度号，分别对应于 $R_0=50Ω$ 和 $R_0=100Ω$。详细分度表见附录六、七。

3. 热电阻的结构

热电阻的结构形式有普通型热电阻、铠装热电阻和薄膜热电阻三种。

（1）普通型热电阻 普通型热电阻的结构外形与热电偶相似，主要由感温元件（电阻体）、保护套管和接线盒等几部分构成。

热电阻温度计的电阻体为该仪表的核心部件，一般将电阻丝绕制在一定形状的支架上而制得。电阻体体积尽量做得小一点，而且受热膨胀时，电阻丝不产生附加应力。目前，绕制电阻丝的支架一般有平板形、圆柱形和螺旋形三种构造形式，如图 3-42 所示。一般来说，工业用铂电阻体的支架采用平板形；铜电阻体的支架采用圆柱形；而螺旋形主要用作标准或实验室用铂电阻体的支架。

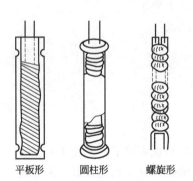

平板形　　圆柱形　　螺旋形

图 3-42 热电阻阻丝支架示意图

（2）铠装热电阻 铠装热电阻由电阻体、绝缘材料、保护套管等整体拉制而成，小型电阻体装在热电阻底部作为感温元件。这种热电阻相比于普通型热电阻，具有体积小、机械性能好、便于安装、滞后小、使用寿命长等优点。

（3）薄膜热电阻 薄膜热电阻是将热电阻材料直接蒸镀到绝缘基底上形成的厚度很薄的热电阻。这种热电阻的体积小、热惯性小、灵敏度高。

四、新型温度传感器及变送器

1. 光纤温度传感器

光纤温度传感器是利用光纤传输能量或光信号来实现温度测量的新型温度传感器，光纤传感器与以电为基础的传统传感器相比较，在测量原理上有本质的差别。传统传感器是以机电测量为基础，而光纤传感器则以光学测量为基础。由于它具有体积小、重量轻、响应快、灵敏度高、耐腐蚀、抗电磁干扰、测量范围大等优点，已广泛应用于化工、电力、航空等多个领域。

光纤温度传感器的测量机理和结构形式多种多样，按照光纤在传感器中的作用主要分为两大类。一类是传光型，也叫非功能型，这类温度传感器中，光纤仅仅是信号的传输通道，只"传"不"感"，对外界信息的获取要依靠其他物理性质的功能敏感元件完成。这类光纤传感器结构简单，技术上比较容易实现，成本低、抗干扰能力强，但灵敏度较低。目前已实

用化的传光型温度计有半导体光吸收型光纤温度传感器、热色效应光纤温度传感器、荧光光纤温度传感器等。另一类是传感型，也叫功能型，这类温度传感器是利用光纤的各种特性如光的相位、偏振、强度等随温度变换的特点，进行温度测定。光纤既是传输介质，又是敏感元件。这类传感器尽管具有"传""感"合一的特点，但也增加了增敏和去敏的困难。这类温度传感器主要包括基于弯曲损耗的光纤温度传感器、相位干涉型光纤温度传感器、掺杂光纤温度传感器等。

2. 红外温度传感器

红外温度传感器是基于物体红外辐射的能量大小及其波长分布，与物体表面温度呈现一一对应关系的原理制成的辐射式温度传感器。通过测量物体辐射的红外能量，就能准确地测定物体的表面温度。

红外温度传感器的结构原理如图 3-43 所示，其工作原理采用光学反馈结构。被测物体与反馈光源的辐射线经圆盘调制器后进入红外检测器。调制器在同步电机带动下工作。红外检测器输出的电信号经放大器和相敏整流器后输给控制放大器，并调控反馈光源的辐射强度直到与被测物体的辐射强度相等为止。根据反馈光源的电流大小，就可以指示被测物质的温度。

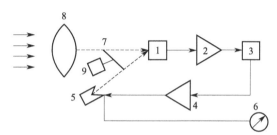

图 3-43　红外温度传感器结构原理图
1—红外检测器；2—放大器；3—相敏整流器；
4—控制放大器；5—反馈光源；6—显示器；
7—调制器；8—透镜；9—同步电机

与热电偶、热电阻等常规温度传感器相比，红外温度计具有测温范围宽、寿命长、性能可靠、反应极快和非接触性等诸多优点。另外，红外温度计还特别适合测量腐蚀性的介质和运动物体的温度，适用于一些特殊场合。

3. 电动温度变送器

温度变送器是电动单元组合仪表的一个重要组成部分，它与各种类型的热电偶、热电阻配套使用，将温度或两点间的温差转换成 4～20mA 和 1～5V 的统一标准信号，作为指示、记录仪表或控制机构的输入信号，来实现温度、温差的显示、记录及控制功能。同时，温度变送器还可以用作直流毫伏转化器，将其他能够转化成直流毫伏信号的工艺参数转化为统一标准信号。

目前，温度变送器已经从一代的 DDZ-Ⅱ型升级到 DDZ-Ⅲ型及一体化温度变送器。

（1）DDZ-Ⅲ型温度变送器　相比于 DDZ-Ⅱ型温度变送器，DDZ-Ⅲ型防爆性能好，适用于危险场合的测量；具有输出信号和温度线性关系好，稳定可靠性好等优点。

DDZ-Ⅲ型温度变送器主要有三种类型，分别是热电偶温度变送器、热电阻温度变送器和直流毫伏变送器。其中热电偶温度变送器和热电阻温度变送器在化工生产中应用最多。

热电偶温度变送器与热电阻温度变送器的结构形式基本一致。主要有输入桥路、放大电路和反馈电路三部分组成，如图 3-44 所示。热电偶与热电阻温度变送器的放大电路是一样的，输入桥路和反馈电路有所不同。热电偶温度变送器的输入桥路带有冷端温度补偿和调整零点的作用，而热电阻温度变送器不需要冷端温度补偿。热电偶温度变送器的反馈电路带有线性化电路，可以修正热电偶的非线性，使变送器的输出信号与被测温度呈线性关系。

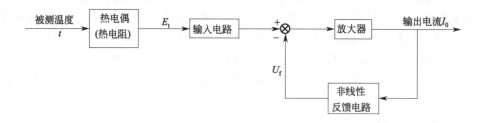

图 3-44　DDZ-Ⅲ型温度变送器结构示意图

（2）一体化温度变送器　一体化温度变送器，就是指将热电偶或热电阻测温元件与温度变送装置制成一个整体，是小型化的整体温度变送器。也有的一体化温度变送器还带有显示装置，实现显示、传感、变送一体化。它可以直接安装在测温装置上，输出 4～20mA 统一标准信号。与对应的分体式温度变送器相比，该类具有如下优点：

① 体积小，重量轻，便于安装；

② 传输损失小，传输距离大，抗干扰能力强；

③ 省去了补偿导线，降低成本。

一体化温度变送器具体由测量电路、稳压电路、电压放大器、非线性校正装置、反极性保护、电压/电流转换装置等几部分组成，如图 3-45 所示。

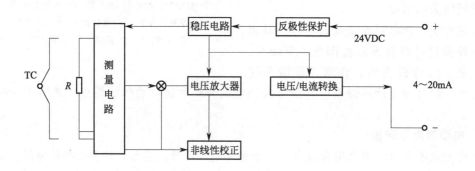

图 3-45　一体化温度变送器组成结构图

测量电路的作用是将热电偶的热电势或热电阻的电阻值转换成相应的电压信号，然后经放大器放大。由于热电偶热电势与温度不呈线性关系，所以需要非线性校正装置进行线性补偿。线性补偿环节串联在电压放大器的反馈回路上，借以改变放大器增益。最后经电压电流转换，输出 4～20mA 的直流电流信号。稳压电路的作用是保证测量电路、放大器、电压/电流转换装置的电压稳定；反极性保护装置是一个二极管，它的作用是当电源接反时正向导通、反向截止来保护仪表，防止损坏。

4. 智能温度变送器

智能温度变送器是以微处理器为核心部件，使用智能终端对变送器施行远程组态、调整及控制的智能化温度变送器。智能温度变送器一般由软件和硬件两部分组成，软件部分又包括输入选择、增益调整、冷端补偿运算、显示及通讯控制等；而硬件部分包括输入回路、冷端温度的检测及补偿回路、数字程控放大电路、微处理器、A/D 转换、数字输出及通信接口等。

与普通温度变送器相比，智能温度变送器一般具有以下性能特点：

① 效率高。智能温度变送器可通过现场手持通信器对变送器实行远程组态、调整、启动、运行及日常操作，提高了工作效率。

② 精度高。常用的分度号为 E、K、J、R、S、T 等热电偶及 Pt100 热电阻的误差最大不超过±1℃。同时，冷端补偿效果好，稳定可靠。

③ 兼容性好。智能温度变送器可以接收各种分度号的热电偶信号及热电阻信号、毫伏信号，适用性好。

④ 体积小、重量轻、结构紧凑、方便安装。

五、温度测量仪表的选用及安装

1. 测温仪表的选用原则

目前市售测温仪表种类繁多，选用时应根据生产工艺的具体要求、被测对象的状态及特性、测温范围等，结合测温仪表的特性及技术指标进行选择。

如确定测温仪表的精度等级时，遵从一般工业用温度计选用1.5级或1级；精密测量用温度计选用0.5级或0.25级的原则。

选择感温元件时，应根据被控对象的温度变化范围及变化快慢确定不同分度号的热电偶、热电阻或热敏电阻；根据被测对象的环境特点，如是否有震动、电磁场、腐蚀性或干扰来选择测温仪表的结构。部分温度检出元件的分度号及测量范围见表3-9。

表 3-9　温度检出（测）元件

检出（测）原件名称	分度号	测量范围/℃	备注	检出（测）元件名称	分度号	测量范围/℃	备注
铜热电阻 $R_0=50\Omega$	Cu50	−50～150	$R_{100}/R_0=1.284$	铁-康铜热电偶	J	−200～800	
$R_0=100\Omega$	Cu100						
铂热电阻 $R_0=10\Omega$	Pt10	−200～650	$R_{100}/R_0=1.385$	铜-康铜热电偶	T	−200～400	
$R_0=50\Omega$	Pt50						
$R_0=100\Omega$	Pt100			铂铑10-铂热电偶	S	0～1600	
△镍热电阻 $R_0=100\Omega$	Ni100	−60～180	$R_{100}/R_0=1.617$				
$R_0=500\Omega$	Ni500			铂铑13-铂热电偶	R	0～1600	
$R_0=1000\Omega$	Ni1000						
△热敏电阻		−40～150		铂铑30-铂铑6热电偶	B	0～1800	
△铁电阻		−272～−250		铂铼5-铂铼26热电偶	WRe_5-WRe_{26}	0～2300	
镍铬-镍硅热电偶	K	−200～1300		铂铼3-铂铼25热电偶	WRe_3-WRe_{25}	0～2300	
镍铬硅-镍硅热电阻	N	−200～900		△镍铬-金铁热电偶		−270～0	厂标分度号：NiCr-AuFe
镍铬-康铜热电偶	E	−200～900					

注：△表示正在开发中。

2. 测温元件的安装

选用合适的测温仪表后，测温元件的安装也非常重要，如果安装不正确，依然无法满足测温要求。工业上安装测温元件时一般遵从以下原则：

① 测量管道中流动的介质温度时，应保证测温元件与流体充分接触，比如安装时测温元件应迎着被测介质流动的方向插入 [图 3-46(a)]，至少垂直于被测介质流动的方向 [图 3-46(b)]，切勿顺着被测介质流动的方向 [图 3-46(c)]。

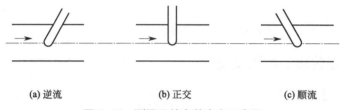

(a) 逆流   (b) 正交   (c) 顺流

图 3-46　测温元件安装方向示意图

② 测温元件的感温点应处于管道中流速最大处。

③ 为减小测量误差，测温元件应插到足够深的位置。如果工艺管道太细，可以在管道弯头处安装 [图 3-47(a)]；当工艺管道直径小于 80mm 时应接装扩大管，并将测温元件安装在扩大管中测量 [图 3-47(b)]。

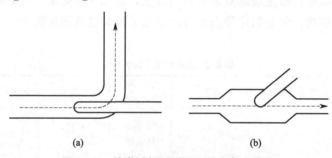

(a)   (b)

图 3-47　管道过细时测温元件安装示意图

④ 热电偶、热电阻的接线盒面盖应向上，以避免雨水、灰尘等异物进入接线盒中影响测量。

⑤ 为了防止热量散失，测温元件应插在有保温层的管道或设备处。

⑥ 测温元件安装在负压管道中时，应保证其密封性，以防外界冷空气进入导致读数偏低。

⑦ 测温元件的安装应便于工作人员维护、保养和校验。

⑧ 补偿导线与热电偶的型号要匹配，并注意正、负极不要接错；连接导线或补偿导线要穿入钢管或走槽板，避免导线被高温环境、腐蚀性物质等损坏。

第五节　物位测量仪表

一、物位测量仪表的分类

物位是指容器中不同状态介质的位置或高低。其中液体介质的液面位置或高低称为液位；固体粉末或颗粒状物质的堆积高度称为料位；两种互不相溶的液-液或液-固介质分界面称为界面。与此相对应测量液位的仪表叫液位计；测量料位的仪表叫料位计；测量界面的仪表称为界面计。这三种仪表统称为物位测量仪表。

现代化工生产中，物位测量具有非常重要的作用。首先，通过物位检测可以获知容器或设备中物料的体积或质量，避免物料溢出或用尽引发的生产事故，保障生产安全。其次，通过物料检测可以获悉物料物位的相对变化速度用以了解和掌握生产状态，方便进行监视和控制，还可以用于质量检测和经济衡算。尤其是现代化工实行集中控制管理后，物位的测量和远传就更加重要了。

为满足化工生产中对物位测量的不同要求，目前已开发出许多类型的物位测量仪表，以满足不同检测条件和环境的要求。物位检测大致可以分为接触式和非接触式两大类。

（1）接触式物位仪表　主要有直读式、差压式、浮力式、电磁式（包括电容式、电阻式、电感式）、浮子式等物位仪表。

① 直读式液位计。直读式液位计是将指示液位的玻璃管或玻璃板接在被测容器上，根据连通器原理在玻璃管或玻璃板上显示容器中液位的高度。这类液位计结构简单、使用方便、造价很低，但只能用于就地检测，不能远传。

② 差压式物位仪表。差压式物位仪表是假定容器内为均匀物料的前提下根据物料的高度与容器底部的压力成正比的原理制成的，应用比较广泛。

③ 浮力式液位仪表。浮力式液位计有两种类型，一种是漂浮在液面维持浮力不变的恒浮力式液位计，如浮标式、浮球式。另一种是浮力变化液位计，如沉筒式液位计，当液位变化时，根据沉筒受到的浮力不同来检测液位。

④ 电容式物位仪表。电容式物位仪表是根据物位的变化会引起相应电容量的变化，通过测量电容量的变化来测知物位。

（2）非接触式物位仪表　主要有辐射式、声波式、光电式等物位仪表。

① 辐射式物位仪表。辐射式物位仪表是利用辐射透过物料时，辐射强度随物料性质和厚度的变化而变化的原理来进行测量物位。目前应用较多的是 γ 射线。

② 声波式物位仪表。声波式物位仪表是利用声波阻断原理和声波反射原理来测量物位的。根据物位变化时引起声波的阻断和声波反射回收的时间不同，来测知物位。所以声波式物位仪表可以根据它的工作原理分为声波阻断式和反射式。

③ 光学式物位仪表。光学式物位仪表是利用物位对光波的阻断和反射原理来进行测量的，常用的光源有普通白炽灯光和激光。

各种物位测量仪表的特征见表 3-10。

表 3-10　各种物位测量仪表的特征

	仪表名称	测量范围/m	主要应用场合	说明
直读式	玻璃管液位计	<2	主要用于直接指示密闭及开口容器中的液位	就地指示
	玻璃板液位计	<6.5		

仪表名称		测量范围/m	主要应用场合	说明
浮力式	浮球式液位计	<10	用于开口或承压容器液位的连续测量	可直接指示液位,也可输出4～20mA ADC信号
	浮筒式液位计	<6	用于液位和相界面的连续测量;在高温高压条件下的工业生产过程的液位;界位测量和限位报警联锁	
	磁翻板液位计	0.2～15	用于各种贮罐的液位指示报警,特别适用于危险介质的液位测量	有显示醒目的现场指示;远传装置输出 DC 4～20mA 标准信号及报警器多功能为一体,可与DDZ 四型组合仪表及计算机配套使用
	浮磁子液位计	115～60	用于常压、承压容器内液位、界位的测量;特别适用于大型贮槽球罐腐蚀性介质的测量	
静压式	压力式液位计	0～0.4～200	可测较黏稠,有气雾、露等液体	压力式液位计主要用于开口容器液位的测量;差压式液位计主要用于密闭容器的液位测量
	差压式液位计	20	应用于各种液体的液位测量	
电磁式	电导式物位计	<20	适用于一切导电液体(如水、污水、果酱、啤酒等)液位测量	
	电容式物位计	10	用于各种贮槽,容器液位,粉状料位的连续测量及控制报警	不适合测高黏度液体
其他形式	运动阻尼式物位计	1～2～3.5～5～7	用于敞开式料仓内的固体颗粒(如矿砂、水泥等)料位的信号报警及控制	以位式控制为主
	声波物位计	液体 10～34 固体 5～60 盲区 0.3～1	被测介质可以是腐蚀性液体或粉状的固体物料,非接触测量	测量结果受温度影响
	辐射式物位计	0～2	适用于各种料仓内、容器内高温,高压,强腐蚀,剧毒的固态、液态介质的料位、液位的非接触式连续测量	放射线对人体有害
	微波式物位计	0～35	适于罐体和反应器内具有高温、高压,湍动,惰性,气体覆盖层及尘雾或落汽的液体、浆状、糊状或块状固体的物位测量,适于各种恶劣工矿和易爆、危险的场合	安装于容器外壁
	雷达液位计	2～20	应用于工业生产过程中各种敞口或承压容器的液位控制和测量	测量不受温度、压力影响
	激光式物位计		不透明的液体粉末的非接触测量	测量不受高温、真空压力、蒸汽等影响
	机电式物位计	可达几十米	恶劣环境下大料仓内固体及容器内液体的物位	

二、差压式液位计

差压式液位计在化工生产中应用非常广泛,虽然液位传感技术的发展促使许多新型液位计不断涌现，但差压式液位计依然扮演着非常重要的角色。

1. 工作原理

差压式液位变送器利用容器内的液体对容器底部产生的压力与液位高度成正比的原理来检测液位，如图 3-48 所示。

根据流体的静力学原理，可知

$$p_2 = p_1 + H\rho g \qquad (3\text{-}46)$$

因此可得

$$\Delta p = p_2 - p_1 = H\rho g \qquad (3\text{-}47)$$

图 3-48 差压式液位计工作原理图

式中　H——液位高度；

　　　ρ——介质密度；

　　　g——重力加速度；

　p_1，p_2——液位 1、2 处的压力。

一般来说，被测介质的密度是已知的。因此差压计测得的差压与液位高度成正比。这样，只要测得两处的差压就能够知道液位的高度。

使用差压计进行测量时，若被测容器是敞开体系，液位 1 处的气相压力为大气压，只需将差压计的负压室通大气即可；若被测容器是封闭体系，液位 1 处气相压力为 p_1，则需要将差压计的负压室与容器的气相连接，以平衡气相压力 p_1 对液位测量的影响。

2. 零点迁移

使用差压变送器测量液位时，一般来说，压差 Δp 与液位高度 H 之间遵从式（3-47）的关系。这时，当 $H=0$ 时，作用在正、负压室的压力是相等的，我们称之为"无迁移"情况。这种情况下，液位高度从 0 变化到 $H_{\max}$ 时，差压也相应地从 0 变化到 $\Delta p_{\max}$，对应变送器的输出为 4～20mA。如果液位变化所对应的变送器量程 Δp 为 0～5000Pa，则变送器的特性曲线如图 3-49 中的曲线 a 所示。

在实际应用时，当变送器的安装位置与容器下部的取压位置不一致时，往往 H 与 Δp 之间的对应关系不那么简单，出现如图 3-50 所示的情况。假设变送器安装在低于容器下部高度 h 的位置，则差压与液位高度 H 之间的关系为

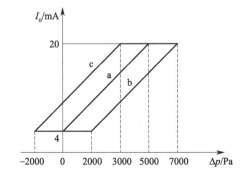

图 3-49 压差式液位变送器的特性曲线示意图

a—无迁移；b——正迁移；c——负迁移

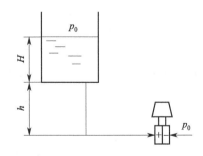

图 3-50 正迁移变送器安装示意图

$$\Delta p = H\rho g + h\rho g \qquad (3\text{-}48)$$

从上式可知，当 $H=0$ 时，Δp 并不等于 0 而是等于 $h\rho g$，并且该项一直存在于 Δp 中。这样，液位高度从 0 变化到 H_{max} 时，对应的变送器输出不再是 4～20mA，而是当 $H=0$ 时，变送器的输入大于 0，其输出必定大于 4mA；当 $H=H_{max}$ 时，变送器的输入大于 $H_{max}\rho g$，其输出必定大于 20mA。为了使液位为零与最大值时能与变送器输出的上、下限相对应，通过调节变送器的迁移弹簧，采用零点迁移的办法实现液位与变送器输出之间的正常对应关系。通过调整，在 $H=0$、$\Delta p=h\rho g$ 时，变送器的输出为 4mA；$H=H_{max}$、$\Delta p=H_{max}\rho g+h\rho g$ 时，变送器的输出为 20mA。假设变送器的量程为 5000Pa，$h\rho g$ 大小为 2000Pa，则当 $H=0$ 时，$\Delta p=2000$Pa，调节变送器的迁移弹簧使变送器的输出为 4mA；当 $H=H_{max}$，$\Delta p=7000$Pa，变送器的输出为 20mA。此时变送器的特性曲线如图 3-49 中的曲线 b 所示。经过调整，Δp 从 2000Pa 到 7000Pa 变化时，变送器的输出从 4mA 变化到 20mA。相当于维持原来的量程（5000Pa）不变，只是零点正向迁移了一个固定值（2000Pa），所以称之为正迁移。

在检测腐蚀性介质的物位时，为防止与腐蚀性介质直接接触而腐蚀变送器，通常采用在正、负压室与取压点之间安装隔离罐的方法，如图 3-51 所示。假设被测介质的密度为 ρ_1，隔离液的密度为 ρ_2，则正、负压室的压力分别为

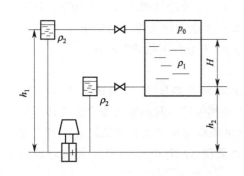

$$p_2=H\rho_1 g+h_2\rho_2 g+p_0 \qquad (3-49)$$

$$p_1=h_1\rho_2 g+p_0 \qquad (3-50)$$

正、负压室间的压差为

$$p_2-p_1=H\rho_1 g+h_2\rho_2 g-h_1\rho_2 g$$

即

$$\Delta p=H\rho_1 g-(h_1-h_2)\rho_2 g \qquad (3-51)$$

式中　Δp——变送器正、负压室的压差；

$\qquad H$——被测液位的高度；

$\qquad h_1$——负压室隔离罐液位到变送器的高度；

$\qquad h_2$——正压室隔离罐液位到变送器的高度。

图 3-51　负迁移变送器安装示意图

从上式可以看出，当 $H=0$ 时，$\Delta p=-(h_1-h_2)\rho_2 g<0$；当 $H=H_{max}$ 时，$\Delta p=H_{max}\rho_1 g-(h_1-h_2)\rho_2 g<H_{max}\rho_1 g$。当液位高度从 0 变化到 H_{max} 时，对应的变送器输出不再是 4～20mA，而当 $H=0$ 时，变送器的输入小于 0，其输出必定小于 4mA；当 $H=H_{max}$ 时，变送器的输入小于 $H_{max}\rho_1 g$，其输出必定小于 20mA。为了使仪表的输出能正确反映出液位的数值，同样采用零点迁移的办法，即调节变送器的迁移弹簧，以抵消固定压差 $(h_1-h_2)\rho_2 g$ 的作用。假设变送器的量程为 5000Pa，$(h_1-h_2)\rho_2 g$ 大小为 2000Pa，则当 $H=0$ 时，$\Delta p=-2000$Pa 变送器的输出为 4mA；当 $H=H_{max}$，$\Delta p=3000$Pa，变送器的输出为 20mA。此时变送器的特性曲线如图 3-49 中的曲线 c 所示，相当于维持原来的量程（5000Pa）不变，只是零点负向迁移了一个固定值（2000Pa），这种情况称为负迁移。

正、负迁移的实质是通过迁移弹簧调整变送器的零点使液位为零与最大值时能与变送器输出的上、下限相对应，因此称之为零点迁移。迁移同时改变了测量范围的上、下限，相当于测量范围的平移，并不改变量程的大小。

3. 法兰式差压变送器

当测量具有腐蚀性或含有结晶颗粒以及黏度大、易凝固介质的液体液位时，为解决引压

管线被腐蚀、被堵塞的问题，可以使用带有隔离膜盒的法兰式差压变送器，如图 3-52 所示。在法兰式差压变送器中，被测介质并不直接与变送器接触，而是采用一个作为敏感元件的测量头（金属膜盒）来接触介质，经充满硅油的毛细管将压力传导给变送器。法兰式差压变送器的工作原理与普通差压变送器的完全相同。

法兰式差压变送器按其结构形式又分为单法兰式及双法兰式两种。容器与变送器间只需一个法兰接通管路的称为单法兰差压变送器；而对气密闭容器，因容器内部的气相压力一般不等于大气压力，必须采用两个法兰分别将液相和气相压力传导至差压变送器，如图 3-52 所示，这就是双法兰差压变送器。

三、电容式物位传感器

1. 测量原理

电容式物位传感器利用不同介质的物位高低不同时电容器电容量的大小也有所不同的原理来测量物位。

当采用如图 3-53 所示的圆筒形电容器测量物位时，两圆筒间的电容量可用下式表示

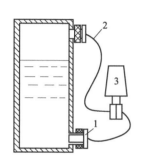

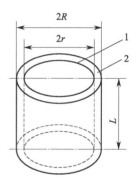

图 3-52　双法兰式差压变送器测量示意图
1—法兰式测压头；2—毛细管；3—变送器

图 3-53　圆筒形电容器结构示意图
1—内极板；2—外极板

$$C = \frac{2\pi\varepsilon L}{\ln\dfrac{R}{r}} \tag{3-52}$$

式中　L——两极板间的长度；

　r、R——圆筒形内电极的外半径和外电极的内半径；

　ε——内电极和外电极中间介质的介电常数。

实际应用时，一般将 r 和 R 固定，电容量 C 的大小就与极板的长度 L 和介质的介电常数 ε 的乘积成正比。这样，将电容传感器插入被测物料测量时，不同的物位高度对应着不同的电容量，根据测量电容量的大小就可以判断物位的高低。

2. 物位的检测

实际测量时，被测介质的性质不同采用电容器的形式也不同，下面根据被测介质的性质分别来讨论不同形式的电容式物位传感器是如何工作的。

（1）非导电液体　测量有机溶剂等非导电液体的液位时一般采用如图 3-54 所示的结构形式。该电容器由内电极 1 和一个与它相绝缘的同轴金属套筒做的外电极 2 组成，外电极 2

上开有很多小孔，便于液体介质进出，内外电极之间采用绝缘材料隔离固定。

当液位高度 $H=0$ 时，内外电极之间没有液体，充满空气，则电容大小为

$$C_0=\frac{2\pi\varepsilon_0 L}{\ln\frac{R}{r}}\qquad(3\text{-}53\text{a})$$

式中　ε_0——空气介电系数；

r、R——圆筒形内电极的外半径和外电极的内半径；

L——容器高度。

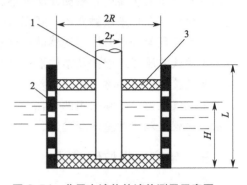

图 3-54　非导电液体的液位测量示意图
1—内电极；2—毛细管外电极；3—绝缘材料

当非导电液体的液位变为 H 时，电容量变为

$$C=\frac{2\pi\varepsilon_L H}{\ln\frac{R}{r}}+\frac{2\pi\varepsilon_0(L-H)}{\ln\frac{R}{r}}\qquad(3\text{-}53\text{b})$$

式中，ε_L 为被测非导电液体的介电系数。

被测非导电介质的液位从 0 变化到 H 电容量的变化为

$$\Delta C=C-C_0=\frac{2\pi(\varepsilon_L-\varepsilon_0)H}{\ln\frac{R}{r}}=KH\qquad(3\text{-}54)$$

从上式可以看出，当被测介质的介电常数 ε 及电容器的 R、r 确定时，电容量的变化与液位高度 H 成正比。K 为比例系数，K 越大，表明该电容式液位计的灵敏度越高。所以，要想液位检测的灵敏度高一些，被测介质的介电常数 ε_L 与空气介电系数 ε_0 相差要尽可能大，R 与 r 相差要尽可能小。

（2）导电液体　当测量的介质为导电液体时，内电极要用绝缘套管包裹起来，从而实现内电极与导电液体的隔离。导电液体与导电金属壁一起作外电极，如图 3-55 所示。

如果绝缘材料的介电常数为 ε_0，被测导电液体的液位高度从 0 变化为 H 时，该电容器电容量的变化可以表示为：

$$\Delta C=\frac{2\pi\varepsilon_0 H}{\ln\frac{R}{r}}\qquad(3\text{-}55)$$

式中，r、R 分别为内电极的外半径和绝缘套管的外半径。

（3）固体物料　当测量固体物料的物位时，由于固体物料的流动性比液体物料差很多，所以无法使用前面介绍的双圆筒电极，而是使用一根细金属棒与金属制成容器壁，构成电容器的两个电极，如图 3-56 所示。测量时，将细金属棒电极插入被测固体物料中，料位高度从 0 变化到 H 时，电容量的变化大小为：

$$\Delta C=\frac{2\pi(\varepsilon_s-\varepsilon_0)H}{\ln\frac{R}{r}}\qquad(3\text{-}56)$$

式中　r、R——金属棒的外径和金属容器的内径；

ε_s、ε_0——固体物料和空气的介电系数。

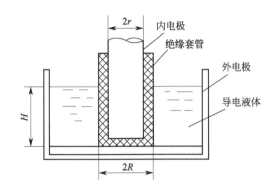

图 3-55　导电液体的液位测量示意图

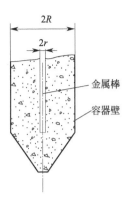

图 3-56　固体物料料位测量示意图

四、磁致伸缩液位计

　　磁致伸缩液位计属于浮力式液位计，具有安装方便、结构简单、可靠性好、精度高、寿命长、测量范围大等优点，是近几年发展起来的一种比较先进的液位测量仪表，广泛应用于石油、化工工业各种清洁液体的液位及界面测量。

　　磁致伸缩液位计主要由电子探头、波导丝、不锈钢管、浮子等几部分构成，如图 3-57 所示。波导丝（磁致伸缩线）是该类液位计的核心敏感元件，能将微小的磁场向量变化转变为机械波。使用磁致伸缩液位计测量液位时，波导丝一端装有的电子探头每秒发出 10 个电流脉冲信号沿不锈钢管内的波导丝传递，电流脉冲同时伴随产生一个垂直于波导丝的环形磁场沿波导丝传递。在不锈钢管外配有浮子，浮子能够沿不锈钢管随液位的变化而上下移动。在浮子内部装有一组永久磁铁，当脉冲电流环形磁场与浮子内部的永久磁场相遇时，二者的磁场矢量相叠加形成螺旋磁场，产生瞬时扭力并在波导丝上形成一个机械扭力波以一定速度传递返回电子探头。通过测量起始脉冲与扭力波的时间差，就可以精确地计算出被测介质的液面高度。

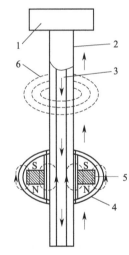

图 3-57　磁致伸缩液
位计结构示意图

1—电子探头；2—不锈钢管；

3—波导丝；4—浮子；

5—永久磁铁；

6—脉冲环形磁场

　　磁致伸缩液位计适合于高精度要求的清洁液体的液位测量，精度达到 1mm，最新产品精度已经可以达到 0.1mm。此外，磁致伸缩液位计还可应用于两种不同液体之间的界位测量。磁致伸缩式液位计的结构中只有浮子部分可以上下移动，结构简单，可靠性好，是测量非黏稠、非高温清洁液体液位的一种优先选择。

五、其它非接触式物位计

1. 超声波液位计

　　超声波液位计是利用探头（一般为压电晶体换能器）向被测介质发出高频超声波脉冲，声波到达被测介质表面时被介质表面反射，部分反射回波被换能器接收并转换成电信号。根据声波从发射到被换能器重新接收所用的传播时间正比于换能器到物料表面的距离，如果测出电子模块检测所用的传播时间，结合超声波的传播速度，就可以计算换能器到被测介质表面的距离。

超声波液位计的工作原理如图 3-58 所示，假设被测介质的液位高度为 H，换能器到被测介质表面的高度为 h，换能器到容器底部的距离为 L，超声波的传播速度为 v，由发射到接收所用的时间为 t，则液位高度 H 的表达式可以表示为：

$$H = L - vt/2 \tag{3-57}$$

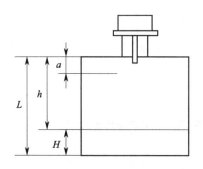

图 3-58 超声波液位计原理示意图

a—盲区；h—换能器到液面距离；
H—液位高度；L—换能器到容器底部距离

实际测量某个容器的液位时，换能器的安装位置到容器底部的距离为已知，超声波的传播速度也已知，只要测出从发射到接收所用的时间就可以知道被测介质的液位。

根据探头的工作方式不同，超声波液位计可以分为同一个探头发射和接收的单探头液位计和一个探头发射、另一个探头接收的双探头液位计。其中，使用单探头液位计测量时，由于探头发射的超声波脉冲具有一定的时间宽度，在这个时间内单探头无法同时发射与检测反射回波，导致探头向下的一小段距离无法正常检测，这一小段距离就称为超声波液位计的盲区，如图 3-58 中 a 所示。而使用双探头液位计测量时，由于超声波的发射和接收分别由两个探头独立完成，可以使盲区大大减小。

超声波液位计为一种非接触式测量仪表，不受被测介质物理、化学性质的影响，适用于各种液体和固体物位高度的测量。同时，由于它安装方便、稳定可靠、精度高、寿命长等优点被广泛应用。

2. 雷达液位计

雷达液位计采用发射-反射-接收的工作模式。测量时，雷达发射装置发射超高频电磁波，电磁波在向前传播过程中，遇到被测介质表面后，将沿着各个方向反射。其中一部分反射电磁波被雷达天线接收，形成雷达的回波信号。电磁波从发射到接收的时间与到液面的距离成正比，关系式如下：

$$D = Ct/2 \tag{3-58}$$

式中　D——雷达液位计到被测介质液面的距离；

　　　C——光的传播速度；

　　　t——电磁波发射到回波的时间。

从上式中可以看出，只要测量出电磁波发射到回波的时间就能够确定被测介质的液面位置。

雷达式液位计属于非接触式测量仪表，不受容器内温度、压力及被测介质的密度、浓度、噪声、粉尘等因素的影响，适用于各种液体、浆料及固体颗粒的物位测量，应用非常广泛。注意测量介质中有些易挥发的有机物会在雷达液位计的天线上结晶，需要对它们进行定期检查和清理。

3. 核辐射物位计

放射性同位素能够放射出 α、β、γ 射线，当这些射线通过一定厚度的物料时，射线中的部分粒子因相互碰撞或克服阻力而被物料吸收，导致通过物料的射线强度降低。因 γ 射线的穿透能力较强，所以物位检测时主要应用 γ 射线。

核辐射物位计的工作原理就是放射线通过一定厚度的物料时，射线的透射强度随着其通过物料厚度的增加而降低。

入射强度为 I_0 的放射线通过被测介质时，透射强度随介质厚度增加呈指数规律衰减，其关系为

$$I = I_0 e^{-\mu H} \tag{3-59}$$

式中　μ——介质对放射线的吸收系数；

　　　H——介质层的厚度；

　　　I——射线透射强度。

不同介质对射线有不同的吸收能力。一般说来，固体介质吸收能力最强，液体次之，气体最弱。当放射源及被测介质都已经确定时，则 I_0 与 μ 都是常数，根据式（3-59），只要测定放射性通过介质后的透射强度 I，就可以知道介质的厚度 H。这就是核辐射物位计的工作原理。

核辐射物位计通常由放射源、接收器及放大显示机构三部分构成，如图 3-59 所示。辐射源射出强度为 I_0 的射线，透过被测介质后射线强度变为 I，接收器检测到透射强度 I 后，放大显示机构将射线强度转化为电信号放大后通过显示机构显示出来就可以指示物位的高低。

核辐射物位计属于非接触式测量仪表，同时放射线的辐射强度不受温度、压力等因素的影响，所以该类物位计适用于高温、低温、高压、剧毒、强腐蚀、易燃易爆等各种液体及固体介质的物位测量。此外，它还可以测量不同密度的两液体分界面、液体与固体分界面等。

由于放射线特性不受温度、湿度、压力、电磁场等因素影响，所以可在高温、烟雾、尘埃、强光及强电磁场等恶劣环境下工作。其缺点是放射线对人体有较大危害，使用时放射线强度要加以严格控制，并采取严格的防范措施。

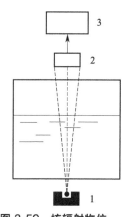

图 3-59　核辐射物位计结构示意图

1—放射源；2—接收器；
3—放大显示机构

六、物位测量仪表的选用原则

选择物位测量仪表前应深入了解生产过程及工艺条件测量控制系统要求、被测介质的特性、安装环境条件，从这几方面限定仪表的类型和性能指标，以便选用的仪表能够同时满足这几个要求。通常，选用物位仪表时要注意以下几点。

① 一般情况下液面和界面测量应选用差压式仪表和浮力式仪表。当无法满足要求时，可选用电容式、核辐射式、雷达式、超声波式、磁致伸缩式等仪表。

② 仪表的结构形式及材质，应根据被测介质的特性来选择。影响选择的因素主要包括介质状态（气态、液态、固态）、压力、温度、腐蚀性、导电性、清洁程度；是否存在聚合、黏稠、沉淀、结晶、结膜、汽化、起泡等现象；密度和密度变化；液体中含悬浮物的多少；液面扰动的程度以及固体物料的颗粒大小。

③ 仪表信号的输出方式和功能，应根据工艺操作及系统组成的要求确定。仪表是就地显示还是需要远程传输；仪表是否需要变送和控制功能。

④ 仪表量程应根据被测介质实际需要显示的范围或工艺要求变化的范围确定。除供容积计量用的物位仪表外，一般应使正常物位处于仪表量程的 50% 左右。

⑤ 仪表精确度应根据工艺要求选择。比如供容积计量用的物位仪表的精度要求为±1mm，可以选用精度较高的磁致伸缩式物位计。

⑥ 对于测量含有可燃性气体、蒸汽及可燃性粉尘等物质的危险性物料时，选用的电子式物位仪表，应根据所确定的危险场所类别以及被测介质的危险程度，选择合适的防爆结构形式或采取其他的防爆措施。

⑦ 物位仪表的选择还应考虑仪表的安装环境条件，根据安装位置的空间、温度、湿度、腐蚀性选择合适的仪表。

液面、界面、料面测量仪表造型推荐表如表 3-11 所示。

表 3-11 液面、界面、料面测量仪表造型推荐表

仪表	测量对象															
	液体		液-液界面		泡沫液体		脏污固体		粉状固体		粒状固体		块状固体		黏湿性固体	
	位式	连续	位式	连续	位式	连续	位式	连续	位式	连续	位式	连续	位式	连续	位式	连续
差压式	可	好	可	可	—	—	可	可	—	—	—	—	—	—	—	—
浮筒式	好	好	可	可	—	—	差	可	—	—	—	—	—	—	—	—
浮子式开关	好	—	可	—	—	—	差	—	—	—	—	—	—	—	—	—
带式浮子式	好	好	可	—	—	—	差	—	—	—	—	—	—	—	—	—
伺服式	差	好	—	—	—	—	差	—	—	—	—	—	—	—	—	—
光导式	—	好	—	—	—	—	—	—	—	—	—	—	—	—	—	—
磁性浮子式	好	好	—	—	差	差	差	—	—	—	—	—	—	—	—	—
磁致伸缩式	—	好	—	好	—	—	差	—	—	—	—	—	—	—	—	—
电容式	好	好	好	好	好	可	好	差	可	可	好	可	可	可	好	可
射频导纳式	好	好	好	好	可	可	好	差	好	好	好	可	可	—	好	可
电阻式（电接触式）	好	—	差	—	好	—	好	—	差	—	差	—	差	—	好	—
静压式	可	好	—	好	—	—	可	—	—	—	—	—	—	—	—	—
声波式	好	好	差	差	—	—	好	好	—	差	好	好	好	好	可	好
微波式	—	好	—	好	—	—	好	好	—	好	—	好	—	好	—	好
辐射式	好	好	—	好	—	—	好	好	—	好	—	好	—	好	—	好
吹气式	—	好	—	—	—	—	差	—	—	—	—	—	—	—	—	—
阻旋式	—	—	—	—	—	—	差	—	可	—	好	—	差	—	好	—
隔膜式	好	好	好	—	—	—	可	—	差	—	差	—	差	—	可	—
重锤式	—	—	—	—	—	—	—	好	—	好	—	好	—	好	—	好

注："—"表示不适用。

第六节 显示仪表

在工艺参数测量过程中，需要把测量值及时、准确地记录、显示出来，从而使操作人员能够及时地了解和掌握生产状态，更好地控制和管理生产过程。凡是能将生产过程中各种参数进行指示、记录或累积的仪表统称为显示仪表。

显示仪表可以和各种测量元件或变送器配套使用，通过数值、曲线、图形等方式显示或记录生产过程中各参数的变化情况；同时，它又能与控制单元配套使用，对生产过程中的各参数进行自动控制和显示。

随着仪表技术的进步和发展，显示仪表也在不断地更新和发展。目前显示仪表主要有模拟式、数字式和智能式三种显示方式，相应的显示仪表称为模拟式显示仪表、数字式显示仪表和智能式显示仪表。

模拟式显示仪表是以仪表的指针（或记录笔）的线性位移或角位移来模拟显示被测参数连续变化的仪表。这类仪表通常使用磁电偏转机构或机电式伺服机构，测速慢、精度低，读数容易造成多值性。目前模拟式显示仪表的应用越来越少，只在一些传统仪表中还有使用。

数字显示仪表就是直接以数字形式显示被测参数值大小的仪表。这类仪表不再使用模拟式显示仪表的磁电偏转机构或机电式伺服机构，具有测量速度快、精度高、无视差、读数直观的优点。而且，数字显示仪表能将模拟信号转换为数字信号，便于和数字计算机或其他数字装置联用。因此，数字显示仪表的应用和发展都非常迅速。

智能显示仪表就是利用计算机微处理器技术，将信号检测、处理、记录、显示、通信、控制等多个功能集合于一体的新型显示仪表，具有功能强大、使用方便、稳定可靠等优点。随着集散控制系统、可编程控制器及现场总线等控制技术的发展，智能式显示仪表的应用越来越广泛。

显示仪表种类繁多，而且在不断地发展和更新。下面挑选几种具有代表性的显示仪表做一简单介绍。

一、数字式显示仪表

数字式显示仪表就是把与被测参数（如压力、流量、温度、物位等）成一定函数关系的连续变化的模拟量变换为数字量进行显示的仪表，简称为数显仪表。

1. 数字式显示仪表的组成结构

数字式显示仪表一般包括前置放大器、模/数转换装置（A/D 转换器）、非线性补偿、标度变换、数字显示器等几部分，其组成结构如图 3-60 所示。

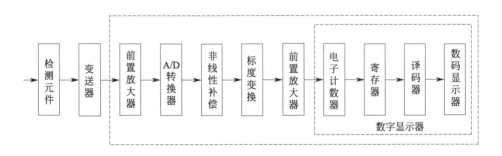

图 3-60　数字式显示仪表组成结构图

（1）前置放大器　前置放大器就是一个高灵敏度的信号放大器。由于测量元件获得被测参数的模拟信号往往很小，必须经前置放大器放大后才能供 A/D 转换器转换成数字量。前置放大器的信号增益通常可以达到几十倍。

（2）模/数转换装置（A/D 转换器）　数显仪表的输入信号多数为连续变化的模拟量，需经 A/D 转换器将模拟量转换成数字量，才能由电子计数器进行计数并在显示器上以数字的形式进行显示。因此 A/D 转换器就是将连续变化的模拟量转换成相应的数字量的装置，它是数显仪表的核心部件。

（3）非线性补偿 非线性补偿就是通过线性化装置对非线性特性信号进行修正，使得测量值与显示值之间呈现线性关系。实际测量时，许多被测变量与显示值之间呈现非线性关系，如果不经过非线性补偿，经 A/D 转换器后就直接显示被测变量的数值，将会产生非线性误差。所以，为消除非线性误差，提高测量精度，必须进行非线性补偿。

（4）标度变换 标度变换就是将数字式显示仪表的显示数值与被测参数的测量值统一起来。例如，当被测压力为 30MPa 时，A/D 转换计数器输出 1000 个脉冲，如果直接显示 1000，操作人员还需要经过换算才能得到确切值，显然无法正常使用。为了解决这个问题，通过设置一个标度变换环节，找出被测参数测量值与仪表显示值之间的对应关系，使数字仪表直接显示被测参数的测量值。

（5）数字显示器 数字式显示仪表的数字显示器一般由电子计数器、寄存器、译码器、数码显示器等几部分构成，它的作用就是将被测参数的测量值以数字形式显示出来。

2. 数字式显示仪表的特点

数字式显示仪表具有如下特点。

① 读数方便、清晰直观、无视差；

② 测量速度快，准确度高；

③ 能够方便实现多点测量；

④ 功能强大；

⑤ 便于和数字计算机联用。

二、智能显示仪表

随着数字技术和微处理器技术的不断发展，智能显示仪表越来越广泛地应用到化工自动化控制领域中。它能够与各种传感器、变送器配合使用，实现对压力、流量、温度、物位等参数的测量显示、调节、报警控制、数据采集和记录功能。下面简单介绍一下无纸记录仪和虚拟显示仪表。

1. 无纸记录仪

无纸记录仪是一种采用微处理器 CPU 为核心的智能图像显示仪表，完全摒弃传统记录仪的机械传动、纸张和笔。无纸记录仪使用高性能微处理器搭配内置大容量随机存取存储器（RAM），一方面可以将这些数据以数字、曲线、图形等多种形式在液晶显示屏上显示出来；另一方面可以把这些数据存储起来，以便在记录仪上直接进行数据和图形查询、比对。同时，智能显示仪表可以很方便地与计算机相连，实现计算机控制和显示，从而使其适用范围更广，使用更方便。

2. 虚拟显示仪表

虚拟显示仪表以计算机为核心，充分利用计算机强大的显示、处理、存储能力来完成显示仪表所有的工作。虚拟显示仪表的硬件结构简单，仅由原有意义上的采样、模/数转换电路通过输入通道插卡口插入计算机即可。

由于显示仪表完全被计算机所取代，用户只需通过计算机就能够完成对仪表的各种操作；虚拟显示仪表的硬件结构非常简单，只要配合相应的应用软件，就可以实现不同测量仪表的功能，一台计算机可以同时实现多种仪表的功能；虚拟显示仪表的性能只受输入通道插卡性能限制，计算速度、计算难度、精确度、稳定性、可靠性等其他各种性能都得到很大的强化。

 习 题 ◀◀◀

1. 什么是参数检测仪表？传感器、变送器的作用各是什么？

2. 什么是测量过程？

3. 什么是测量误差？测量误差的表示方法有哪几种？各有什么意义？

4. 什么是仪表的精度等级？

5. 某一标尺为 0~1000℃ 的温度计出厂前经校验，其刻度标尺上的各点测量结果分别为：

标准表读数/℃	0	200	400	600	700	800	900	1000
被校表读数/℃	0	201	402	604	706	805	903	1001

(1) 求出该温度计的最大绝对误差值；

(2) 确定该温度计的精度等级。

6. 如果有一台压力表，其压力范围为 0~25MPa，经校验得出下列数据：

标准表读数/MPa	0	5	10	15	20	25
被校表正行程读数/MPa	0	4.98	9.90	14.95	19.85	24.95
被校表反行程读数/MPa	0.05	5.01	9.99	15.01	20.00	25.02

(1) 求出该压力表的最大误差；

(2) 求出该压力表的变差；

(3) 该压力表的精度等级是否符合 0.5 级？

7. 某台具有线性关系的温度变送器，其测温范围为 0~200℃，变送器的输出为 4~20mA。对这台温度变送器进行校验，得到下列数据：

输入信号	标准温度/℃	0	50	100	150	200
输出信号/mA	正行程读数 $x_{正}$	4	8	12.01	16.01	20
	反行程读数 $x_{反}$	4.02	8.10	12.10	16.09	20.01

试根据以上校验数据确定该仪表的变差、准确度等级与线性度。

8. 什么叫压力？表压、绝对压力、负压（真空度）之间有什么关系？

9. 测压仪表分为哪几类？各基于什么原理测压？

10. 感受测压的弹性元件有哪几种？各有什么特点？

11. 弹簧管压力表的测压原理是什么？并简述其主要组成及测压过程。

12. 应变片式和压阻式压力传感器各采用什么测压元件？

13. 霍尔片式压力传感器是如何利用霍尔效应实现压力测量的？

14. 电容式压力传感器的工作原理是什么？有哪些特点？

15. 某压力表的测量范围为 0~1MPa，精度等级为 1.0 级，试问此压力表允许的最大绝对误差是多少？若用标准压力计来校验该压力表，在校验点为 0.5MPa 时，标准压力计上读数为 0.508MPa，试问被校表在这一点是否符合 1.0 级精度，为什么？

16. 如果某反应器最大压力为 0.8MPa，允许最大绝对误差为 0.01MPa。现用一台测量范围为 0~1.6MPa，精度为 1.0 级的压力表来进行测量，问能否符合工艺上的误差要求？若采用一台测量范围为 0~1.0MPa，精度为 1.0 级的压力表，能符合误差要求吗？试说明理由。

17. 某控制系统根据工艺设计要求，需要选择一个量程为 $0\sim100m^3/h$ 的流量计，流量检测误差小于 $\pm0.6m^3/h$，试问选择何种精度等级的流量计才能满足要求？

18. 某温度控制系统，最高温度为 $700℃$，要求测量的绝对误差不超过 $\pm10℃$，现有两台量程分别为 $0\sim1600℃$ 和 $0\sim1000℃$ 的 1.0 级温度检测仪表，试问应该选择哪台仪表更合适？如果有量程均为 $0\sim1000℃$，精度等级分别为 1.0 级和 0.5 级的两台温度变送器，那么又该选择哪台仪表更合适？说明理由。

19. 某一标尺为 $0\sim500℃$ 的温度计出厂前经过校验，其刻度标尺各点的测量结果值如下：

被校表读数/℃	0	100	200	300	400	500
标准表读数/℃	0	103	198	303	406	495

(1) 求出仪表最大绝对误差值；

(2) 确定仪表的允许误差及精度等级；

(3) 使用一段时间后重新校验时，仪表最大绝对误差为 $\pm8℃$，问该仪表是否还符合出厂时的精度等级？

20. 某合成氨厂合成塔压力控制指标为 $14MPa$，要求误差不超过 $0.4MPa$，试选用一台就地指示的压力表（给出型号、测量范围、精度级）。

21. 某台空压机的缓冲器，其工作压力范围为 $1.1\sim1.6MPa$。工艺要求就地观察罐内压力，并要求测量结果的误差不得大于罐内压力的 $\pm5\%$，试选择一台合适的压力计（类型、测量范围、精度等级），并说明理由。

22. 现有一台测量范围为 $0\sim1.6MPa$，精度为 1.5 级的普通弹簧管压力表，校验后，其结果如下：

项目	上行程					下行程				
标准表读数/MPa	0.0	0.4	0.8	1.2	1.6	1.6	1.2	0.8	0.4	0.0
被校表读数/MPa	0.000	0.385	0.790	1.210	1.595	1.595	1.215	0.810	0.405	0.000

试问这台仪表是否合格？它能否用于某空气贮罐的压力测量（该贮罐工作压力为 $0.8\sim1.0MPa$，测量的绝对误差不允许大于 $0.05MPa$）？

23. 压力表安装应注意哪些问题？

24. 什么叫节流现象？流体流经节流装置时为什么会产生静压差？

25. 为什么说转子流量计是定压降式流量计，而差压式流量计是变压降式流量计？

26. 常用的节流元件有哪些？各自有什么特点？什么叫标准节流装置？

27. 造成差压式流量计测量误差的原因主要有哪些？

28. 请写出描述流量与差压关系的流量基本方程式，并简单介绍式中各参数的意义。

29. 使用转子流量计测量介质流量时，当介质的温度、压力或密度发生变化时，测量值该如何修正？

30. 采用转子流量计测量压力为 $0.65MPa$、温度为 $40℃$ 的 CO_2 气体流量时，流量计读数为 $50L/s$，试求 CO_2 的真实流量（已知 CO_2 在标准状态时的密度为 $1.977kg/m^3$）。

31. 用水刻度的流量计，测量范围为 $0\sim10L/min$，转子用密度为 $7920kg/m^3$ 的不锈钢制成，若用来测量密度为 $0.831kg/L$ 苯的流量，则测量范围为多少？若这时转子材料改为由密度为 $2750kg/m^3$ 的铝制成，若这时用来测量水的流量及苯的流量，则其测量范围各是多少？

32. 简述涡涡流量计的工作原理及其特点。

33. 简述电磁流量计的工作原理，并介绍该流量计适合测量哪些流体的流量。

34. 容积式流量计有哪些？它们的工作原理是什么？有哪些特点？

35. 质量式流量计有哪两大类？

36. 测温仪表按照工作原理来分，可以分成哪几类？

37. 热电势是如何产生的？热电特性与哪些因素有关？

38. 工业上常用的热电偶有哪些？它们各有什么特点？

39. 热电偶测温时为何需要冷端温度补偿？常用的冷端温度补偿方法有哪些？

40. 用 K 热电偶测炉温，测得的热电势为 20mA，冷端温度为 25℃，求设备的温度。如果改用 E 热电偶来测温，在相同的条件下，E 热电偶测得的热电势为多少？

41. 若用铂铑 10-铂热电偶测量温度，其仪表指示值为 600℃，而冷端温度为 65℃，在没有冷端温度补偿的情况下，实际温度为 665℃，对不对？为什么？正确值是多少？

42. 简述热电阻测温的工作原理？常用热电阻的种类有哪些？各有什么特点？

43. 设计使用 Cu100 热电阻测温，实际使用时错用 Pt100 热电阻，从 Cu 电阻分度表上查得测量温度为 110℃，请问实际温度为多少？

44. 热电偶温度计和热电阻温度计有什么相同点和不同点？

45. 简述热电偶温度变送器、热电阻温度变送器的组成及主要异同点。

46. 什么是一体化温度变送器？它有什么优点？

47. 光纤温度传感器有哪些突出优点？

48. 简述物位测量的意义及目的。

49. 根据工作原理来分类，物位测量仪表有哪些主要类型？它们的工作原理各是什么？

50. 差压式液位计的工作原理是什么？

51. 什么是液位测量时的零点迁移问题？怎样进行迁移？其实质是什么？

52. 在零点迁移中，如何判断"正迁移"和"负迁移"？

53. 测量高温液体（指它的蒸汽在常温下需冷凝的情况）时，经常在负压管上装有冷凝罐，如图 3-61 所示，问这时用差压变送器来测量液位时，要不要迁移？如果迁移，迁移量应如何考虑？

54. 简述电容式物位计的工作原理。

55. 简述磁致伸缩式液位计的适用情况。

56. 简述超声波液位计的工作原理及特点。

57. 简述雷达液位计的适用范围。

58. 核辐射物位计有哪些优缺点？

59. 显示仪表分为哪几类？各有什么特点？

60. 数字式显示仪表主要由哪几部分组成？各部分有什么作用？

61. 试简述虚拟显示仪表的主要特点。

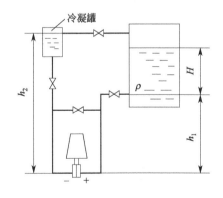

图 3-61　高温液体的液位测量

第四章

>>>>>>

自动控制仪表

第一节　概述

生产过程自动化是现代生产技术发展的方向之一，而自动控制系统可以实现生产过程的自动化。自动控制系统的基本要素包括被控对象与自动控制装置。自动控制装置必须由测量变送单元、控制器和执行器（如控制阀）三个环节组成，其中控制器是实现生产过程自动化的重要组成部分。

化工、炼油等工业生产过程中，对于生产装置中的压力、流量、液位、温度等参数常要求维持在一定的数值上或按一定的规律变化，以满足生产要求。在第二章和第三章中已经介绍了被控过程中检测这些工艺参数的方法，在检测的基础上，再应用控制仪表（常称为控制器）和执行器来代替人工操作，构成自动控制装置，从而实现被控过程的自动控制。本章重点介绍自动控制仪表。

自动控制仪表也称为控制器，又可称为调节器。在自动控制系统中，控制器的作用是将被控变量的测量值与给定值进行比较，产生一定的偏差，控制仪表根据该偏差进行一定规律的数学运算，并将运算结果以一定的信号形式送往执行器，以实现对被控变量的自动控制。

一、控制器的发展

随着控制仪表的发展，控制仪表与自动控制系统中的检测、变送、显示等各部分的组合方式也在变化。根据各部分组合方式的不同，自动控制仪表主要可以分为基地式控制仪表、单元组合式控制仪表及以微处理器为基元的控制装置等。

1. 基地式控制仪表

这类控制仪表的特点在于仪表的所有部分之间以不可分离的机械结构相连接，把检测、变送、控制、显示等部分组合装在一个表壳内形成一个整体，利用一台仪表就能完成一个简单的自动控制系统的测量、记录、控制等全部功能，所以它的结构简单、价格低廉、使用方便。但由于它的通用性差，信号不易传递，故一般只应用于一些简单的控制系统。

在一些中、小工厂中的特定生产岗位，这种控制装置仍被采用并具有一定的优越性，例如气动沉筒式液位控制器（UTQ-101型）就是一种基地式仪表，它在一个仪表壳内完成了液位检测变送和控制功能，可以用来控制某些贮罐或设备内的液位。

2. 单元组合式控制仪表

单元组合式仪表的特点是仪表由各种独立的、功能不同的若干单元（例如变送单元、定值单元、控制单元、显示单元等）组合而成，每个单元只完成其中的一种功能，相互之间采用统一标准信号进行联系。使用时，针对不同的要求，将各单元以不同的形式组合，可以组成各种各样的自动检测和控制系统。

单元组合仪表一般可分为八大类单元。

（1）变送单元（B）　用来检测各种工艺参数如温度、压力、流量、液位等，将它们转换成统一标准信号，传送给其他单元，亦称为变送器。

（2）调节单元（T）　它将变送单元送来的测量信号与给定信号相比较，得出偏差信号，根据这个偏差的大小与正负，按一定的控制规律向执行单元发出控制信号，亦称为控制器。

（3）显示单元（X）　用来显示或记录被测量或被控参数的数值，如各种指示仪、记录仪、记录控制仪等。

（4）计算单元（J）　它可以对各单元输出的统一信号进行各种数学运算，如加、减、乘、除、开方等。

（5）给定单元（G）　它用来提供控制单元所需的给定值。如果给定值是随时间有规律地变化，就可以实现时间程序控制，如比值给定器、报警给定器等。

（6）转换单元（Z）　它可以用来实现气信号和电信号的相互转换。这样就可以把气动仪表和电动仪表组合起来使用，以扩大仪表的使用范围。

（7）辅助单元（F）　它在自动控制系统中起着各种辅助作用，完成各种发送信息、切换、摇控等辅助的工作，如安全栅、限幅器、分配器等。

（8）执行单元（K）　将调节单元送来的信号转换成机械位移，操纵阀门等执行元件，以实现自动调节，如直行程执行器、阀门定位器等。

单元组合式仪表中的控制单元能够接受测量值与给定值的信号，然后根据它们的偏差发出与之有一定关系的控制作用信号。根据使用的能源不同，单元组合仪表主要分为气动单元组合仪表和电动单元组合仪表两大类。气动单元组合仪表简称为"QDZ"，分别为"气""单""组"三个字的汉语拼音第一个大写字母。同理，电动单元组合仪表简称为"DDZ"，分别以"电""单""组"三个字的汉语拼音第一个大写字母来表示。两种单元组合仪表都经历了Ⅰ型、Ⅱ型、Ⅲ型三个发展阶段，其中 DDZ-Ⅲ型电动单元组合仪表系统框图如图 4-1 所示，各单元使用国际标准信号 4～20mA 和 1～5V 直流信号为联络信号；气动单元组合仪表是以 0.14MPa 压缩空气为能源，各单元之间以统一的 0.02～0.1MPa 气压标准信号相联系，整套仪表的精度为 1.0 级。

单元组合仪表优点很多，大致可归为如下六点：

① 可以用有限的单元组成各种各样的控制系统，具有良好的通用性和灵活性。

② 可以通过转换单元，把气动仪表、电动仪表，甚至液动仪表结合起来，混合使用。这样，就扩大了其使用范围和功能。此外还可以与计算机等现代化设备配合，组成高度集中的先进控制系统。

③ 由于各单元是独立的，所以在布局、安装、维护上也更合理、更方便。

④ 仪表大都采用力平衡或力矩平衡原理，工作位移小、无机械摩擦、精度高、使用寿

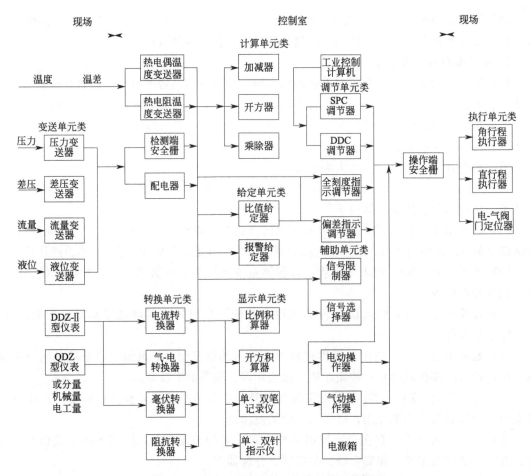

图 4-1 DDZ-Ⅲ型电动单元组合仪表系统框图

命长、性能较好。

　　⑤ 仪表零部件已标准化、系列化，有利于大规模生产，降低了成本，提高了产量和质量。

　　⑥ 有利于发展新品种，采用新工艺、新技术。例如，在自动化水平不断发展的过程中，根据生产需要，可以集中力量试制和替换某些薄弱单元，而其他单元可以不必变动。

　　3. 以微处理器为基元的数字智能式控制器

　　以微处理器为基元的控制装置是以微型计算机技术为核心的数字调节装置嵌入普通仪表的数字智能式控制器。其控制功能完善、性能优越、操作方便，很容易构成各种复杂控制系统。目前，在工业上使用较多的数字智能式控制器是可编程序控制器，它以开关量控制为主，也可实现对模拟量的控制，具备反馈控制功能和数据处理能力，且具有通信接口，配接方便，可与计算机配合使用，以实现多种功能模块、不同规模的分级控制系统。

　　此外，集散控制系统（DCS）以及现场总线控制系统（FCS）是在数字智能式控制器的基础上发展起来的分布式的新型控制系统，因其具有分散性、开放性、互操作性等突出的特点，在化工自动化领域中得到广泛的应用。

　　二、控制器的分类

　　控制仪表的种类繁多，分类方法也各不相同，简单介绍几种常用的分类方法。

（1）按使用的能源来分　有气动控制器、电动控制器和液动控制器。

气动控制器是以压缩空气作为能源的仪表；电动控制仪表是以电能作为能源的仪表，DDZ-Ⅲ型仪表主要以 4～20mA（DC）电流信号和 1～5V（DC）电压信号为统一标准的联络信号，广泛应用于石油、化工工业中。液动控制仪表是利用液压（油压）作为能源的仪表，广泛用于冶金、动力、国防工业部门，化工上用得不多。

（2）按控制仪表的信号类型来分　有模拟式控制器和数字式控制器。

模拟式控制仪表的传输信号一般是连续变化的模拟量，如 DDZ 型仪表，它的传输信号是模拟的直流电流或电压信号。数字式控制仪表的传输信号一般是断续变化的数字量，它将电动模拟控制器的控制功能、先进的数字运算能力、数据处理功能及通信功能集于一身。

（3）按控制规律来分　有双位控制器、比例控制器、积分控制器、微分控制器及它们的组合形式（比例积分控制器、比例微分控制器、比例积分微分控制器）。控制器的控制规律将在下一节详细介绍。

第二节　控制器的基本控制规律

一个自动控制系统，在干扰作用和控制作用下，被控变量能否回到给定值上，或经什么途径、需多长时间回到给定值上，这不仅与被控过程的特性有关，也与控制器的特性有关。

在具体讨论控制器的结构与工作原理之前，需要先研究控制器的控制规律及其对系统过渡过程的影响。控制器的形式虽然很多，但是从控制规律来看，基本控制规律只有有限的几种，它们都是长期生产实践经验的总结。

一、控制器的控制规律

研究控制器的控制规律时是把控制器和系统断开的，即只在开环时单独研究控制器本身的特性。所谓控制规律是指控制器的输出信号与输入信号之间的关系，如图 4-2 所示。控制器的输入信号是经比较机构后的偏差信号 e，它是给定值信号 x 与变送器送来的测量值信号 z 之差。在分析自动化系统时，偏差采用 $e=x-z$，但在单独分析控制仪表时，习惯上采用偏差 $e=z-x$。控制器的输出信号就是控制器送往执行器（常用气动执行器）的信号 p。

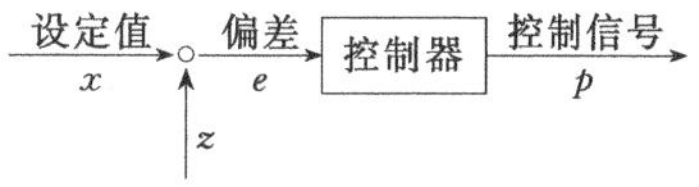

图 4-2　控制器的信号关系

因此，所谓控制器的控制规律就是指 p 与 e 之间的函数关系，即

$$p=f(e)=f(z-x) \tag{4-1}$$

在研究控制器的控制规律时，经常是假定控制器的输入信号 e 是一个阶跃信号，然后再研究控制器的输出信号 p 随时间的变化规律。

控制器的基本控制规律有位式控制（其中以双位控制比较常用）、比例控制（P）、积分控制（I）、微分控制（D）及它们的组合形式，如比例积分控制（PI）、比例微分控制（PD）和比例积分微分控制（PID）。

不同的控制规律适应不同的生产要求，必须根据生产要求来选用适当的控制规律，如选用不当，不但不能起到好的作用，反而会使控制过程恶化，甚至造成事故。要选用合适的控制器，首先必须了解常用的几种控制规律的特点与适用条件，然后根据过渡过程品质指标的要求，结合具体对象特性，才能做出正确的选择。

二、双位控制

双位控制的动作规律是当测量值大于给定值时，控制器的输出为最大（或最小），而当测量值小于给定值时，则输出为最小（或最大），即控制器的控制机构只有开和关两个极限位置，因此又称开关控制。

理想的双位控制器其输出信号 p 与输入偏差信号 e 之间的关系为

$$p = \begin{cases} p_{max}, e>0(或\ e<0) \\ p_{min}, e<0(或\ e>0) \end{cases} \tag{4-2}$$

理想的双位控制特性如图 4-3 所示。

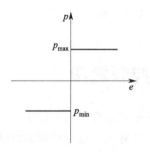

图 4-3　双位控制特性示例　　　　　　**图 4-4　双位控制的液位控制系统**

J—继电器；V—电磁阀

图 4-4 是一个采用双位控制的液位控制系统，它利用电极式液位计来控制贮槽的液位，槽内装有一根电极作为测量液位的装置，电极的一端与继电器 J 的线圈相接，另一端调整在液位给定值的位置，导电的流体由装有电磁阀 V 的管线进入贮槽，经下部出料管流出。贮槽外壳接地，当液位低于给定值 H_0 时，流体未接触电极，继电器断路，此时电磁阀 V 全开，流体流入贮槽使液位上升，当液位上升至稍大于给定值时，流体与电极接触，于是继电器接通，从而使电磁阀全关，流体不再进入贮槽。但槽内流体仍在继续往外排出，故液位将要下降。当液位下降至稍小于给定值时，流体与电极脱离，于是电磁阀 V 又开启，如此反复循环，而液位被维持在给定值上下一个很小的范围内波动，可见控制机构的动作非常频繁，这样会使系统中的运动部件（例如继电器、电磁阀等）因动作频繁而损坏，因此实际应用的双位控制器具有一个中间区。

偏差在中间区内时，控制机构不动作。当被控变量的测量值上升到高于给定值某一数值（即偏差大于某一数值）后，控制器的输出变为最大 p_{max}，控制机构处于开（或关）的位置，当被控变量的测量值下降到低于给定值某一数值（即偏差小于某一数值）后，控制器的输出变为最小 p_{min}，控制机构处于关（或开）的位置。所以实际的双位控制器的控制规律如图 4-5 所示，将上例中的测量装置及继电器线路稍加改变，便可成为一个具有中间区的双位控制器。由于设置了中间区，当偏差在中间区内变化时，控制机构不会动作，因此可以使控制机构开关的频繁程度大为降低，延长了控制器中运动部件的使用寿命。

具有中间区的双位控制过程如图 4-6 所示。当液位 y 低于下限值 y_L 时，电磁阀是开的，流体流入贮槽，因流入量大于流出量，故液位上升，当升至上限值 y_H 时，阀关闭，流体停止流入，由于此时流体只出不入，故液位下降，直到液位值下降至下限值 y_L 时，电磁阀重新开启，液位又开始上升。图中上面的曲线表示控制机构阀位与时间的关系，下面的曲线是被控变量（液位）在中间区内随时间变化的曲线，是一个等幅振荡过程。

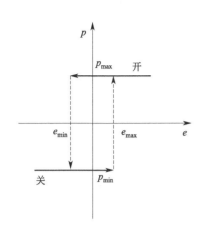

图 4-5　具有中间区的双位控制规律

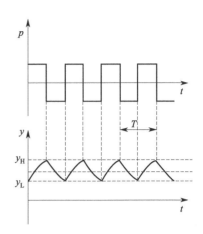

图 4-6　具有中间区的双位控制过程

双位控制过程会产生等幅振荡过程，因此该过程一般采用振幅与周期作为品质指标，在图 4-6 中振幅为 $y_H - y_L$，周期为 T。

如果工艺生产允许被控变量在一个较宽的范围内波动，控制器的中间区就可以宽一些，这样振荡周期较长，可使运动部件动作的次数减少，于是减少了磨损，也就减少了维修工作量。因此，只要被控变量波动的上、下限在允许范围内，使周期长些比较有利。

双位控制器结构简单、成本较低、易于实现，因而应用普遍，例如仪表用压缩空气贮罐的压力控制，恒温炉、管式炉的温度控制等。

除了双位控制外，还有三位（即具有一个中间位置）或多位的控制，这类控制统称为位式控制，它们的工作原理基本一样。

三、比例控制（P）

1. 比例控制规律

在双位控制系统中，被控变量不可避免地会产生持续的等幅振荡过程，这是由于双位控制器只有两个特定的输出值，相应的控制阀也只有两个极限位置，势必在一个极限位置时，流入对象的物料量（能量）大于对象流出的物料量（能量），因此被控变量上升；而在另一个极限位置时，情况正好相反，被控变量下降，如此反复，被控变量势必产生等幅振荡。

为了避免这种情况，应该使控制阀的开度（即控制器的输出值）与被控变量的偏差成比例。根据偏差的大小，控制阀可以处于不同的位置，这样就有可能获得与对象负荷相适应的操纵变量，从而使被控变量趋于稳定，达到平衡状态。如图 4-7 所示

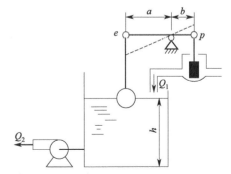

图 4-7　简单的比例控制系统示意图

的液位控制系统，当液位高于给定值时，控制阀就关小，液位越高，阀关得越小；若液位低于给定值，控制阀就开大，液位越低，阀开得越大。它相当于把位式控制的位数增加到无穷多位，于是变成了连续控制系统。图中浮球是测量元件，杠杆就是一个最简单的控制器。

图4-7中，若杠杆在液位改变前的位置用实线表示，改变后的位置用虚线表示，根据相似三角形原理，有

$$\frac{p}{e}=\frac{b}{a}$$

即
$$p=\frac{b}{a}e \tag{4-3}$$

式中　e——杠杆左端的位移，即液位的变化量；

　　　p——杠杆右端的位移，即阀杆的位移量；

a，b——分别为杠杆支点与两端的距离。

由此可见，在该控制系统中，阀门开度的改变量与被控变量（液位）的偏差值成比例，这就是比例控制规律。

对于具有比例控制规律的控制器（称为比例控制器），其输出信号（指变化量）p与输入信号（指偏差，当给定值不变时，偏差就是被控变量测量值的变化量）e之间呈比例关系，即

$$p=K_{P}e \tag{4-4}$$

式中，K_P是一个可调的放大倍数（比例增益）。对照式(4-3)，可知图4-7所示的比例控制器，其$K_P=\frac{b}{a}$，改变杠杆支点的位置，便可改变K_P的数值。由式(4-4)可以看出，比例控制的放大倍数K_P是一个重要的系数，它决定了比例控制作用的强弱。K_P越大，比例控制作用越强。在实际的比例控制器中，习惯上使用比例度δ来表示比例控制作用的强弱，而不用放大倍数K_P。

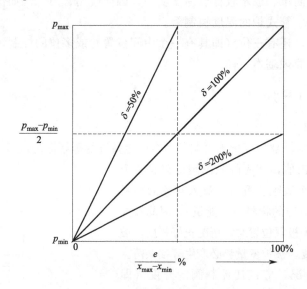

图 4-8　比例度示意图

2. 比例度及其对过渡过程的影响

所谓比例度就是指控制器输入的变化相对值与相应的输出变化相对值之比的百分数，用

式子表示为

$$\delta = (\frac{e}{x_{max}-x_{min}} / \frac{p}{p_{max}-p_{min}}) \times 100\% \qquad (4\text{-}5)$$

式中　e——输入变化量；

p——相应的输出变化量；

$x_{max}-x_{min}$——输入的最大变化量，即仪表的量程；

$p_{max}-p_{min}$——输出的最大变化量，即控制器输出的工作范围。

由式(4-5)可知，可以从控制器表盘上的指示值变化看出比例度 δ 的具体意义。比例度就是使控制器的输出变化满刻度时（也就是控制阀从全关到全开或相反），相应的仪表测量值变化占仪表测量范围的百分数。或者说，使控制器输出变化满刻度时，输入偏差变化对应于指示刻度的百分数。

例如 DDZ-Ⅲ型比例作用温度控制器，温度刻度变化范围为 $400\sim800℃$，控制器的输出工作范围是 $4\sim20mA$。当温度指针从 $600℃$ 变化到 $700℃$，此时控制器相应的输出从 $8mA$ 变为 $12mA$，其比例度的值为

$$\delta = (\frac{700-600}{800-400} / \frac{12-8}{20-4}) \times 100\% = 100\%$$

这说明对于这台控制器，温度变化全量程的 100%（相当于 $400℃$）时，控制器的输出从最小变为最大，在此区间内 e 和 p 是成比例的。图 4-8 是比例度的示意图，当比例为 50%、100%、200% 时，分别说明只要偏差 e 变化占仪表全量程的 50%、100%、200%，控制器的输出就可以由最小 p_{min} 变为最大 p_{max}。

将式(4-4)的关系代入式(4-5)，经整理后可得

$$\delta = \frac{1}{K_P} \times \frac{p_{max}-p_{min}}{x_{max}-x_{min}} \times 100\% \qquad (4\text{-}6)$$

对于一个具体的比例作用控制器，指示值的刻度范围 $x_{max}-x_{min}$ 及输出的工作范围 $p = x_{max}-x_{min}$ 应是一定的，所以由式(4-6)可以看出，比例度 δ 与放大倍数 K_P 成反比关系，即控制器的比例度 δ 越小，它的放大倍数 K_P 就越大，它将偏差（控制器输入）放大的能力越强；反之亦然。由此可见，比例度 δ 和放大倍数 K_P 都能表示比例控制器控制作用的强弱，只不过 K_P 越小，表示控制作用越弱，而 δ 越小，表示控制作用越强。

图 4-9 是液位比例控制系统的过渡过程示意图。如果系统原来处于平衡状态，液位恒定在某值上，在 $t=t_0$ 时，系统外加一个干扰作用，即出水量 Q_2 有一阶跃增加 [图 4-9(a)]，液位开始下降 [图 4-9(b)]，浮球也跟着下降，通过杠杆使进水阀的阀杆上升，图 4-9(c) 就是作用在控制阀上的信号 p，于是进水量 Q_1 增加 [图 4-9(d)]。由于 Q_1 增加，促使液位下降速度逐渐慢下来，经过一段时间后，待

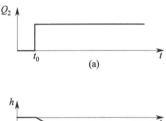

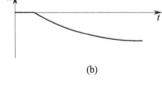

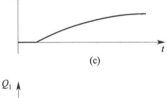

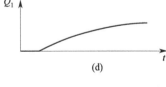

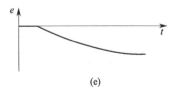

图 4-9　比例控制系统过渡过程示意图

进水量的增加量与出水量的增加量相等时，系统又建立起新的平衡，液位稳定在一个新值上。但是控制过程结束时，液位的新稳态值将低于给定值，它们之间的差就叫余差。如果偏差 e 为测量值减去给定值，则 e 的变化曲线见图 4-9(e)。

为什么会有余差呢？它是比例控制规律的必然结果。从图 4-7 可知，原来系统处于平衡，进水量与出水量相等，此时控制阀有一固定的开度，比如说对应于杠杆为水平的位置，当 $t=t_0$ 时，出水量有一阶跃增大量，于是液位下降，引起进水量增加，只有当进水量增加到与出水量相等时才能建立新平衡，而液位也才不再变化，但是要使进水量增加控制阀必须开大，阀杆必须上移，而阀杆上移时浮球必然下移。因为杠杆是一种刚性的结构，所以达到新的平衡时浮球位置必定下移，即液位稳定在一个比原来稳态值（即给定值）要低的位置上，其差值就是余差。比例控制的缺点是存在余差。

比例控制的优点是反应快、控制及时，有偏差信号输入时，输出信号立刻与它成比例地变化，偏差信号越大，输出信号的控制作用越强。

为了减小余差，就要增大 K_P（即减小比例度 δ），但这会使系统稳定性变差，比例度对控制过程的影响如图 4-10 所示。由图可见，比例度 δ 越大（即 K_P 越小），过渡过程曲线越平稳，但余差也越大；比例度越小，则过渡过程曲线越振荡；比例度过小时就可能出现发散振荡。当比例度较大时（即 K_P 较小），在干扰产生后，控制器的输出变化较小，控制阀开度改变也较小，被控变量的变化就很缓慢（曲线 6）。当比例度减小时，K_P 增大，在同样的偏差下，控制器输出较大，控制阀开度改变也较大，被控变量变化比较灵敏，开始出现振荡，余差不大（曲线 5、曲线 4）；当比例度再减小时，控制阀开度改变更大，被控变量也跟着大幅度地变化，往回调控时容易调控过度，结果出现了激烈的振荡（曲线 3）。当比例度继续减小到某一数值时系统出现等幅振荡，这时的比例度称为临界比例度 δ_K（曲线 2）。一般除反应很快的流量及管道压力等系统外，这种情况大多出现在 $\delta<20\%$ 时，当比例度小于 δ_K 时，在干扰产生后将出现发散振荡（曲线 1），这是很危险的。

工艺生产通常要求比较平稳而余差又不太大的控制过程，例如曲线 4。一般地说，若对象的滞后较小、时间常数较大以及放大倍数较小时，控制器的比例度可以选得小些，以提高系统的灵敏度，加快反应，使过渡过程曲线的形状较好。反之，比例度就要选大些以保证稳定。

比例控制器适用于控制通道滞后较小、负荷变化不大、工艺上没有提出无差要求的系统，例如中间储槽的液位、精馏塔塔釜液位以及不太重要的蒸汽压力控制系统等。

四、比例积分控制（PI）

比例控制最大的优点是反应快，控制及时，但其缺点是控制结束存在余差。当工艺对控制质量有更高要求，不允许控制结果存在余差时，就需要在比例控制的基础上，再加上能消除余差的积分控制作用，即比例积分（PI）控制规律。

1. 积分控制

积分控制作用的输出变化量 p 与输入偏差的变化量 e 的积分成正比，其关系式为

$$p=K_I\int e\mathrm{d}t \tag{4-7}$$

式中，K_I 代表积分速度，当输入偏差是常数 A 时，式(4-7) 表示为

$$p=K_I\int A\mathrm{d}t=K_I At$$

即输出是一直线，如图 4-11 所示。由图可见，当有偏差存在时，输出信号将随时间增大（或减小）。当偏差为零时，输出才停止变化而稳定在某一值上，因而用积分控制器组成

控制系统可以达到无余差。

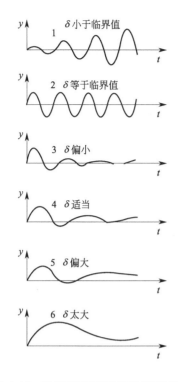

图 4-10 比例度对系统过渡过程的影响

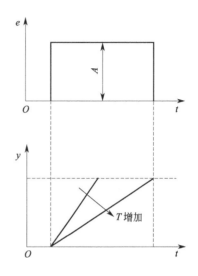

图 4-11 积分控制器特性

2. 比例积分控制

积分控制输出信号的变化速度与偏差 e 及 K_I 成正比，而其控制作用是随着时间积累才逐渐增强的，所以控制动作缓慢，会出现控制不及时，当对象惯性较大时，被控变量将出现大的超调量，过渡时间也将延长，因此常常把比例与积分组合起来，这样控制既及时，又能消除余差。比例积分控制规律可用下式表示

$$p = K_P(e + K_I \int e \, dt) \tag{4-8}$$

经常采用积分时间 T_I 来代替 K_I，所以式(4-8) 常写为

$$p = K_P \left(e + \frac{1}{T_I} \int e \, dt \right) \tag{4-9}$$

若偏差是幅值为 A 的阶跃干扰，代入式(4-9) 可得

$$p = K_P A + \frac{K_P}{T_I} A t$$

这一关系如图 4-12 所示。在图中，输出信号中垂直上升部分 $K_P A$ 是比例作用造成的，慢慢上升部分 $\dfrac{K_P}{T_I} A t$ 是积分作用造成的，当 $t = T_I$ 时，输出为 $2K_P A$。应用这个关系，可以实测 K_P 及 T_I，对控制器输入一个幅值为 A 的阶跃变化，立即记下输出的跃变值并开动秒表计时，当输出达到跃变值的两倍时，此时间就是 T_I，跃变值 $K_P A$ 除以阶跃输入幅值 A 就是 K_P。

积分时间 T_I 越短，积分速度 K_I 越大，积分作用越强。反之，积分时间越长，积分作用越弱。若积分时间为无穷大，就没有积分作用，成为纯比例控制器了。

图 4-13 表示在同样比例度下积分时间 T_I 对过渡过程的影响。T_I 过大，积分作用不明显，余差消除很慢（曲线 3）；T_I 过小，虽易于消除余差，但系统振荡加剧，如曲线 1 就振荡太剧烈了，曲线 2 较适宜。由分析可知，积分控制作用能消除余差，但降低了系统的稳定性，特别是当 T_I 较小时，稳定性下降较为严重。因此，控制器在参数整定时，如欲得到与纯比例作用时相同的稳定性，当引入积分作用之后，应当把 K_p 适当减小，以补偿积分作用造成的稳定性下降。

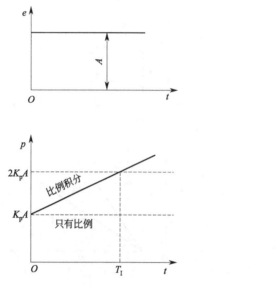

图 4-12 比例积分控制器特性   图 4-13 积分时间对过渡过程的影响

比例积分控制器是使用最普遍的控制器。它适用于控制通道滞后较小、负荷变化不大、工艺参数不允许有余差的系统。例如流量、压力和要求严格的液位控制系统，常常采用比例积分控制器。

比例积分控制器中比例度和积分时间两个参数均可调整，当对象滞后很大时，一般控制时间较长、最大偏差也较大；负荷变化过于剧烈时，由于积分动作缓慢，使控制作用不及时，此时可增加微分作用。

五、比例微分控制（PD）

1. 微分控制

对于惯性较大的对象，常常希望能根据被控变量变化的快慢进行控制。在人工控制时，虽然偏差可能还比较小，但看到参数变化很快时，操作人员就能预估到很快将会有更大的偏差，此时操作人员会更大地改变阀门开度以克服干扰影响，这就是按偏差变化速度进行控制。在自动控制时，这就要求控制器具有微分控制规律，即控制器的输出信号与偏差信号的变化速度成正比，即

$$p = T_D \frac{de}{dt} \tag{4-10}$$

式中 T_D——微分时间；

     $\dfrac{de}{dt}$——偏差信号变化速率。

式(4-10) 表示理想微分控制器的特性，若在 $t = t_0$ 时输入一个阶跃信号，则在 $t = t_0$ 时

控制器输出将为无穷大，其余时间输出为零，如图 4-14 所示。这种控制器用在系统中，即使偏差很小，但只要出现变化趋势，就能马上进行控制，故有超前控制之称，这也是微分控制的优点。但它的输出不能反映偏差的大小，假如偏差固定，即使偏差数值很大，微分作用也没有输出，因而控制结果不能消除偏差，所以不能单独使用这种控制器，它常与比例或比例积分组合构成比例微分或比例积分微分三作用控制器。

2. 比例微分控制

比例微分控制规律的输入输出关系式为

$$p = K_P \left(e + T_D \frac{\mathrm{d}e}{\mathrm{d}t} \right) \tag{4-11}$$

比例微分控制器的特性如图 4-15 所示。微分作用按偏差的变化速度进行控制，其控制作用比比例的快，因而对惯性大的对象用比例微分可以改善控制质量，减小最大偏差，节省控制时间。微分控制力图阻止被控变量的变化，有抑制振荡的效果，但如果加得过大，由于控制作用过强，反而会引起被控变量大幅度的振荡，图 4-16 为微分时间对过渡过程的影响。

微分作用的强弱可用微分时间来衡量，T_D 越大，微分作用越强，T_D 越小，微分作用越弱。

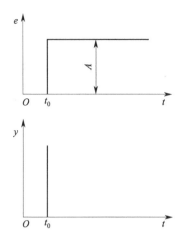
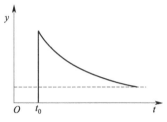

图 4-14　理想微分时间影响

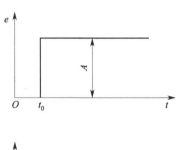
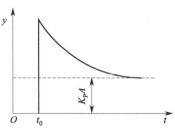

图 4-15　比例微分控制器特性

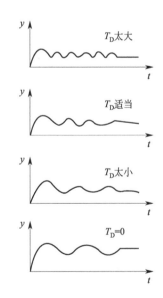

图 4-16　微分时间对过渡过程的影响

六、比例积分微分控制（PID）

在实际生产中，常将比例、积分、微分三种作用规律地结合起来，可以更好地控制生产过

程。理想的比例积分微分控制规律，习惯上也称 PID 控制规律，其输入输出之间的关系式为

$$p = K_P(e + \frac{1}{T_I}\int_0^t e\,dt + T_D\frac{de}{dt}) \tag{4-12}$$

在阶跃信号输入作用下，其输出为比例、积分和微分三部分输出之和，如图 4-17 所示，这种 PID 控制器吸取了比例控制的快速反应功能、积分控制的消除余差功能和微分控制的预测功能，所以具有较好的控制性能。

当被控变量受到干扰作用发生偏差时，比例微分同时先起作用，由于微分的提前控制作用，可以使起始偏差幅度减小，降低最大偏差；比例作用是主要的控制作用，可使系统迅速恢复稳定；然后积分作用会慢慢消除系统余差，使得被控变量最终恢复到稳定值。

图 4-18 所示为不同组合控制器的特性，从控制效果看，PID 三作用控制器阶跃响应特性可以看作是 PI 和 PD 响应曲线的叠加，它是比较理想的一种控制规律，但并非任何情况下都可采用 PID 三作用控制器。因为 PID 三作用控制器需要整定比例度 δ、积分时间 T_I 和微分时间 T_D 三个变量，而在实际工程上是很难将这三个变量都整定到最佳值的。

值得提出的是，目前生产的模拟式控制器一般都同时具有比例、积分、微分三种作用。只要将其中的微分时间 T_D 置于 0，就成了比例积分控制器，如果同时将积分时间 T_I 置于无穷大，便成了比例控制器。

比例积分微分控制器适用于容量滞后较大、负荷变化大、控制质量要求较高的系统，应用最普遍的是温度控制系统和成分控制系统。对于滞后很小或噪声严重的系统，应避免引入微分作用，否则会因被控变量的快速变化引起控制作用的大幅度变化，严重时会导致控制系统不稳定。

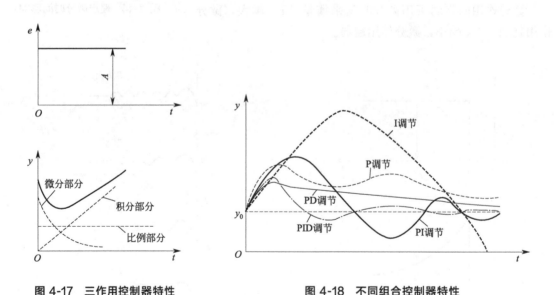

图 4-17 三作用控制器特性　　　　　图 4-18 不同组合控制器特性

第三节　模拟式控制器

控制器的作用是将被控变量测量值与给定值进行比较，然后对比较后得到的偏差进行比例、积分、微分等运算，并将运算结果以一定的信号形式送往执行器，以实现对被控变量的自动控制。

在模拟式控制器中，所传送的信号形式为连续的模拟信号。目前应用的模拟式控制器主要是电动控制器。

一、控制器的基本结构及原理

图 4-19　控制器基本构成

电动控制器的基本结构包括比较环节、放大器和反馈环节三大部分，如图 4-19 所示。

1. 比较环节

比较环节的作用是将被控变量的给定值信号与测量值信号进行比较得到偏差信号。在电动控制器中，给定值信号与测量值信号都是以电信号形式出现的，因此比较环节都是在输入电路中进行电压信号或电流信号的比较。

2. 放大器

放大器实质上是一个稳态增益很大的比例环节，可以采用高增益的集成运算放大器。

3. 反馈环节

反馈环节的作用是通过由电阻和电容构成的无源网络反馈到输入端，实现比例、积分、微分等控制运算的。

二、 DDZ-Ⅲ型电动控制器

在模拟式控制器中，目前最常见的电动控制器是 DDZ-Ⅲ型控制器，下面简单介绍其特点及基本工作原理。

1. DDZ-Ⅲ型控制器的特点

DDZ-Ⅲ型仪表以线性集成电路取代了晶体管电路，采用了安全火花型防爆结构和直流电源集中供电，提高了仪表防爆等级、稳定性和可靠性，满足了大型化工厂、炼油厂的要求。DDZ-III 型仪表具有如下特点。

① 在信号制上采用国际电工委员会（IEC）推荐的统一标准信号，以 4～20mA DC 为现场输出信号，1～5V DC 为控制室内部联络信号，250Ω 为信号电流与电压的转换电阻，这种信号制的优点如下：

a. 电气零点不是从零开始，且不与机械零点重合，这不但利用了运算放大的线性段，而且容易识别断电、断线等故障；

b. 本信号制以 250Ω 为信号电流-电压的转换电阻，只要改变转换电阻阻值，控制室仪表便可接收其它 1∶5 的电流信号。如将 1～5mA 或 10～50mA 等直流电流信号转换为 1～5V DC 电压联络信号；

c. 因为最小信号电流不为零，为现场变送器与控制室实现两线制创造了条件。两线制传输是作为电源盒输出信号的公用传输线，如图 4-20 所示，这样不仅节省了电缆线和安装费用，还有利于安全防爆。

② 广泛采用集成电路，可靠性提高，维修量减少，为仪表使用带来了如下优点：

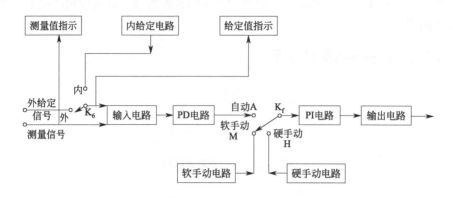

图 4-20 DDZ-Ⅲ型控制器基本组成原理方框图

a. 集成运算放大器均为差分放大器，且输入对称性好、漂移小，仪表稳定性得到了提高；

b. 由于集成运算放大器增益高，因而开环放大倍数很高，这会使仪表精度得到提高；

c. 仪表采用了集成电路，焊点少，强度高，很大程度提高了其可靠性。

③ DDZ-Ⅲ型控制器统一采用 24V DC 电源集中供电，并有蓄电池作为备用电源，这种供电方式的优点如下：

a. 省掉了各单元的电源变压器，没有工频电源进入单元仪表，既解决了仪表发热问题，又为仪表的防爆提供了有利条件；

b. 在工频电源停电时，投入备用电源，整套仪表在一定时间内仍可照常工作，继续发挥其监视控制作用，有利于安全停车。

④ 整套仪表可实现安全火花型防爆系统。DDZ-Ⅲ型仪表在设计上是按国家防爆规程进行的，在工艺上对容易脱落的元件、部件都进行了胶封，而且增加了安全单元（安全栅），实现了控制室与危险场所之间的能量限制与隔离，使其具有本质的安全防爆性能，在石油化工企业中应用的安全可靠性显著提高。

⑤ 结构合理，且有许多先进之处，主要表现为以下几点：

a. 基型控制器有全刻度指示控制器和偏差指示控制器两个品种，指示表头为 100mm 每度纵形大表头，指示醒目，便于监视操作；

b. 自动/手动切换以无平衡、无扰动的方式进行，在进行手控时，有硬手动和软手动两种方式。面板上设有手动操作插孔，可和便携式手动操作器配合使用；

c. 结构形式适于单独安装和高密度安装；

d. 有内给定和外给定两种给定方式，并设有外给定指示灯，能与计算机配套使用，可组成计算机控制系统（SPC）实现计算机监督控制，也可组成直接数字控制（DDC）的备用系统。

2. DDZ-Ⅲ型控制器的组成原理

DDZ-Ⅲ型控制器以线性集成电路为核心部件，其性能良好、功能齐全，易满足各种复杂控制系统的要求，可组成各种类型的特殊控制器，如断续控制器、自整定控制器，前馈控制器、非线性控制器等，也易于在基型控制器功能基础上附加各种单元，如输入报警、偏差报警、输出限幅等。同时，也成功地解决了与计算机的联用问题，可以实现 DDC 直接数字控制和 SPC 计算机设定值控制。总之，DDZ-Ⅲ型控制器达到了模拟控制器较完善的程度。

DDZ-Ⅲ型控制器虽然品种规格较多，但都是在基型控制器的基础上发展起来的。而基型控制器又有全刻度指示和偏差指示两种，下面以全刻度指示的基型控制器为例来介绍其组成及操作。

DDZ-Ⅲ型基型控制器主要由控制单元和指示单元两部分组成。其中控制单元包括输入电路、给定电路、PID 运算电路、自动与手动（包括硬手动和软手动两种）切换电路和输出电路等部分；指示单元包括输入信号指示电路和设定信号指示电路。

DDZ-Ⅲ型控制器基本组成原理如图 4-20 所示，在图中，控制器接收变送器送来的测量信号（4～20mA 或 1～5V DC），在输入电路中与给定信号进行比较得出偏差信号，然后在 PD 电路与 PI 电路中进行 PID 运算，最后由输出电路转换为 4～20mA 直流电流信号输出。

控制器的给定值可由"内给定"或"外给定"两种方式取得，用切换开关 K_6 进行选择。当 K_6 置于"内"时，测量值与内设定的偏差运算由控制器内部高精度稳压电源取得；当 K_6 置于"外"时，控制器需要的给定信号由计算机或另外的控制器供给，外来的 4～20mA 电流流过 250Ω 精密电阻产生 1～5V 的给定电压。

3. DDZ-Ⅲ型控制器的外部结构及操作

DDZ-Ⅲ型控制器有全刻度指示和偏差指示两个基型品种。为了满足各种控制系统的要求，还有各种特殊控制器，例如断续控制器、自整定控制器、前馈控制器、非线性控制器等。

DTL-3110 型全刻度指示调节器面板图如图 4-21 所示。它的正面表盘上装有两个指示表头。其中一个双针垂直指示器 2 有两个指针，黑针为给定信号指针，红针为测量信号指针，它们可以分别指示测量信号和给定信号。偏差的大小可以根据两个指示值之差读出。由于双针指示器的有效刻度（纵向）为 100mm，精度为 1%，因此很容易观察控制结果。当仪表处于"内给定"状态时，给定信号是由拨动内给定设定轮 3 给出的，其值由黑针显示出来。

当使用"外给定"时，仪表右上方的外给定指示灯 7 会亮，提醒操作人员以免误用内给定设定轮。

输出指示器 4 可以显示控制器输出信号的大小。输出指示表下面有表示阀门安全开度的输出记录指示 9，X 表示关闭，S 表示打开。11 为输入检测插孔，当调节器发生故障需要把调节器从壳体中卸下时，可把便携式操作器的输出插头插入调节器下部的输出插孔 12 内，可以代替调节器进行手动操作。

调节器面板右侧设有自动-软手动-硬手动切换开关 1，以实现无平衡、无扰动切换。

在控制系统投运过程中，一般总是先手动遥控，待工况正常后，再切向自动；当系统运行中出现工况异常时，往往又需要从自动切向手动，所以控制器一般都兼有手动和自动两方面的功能，可供切换。但是，在切换的瞬间，应当保持控制器的输出不变，这样才能使执行器的位置在切换过程中不至于突变，不会对生产过程引起附加的扰动，这称为无扰动切换。

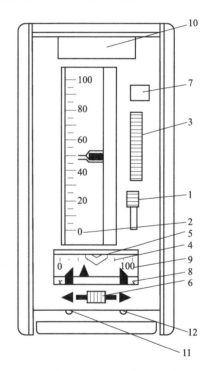

图 4-21 DTL-3110 型调节器正面图

1—自动-软手动-硬手动切换开关；
2—双针垂直指示器；3—内给定设定轮；
4—输出指示器；5—硬手动操作杆；
6—软手动操作板键；7—外给定指示灯；
8—阀位指示器；9—输出记录指示；
10—位号牌；11—输入检测插孔；
12—手动输出插孔

在 DTL-3110 型调节器中，手动工作状态安排得比较细致，有硬手动和软手动两种情况。当切换开关处于硬手动状态时，调节器的输出量大小完全取决于硬手动操作杆 5 的位置，即对应于操作杆在输出指示器刻度上的位置，会得到相应的输出。若在软手动状态，并同时按下软手动操作板键 6，调节器的输出便随时间按一定的速度增加或减小；若手离开操作板键则当时信号值就被保持，这种"保持"状态特别适宜于处理紧急事故。通常都是用软手动操作板键进行手动操作，这样控制过程比较平稳精细，只有当需要给出恒定不变的操作信号（例如阀的开度要求长时间不变）或者在紧急时要一下子就控制到安全开度等情况下，才使用硬手动操作。

该调节器在进行手动-自动切换时，自动与软手动之间的切换是双向无平衡、无扰动的，由硬手动切换为软手动或由硬手动直接切换为自动也是无平衡、无干扰的，但是由自动或软手动切换为硬手动时，必须预先平衡方可达到无扰动切换。也就是说，在切换到硬手动之前，必须调整硬手动操作杆，使操作杆与输出对齐，然后才能切换到硬手动。

在调节器中还设有正、反作用切换开关，位于调节器的右侧面，把调节器从壳体中拉出时即可看到。正作用即当调节器的测量信号增大（或给定信号减小）时，其输出信号随之增大（或减小）；反作用则是当调节器的测量信号增大（或给定信号减小）时，其输出信号随之减小（或增大）。调节器正、反作用的选择是根据工艺要求而定的。

目前，随着计算机技术的发展，大多数工业控制领域采用基于微处理器的数字式控制器，控制仪表使用较少，因此，下节重点介绍数字式控制器。

第四节　数字式控制器

数字式控制器是用数字技术和微电子技术实现闭环控制的控制器，又称数字控制仪表。它接收来自生产过程的测量信号，由内部的数字电路或微处理器做数字处理，按一定控制规律产生数字信号输出，再去驱动执行器，完成对生产过程的闭环控制。所以数字控制器是利用计算机软件编程，完成特定控制算法的仪表。通常数字控制器应具备模-数（A/D）和数-模（D/A）转换以及完成输入信号到输出信号的运算程序等部分。

数字式控制器与模拟式控制器在构成原理和所用器件上有很大的差别。模拟式控制器采用模拟技术，以运算放大器等模拟电子器件为基本部件；而数字式控制器采用数字技术，以微处理器为核心部件。尽管两者具有根本的差别，但从仪表总的功能和输入输出关系来看，由于数字式控制器备有 A/D 转换和 D/A 转换，因此两者并无外在的明显差异。数字式控制器在外观、体积、信号制上都与 DDZ-Ⅲ型控制器相似或一致，也可装在仪表盘上使用，且数字式控制器经常只用来控制一个回路（包括复杂控制回路），因此数字式控制器习惯上又被称为单回路数字调节器。

本节介绍两种常用的数字式控制器：可编程调节器和可编程控制器（PLC）。

一、可编程调节器

1. 可编程调节器的主要特点

与模拟式控制器相比，可编程调节器具有如下特点。

（1）实现了模拟仪表与计算机一体化　将微处理器引入控制器，充分发挥了计算机的优越性，使控制器电路简化，功能增强，从而很大程度上提高了性能价格比。同时考虑到人们长期以来习惯使用模拟式控制器的情况，可编程调节器的外形结构、面板布置保留了模拟式控制器的特征，使用操作方式也与模拟式控制器相似，易被人们接受，便于推广。

（2）具有丰富的运算、控制功能　可编程调节器有多种功能的运算模块和控制模块。用户根据需要选用模块进行组态完成各种运算处理和复杂控制。一台可编程调节器既可实现简单 PID 控制，又可以实现串级控制、比值控制、前馈控制、选择性控制、自适应控制、非线性控制等，以满足不同控制系统的需求。因此可编程调节器的运算控制功能远远高于常规的模拟控制器。

（3）通用性强，使用灵活方便　可编程调节器模拟输入输出信号均采用国际统一标准信号（4～20mA 直流电流，1～5V 直流电压），可以方便地与 DDZ-Ⅲ型仪表相连。同时它还有数字信号输入输出，可以进行开关量控制。用户程序采用"面向过程语言（POL）"编写，易学易用。

（4）具有通信功能，便于系统扩展　可编程调节器具有标准通信接口，通过数据通道和通信控制器可与其他计算机、操作站等进行连接，实现小规模系统的集中监视和操作。

（5）可靠性高，维护方便　在硬件方面，一台可编程调节器可以替代数台模拟仪表，减少了硬件连接；同时控制器所用硬件以大规模集成电路为主，高度集成化，可靠性高。在软件方面，可编程调节器具有一定的自诊断功能，能随时监视各部件工作状况，一旦发现故障，便采取保护措施；另外复杂回路采用模块软件组态来实现，使硬件电路简化。

2. 可编程调节器的基本构成

模拟式控制器是由模拟元器件构成，它的功能完全由硬件构成形式所决定，因此其控制功能比较单一；而可编程调节器是由以微处理器为核心的硬件电路和由系统程序、用户程序构成的软件两大部分组成，其控制功能主要是由软件所决定。

（1）可编程调节器的硬件系统　可编程调节器的硬件电路由主机电路、过程输入通道、过程输出通道、人机接口电路及通信接口电路等部分组成，其构成框图如图 4-22 所示。

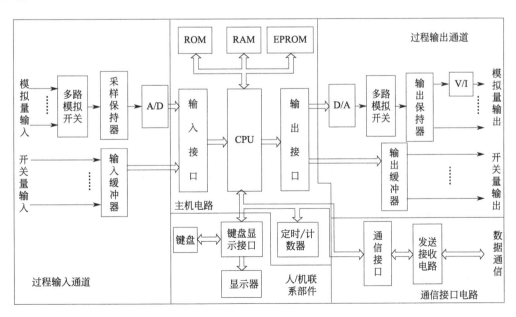

图 4-22　可编程调节器的硬件电路

过程输入通道通过模/数转换器（A/D）和输入缓冲器将模拟量和开关量转换成计算机能识别的数字信号，经输入接口送入主机。主机在程序控制下对输入数据进行运算处理，运算结果经输出接口送至过程输出通道。一路由数/模转换器（D/A）将数字信号转换成直流模拟电压，作为模拟量输出信号；另一路经由锁存器直接输出开关量信号。

人机接口部件用来对系统进行监视、操作，人机联系部件中的键盘、按钮用以输入必要的变量和命令，切换运行状态，以及改变输出值。显示器则用来显示过程变量、给定值、输出值、整定变量和故障标志灯。通信部件实现控制器与其他数字仪表或装置的数据交流，既可输出各种数据，也可接收来自操作站或上位计算机的操作命令和控制变量。

① 主机电路。主机电路是可编程调节器的核心，用于实现仪表数据运算处理及各组成之间的管理。主机电路由微处理器（CPU）、只读存储器（ROM、EPRON）、随机存储器（RAM）、定时/计数器（CTC）以及输入/输出接口（I/O 接口）等组成。CPU 通常完成数据传递、算数逻辑运算、转移控制等功能；只读存储器 ROM 中存放系统软件；EPROM 中存放由使用者自行编制的用户程序；随机存储器 RAM 用来存放输入数据、显示数据、运算的中间值和结果值等；定时计数器的定时功能用来确定控制器的采样周期，并产生串行通信接口所需的时钟脉冲；计数功能主要用来对外部事件进行计数。

输入、输出接口协助 CPU 同输入、输出通道及其他外设部件进行数据交换，它有并行接口和串行接口两种。并行接口具有数据输入、输出、双向传送和位传送的功能，用来连接输入、输出通道，或直接输入、输出开关量信号。串行接口具有异步或同步传送串行数据的功能，用来连接可接收或发送串行数据的外部设备。

② 过程输入通道。过程输入通道包括模拟量输入通道和开关量输入通道。

模拟量输入通道用于连接几个模拟量输入信号，将多个模拟量输入信号分别转换为 CPU 所接受的数字量。它包括多路模拟开关、采样/保持器（S/H）和 A/D 转换器。多路模拟开关又称采样开关，将多个模拟量输入信号逐个连接到采样/保持器，采样/保持器暂时存储模拟输入信号，并把该值保持一段时间，以供 A/D 转换器转换。

A/D 转换器的作用是将模拟信号转换为相应的数字量。常用的 A/D 转换器有逐位比较型、双积分型［V/T（电压/时间间隔）转换型］和 V/F（电压/频率）转换型等几种。这几种 A/D 转换器的转换速度有差异，但精度均较高，基本误差约为 $0.5\%\sim0.01\%$。

开关量输入通道用于连接几个开关量输入信号。开关量指的是在控制系统中电接点的通与断，或是逻辑电平为"1"与"0"这两种状态的信号。例如各种按钮开关、接近开关、液（料）位开关、继电器触点的接通与断开以及逻辑部件输出的高电平与低电平等，开关量输入通道将多个开关输入信号转换成能被计算机识别的数字信号。为了抑制来自现场的干扰，开关量输入通道常采用光电耦合器件作为输入电路进行隔离传输。

③ 过程输出通道。过程输出通道包括模拟量输出通道和开关量输出通道。

模拟量输出通道用于输出几个模拟量输出信号，依次将多个运算处理后的数字信号进行数/模转换，并经多路模拟开关送入输出保持电路暂存，以便分别输出模拟电压（$1\sim5V$）或电流（$4\sim20mA$）信号。该通道包括 D/A 转换器、多路模拟开关、输出保持电路和 V/I 转换器。D/A 转换器起数/模转换作用，常采用电流型 D/A 转换集成芯片，因其输出电流小，需加接运算放大器，以实现将二进制数字代码转换成相应的模拟量电压信号。

V/I 转换器（电压/电流转换器）将 $1\sim5V$ 的模拟电压信号转换成 $4\sim20mA$ 的电流信号，该转换器与 DDZ-Ⅲ型调节器或运算器的输出电路类似，多路模拟开关与模拟量输入通道中的相同。

开关量输出通道用于输出几个开关量信号。通过锁存器输出开关量（包括数字、脉冲量）信号，以便控制继电器触点和无触点开关的接通与释放，也可控制步进电机的运转。同开关量输入通道一样，开关量输出通道也常采用光电耦合器件作为输出电路进行隔离传输。

④ 人/机联系部件。人/机联系部件一般置于控制器的正面和侧面，正面板的布置与模拟式控制器类似，有测量值和给定值显示器、输出电流显示器、运行状态（自动/串级/手动）切换按钮、给定值增/减按钮和手动操作按钮及一些状态显示灯。侧面板有设置和指示各种参数的键盘、显示器。在有些控制器中附带有后备手操器。当控制器发生故障时，可用手操器来改变输出电流，进行遥控操作。

⑤ 通信接口电路。控制器的通信部件包括通信接口和发送、接收电路等，通信接口将欲发送的数据转换成标准通信格式的数字信号，由发送电路送至通信线路（数据通道）上；同时通过接收电路接收来自通信线路的数字信号，将其转换成能被计算机接受的数据。可编程调节器大多采用串行传送方式。

（2）可编程调节器的软件系统　可编程调节器的软件系统包括系统程序和用户程序两大部分。

① 系统程序。系统程序是调节器软件的主体部分，通常由监控程序和中断处理程序两部分组成。这两部分程序又分别由许多功能模块（子程序）构成，如图 4-23 所示。

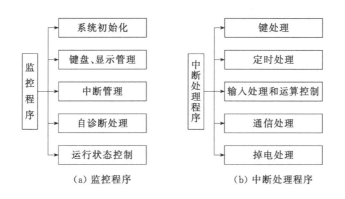

（a）监控程序　　　　　　　（b）中断处理程序

图 4-23　可编程调节器的系统程序

监控程序使控制器各硬件电路能正常工作并实现所规定的功能，同时完成各组成部分之间的管理。监控程序包括系统初始化、键盘和显示管理、中断管理、自诊断处理以及运行状态控制等模块。

系统初始化是指变量初始化，可编程器件（例如 I/O 接口、定时/计数器）的初值设置等；键盘、显示管理模块的功能是识别键码、确定键处理程序的走向和显示格式；中断管理模块用以识别不同的中断源，比较它们的优先级，以便做出相应的中断处理；自诊断处理程序采用巡测方式监督检查调节器各功能部件是否正常，如果发生异常，则能显示异常标志、发出报警或做出相应的故障处理；运行状态控制是判断调节器操作按钮的状态和故障情况，以便进行手动、自动或其他控制。

中断处理程序包括键处理、定时处理、输入处理和运算控制、通信处理和掉电处理等模块。键处理模块根据识别的键码，建立键服务标志，以便执行相应的键服务程序；定时处理模块实现调节器的定时（或计数）功能，确定采样周期，并产生时序控制所需的时基信号；输入处理和运算控制模块的功能是进行数据采集、数字滤波、标度变换、非线性校正、算术运算和逻辑运算，各种控制算法的实施以及数据输出等；通信处理模块按一定的通信规程完成与外界的数据交换；掉电处理模块用以处理"掉电事故"，当供电电压低于规定值时，CPU 立即停止数据更新，并将各种状态变量和有关信息存储起来，以备复电后调节器能照常运行。

上述为可编程调节器的基本功能模块。功能模块提供了各种功能，用户可以选择所需要的功能模块以构成用户程序，使控制器实现用户所规定的功能。不同的调节器，其具体用途和硬件结构不完全一样，因而它们的功能模块在内容和数量上有差异。

②用户程序。用户程序是用户根据控制系统的要求，选择并"连接"系统程序中所需要的功能模块，使控制器完成预定的控制与运算功能。使用者编制程序实际上是完成功能模块的连接，即组态工作。

用户程序的编程常采用 POL 语言，它是一种为了定义和解决某些问题而设计的专用程序语言，程序设计简单，操作方便，容易掌握和调试。只要提出问题、输入数据、指明数据处理和运算控制的方式、规定输出形式，就能得到所需的结果。通常这种语言大致分为组态式和空栏式两种，组态式语言又有表格式和助记符式。控制器的编程工作是通过专用的编程器进行的，有"在线"和"离线"两种编程方法。

由于这类控制器的控制规律可根据需要由用户自己编程，而且可以擦去改写，所以实际上是一台可编程序的数字控制器，为了不至于跟后面要叙述的另一种可编程序控制器（PLC）混淆，在这里习惯上称这种控制器为可编程序调节器。下面介绍一种采用表格式语言和离线编程方法的 KMM 型可编程序调节器。

3. KMM 型可编程序调节器

KMM 型可编程序调节器是一种单回路的数字控制器。它是 DK 系列中的一个重要品种，而 DK 系列仪表又是集散控制系统 TDC-3000 的一部分，是为了把集散系统中的控制回路彻底分散到每一个回路而研制的。KMM 型可编程序调节器可以接收五个模拟输入信号（1～5V），四个数字输入信号，输出三个模拟信号（1～5V）、其中一个可为 4～20mA，输出三个数字信号。这种调节器的功能强大，它是在比例积分微分运算的功能上再加上多个辅助运算的功能，并将它们都装到一台仪表中的小型面版式控制仪表，用于单回路的简单控制系统与复杂的串级控制系统，除完成传统的模拟控制器的比例、积分、微分控制功能外，还能进行加、减、乘、除、开方等运算，并可进行高、低值选择和逻辑运算等。这种调节器除了具有功能丰富的优点外，还具有控制精度高、使用方便灵活等优点，调节器本身具有自我诊断的功能，维修方便。当与电子计算机联用时，该调节器能直接接收上位计算机来的设定值信号，可作为分散型数字控制系统中装置级的控制器使用。

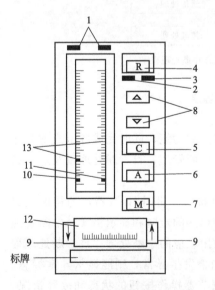

图 4-24　KMM 型调节器正面布置图

1～7—指示灯；8，9—按钮；

10～13—指针

可编程序调节器的面板布置如图 4-24 所示。指示灯 1 分左右两个，分别作为测量值上、下限报警用。

当调节器依靠内部诊断功能检出异常情况后，指示灯 2 就发亮（红色），表示调节器处于"后备手操"运行方式。在此状态时，各指针的指示值均为无效，以后的操作可由装在仪表内部的"后备操作单元"进行，只要异常原因不解除，调节器就不会自行切换到其他运行方式。

可编程序调节器通过附加通信接口，就可和上位计算机通信。在通信进行过程中，通信指示灯 3 亮。

当输入外部的连锁信号后，指示灯 4 闪亮，此时调节器功能与手动方式相同。但每次切换到此方式后，联锁信号中断，如不按复位按钮 R，就不能切换到其他运行方式，按下复位按钮 R，就返回到"手动"方式。

仪表上的测量值（PV）指针 10 和给定值（SP）指针 11 分别指示输入到 PID 运算单元的测量值与给定值信号。

仪表上还设有备忘值指针 13，用来给正常运行时的测量值、给定值、输出值做记号用。

按钮 M、A、C 及指示灯 7、6、5 分别代表手动、自动与串级运行方式。

当按下按钮 M 时，指示灯亮（红色），这时调节器为"手动"运行方式，通过输出操作按钮 9 可进行输出的手动操作，按下右边的按钮时，输出增加，按下左边的按钮时，输出减小。输出值由输出指针 12 进行显示。

当按下按钮 A 时，指示灯亮（绿色）。这时调节器为"自动"运行方式，通过给定值（SP）设定按钮 8 可以进行内给定值的增减。上面的按钮为增加给定值，下面的按钮为减小给定值。当进行 PID 定值调节时，PID 参数可以借助表内侧面的数据设定器加以改变，数据设定器除可以进行 PID 参数设定外，还可以对给定值、测量值进行数字式显示。

当按下按钮 C 时，指示灯亮（橙色）。这时调节器为"串级"运行方式，调节器的给定值可以来自另一个运算单元或来自调节器外部的信号。

调节器的启动步骤如下：

① 调节器在启动前，要预先将"后备手操单元"的"后备/正常"运行方式切换开关扳到"正常"位置。另外，还要拆下电池表面的两个止动螺钉，除去绝缘片后重新旋紧螺钉。

② 使调节器通电，调节器即处于"联锁手动"运行方式，联锁指示灯亮。

③ 用"数据设定器"来显示、核对运行所必需的控制数据，必要时可改变 PID 参数。

④ 按下"R"键（复位按钮），解除"联锁"。这时就可进行手动、自动或串级操作。

该调节器由于具有自动平衡功能，所以手动、自动、串级运行方式之间的切换都是无扰动的，不需要进行任何手动调整操作。

二、可编程序控制器

可编程序控制器（Programmable Controller，PC）是一种数字运算操作的电子系统，通常也被称为可编程控制器。因为早期的可编程控制器主要用来代替继电器实现逻辑控制，因此习惯上称之为可编程逻辑控制器（Programmable Logical Controller），简称 PLC。随着技术的发展，这种 PLC 的功能已经大大超过了逻辑控制的范围，它是以微处理器为核心，综合了计算机技术、自动控制技术和通信技术而发展起来的一种通用的工业自动控制装置；具有体积小、功能完善、编程简单、通用灵活、使用维护方便等一系列的优点，特别是它的可靠性高和抗干扰能力较强，尤其是适应恶劣环境的能力强，使其广泛应用于石油、化工、电力、钢铁、机械等各行各业。

1. PLC 的基本组成

PLC 的结构多种多样，但其组成的一般原理基本相同，都是以微处理器为核心的结构，通常由中央处理单元（CPU）、存储器（RAM、ROM）、输入/输出（I/O）接口、电源（图中未标识）和编程器等部分组成，如图 4-25 所示。

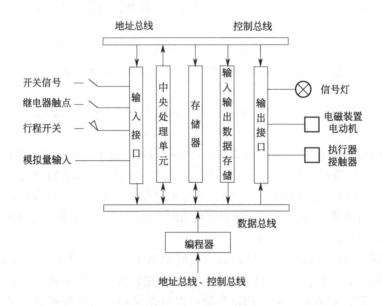

图 4-25 PLC 的基本组成

CPU 作为整个 PLC 的核心，起着总指挥的作用。CPU 一般由控制电路、运算器和寄存器组成。这些电路通常都被封装在一个集成电路的芯片上。CPU 通过地址总线、数据总线、控制总线与存储单元、输入/输出接口连接。CPU 的功能是从存储器中读取指令，执行指令，读取下一条指令，处理中断。

存储器主要用于存放系统程序、用户程序、逻辑变量和其他信息。存放系统软件的存储器称为系统程序存储器；存放应用软件的存储器称为用户程序存储器；存放工作数据的存储器称为数据存储器。常用的存储器有 RAM、EPROM 和 EEPROM。RAM 是一种可进行读写操作的随机存取存储器，用于存放用户程序、生成用户数据区，存放在 RAM 中的用户程序可方便地修改。EPROM、EEPROM 都是只读存储器，这种存储器用于固化系统管理程序和应用程序。

I/O 接口实际上是 PLC 与现场设备间传递输入/输出信号的接口部件。I/O 接口有良好的电隔离和滤波作用。接到 PLC 输入接口的输入器件是各种开关、按钮、传感器等。PLC 的各输出控制器件往往是电磁阀、接触器、继电器、信号灯等，而继电器有交流型和直流型、高电压型和低电压型、电压型和电流型等类型。

PLC 的电源在整个系统中起着十分重要的作用，它包括系统的电源及备用电池，电源的作用是把外部电源转换成内部工作电压。PLC 内有一个稳压电源用于对 PLC 的 CPU 单元和 I/O 接口供电。

编程器是 PLC 的最重要外围设备，可利用编程器将用户程序送入 PLC 的存储器，还可以用编程器检查程序、修改程序、监视 PLC 的工作状态。除此以外，在微机上添加适当硬件接口和软件包，即可用微机对 PLC 编程。利用微机作为编程器，可以直接编制并显示梯形图。

2. 可编程控制器的工作原理

PLC 运行工作过程一般分为三个阶段，即输入采样、用户程序执行和输出刷新阶段。完成上述三个阶段称作一个扫描周期。在整个运行期间，PLC 的 CPU 以一定的扫描速度重复执行上述三个阶段。PLC 是依靠执行用户程序来实现控制要求的。PLC 进行逻辑运算、数据处理、输入和输出步骤的助记符称为指令，实现某一控制要求的指令的集合称为程序。PLC 在执行程序时，首先逐条执行程序命令，把输入端的状态值存放于输入映像寄存器中，在执行程序过程中把每次运行结果的状态存放于输出映像寄存器中。

(1) 输入采样阶段　在输入采样阶段，PLC 以扫描方式依次地读入所有输入状态和数据，并将它们存入 I/O 映像区中的相应单元内。输入采样结束后，转入用户程序执行和输出刷新阶段。在这两个阶段中，即使输入状态和数据发生变化，I/O 映像区中的相应单元的状态和数据也不会改变。

(2) 用户程序执行阶段　在用户程序执行阶段，PLC 是按由上而下的顺序依次地扫描用户程序（梯形图）。在扫描每一条梯形图时，又是先扫描梯形图左边的由各触点构成的控制线路，并按先左后右、先上后下的顺序，对由触点构成的控制线路进行逻辑运算，然后根据逻辑运算的结果，刷新该逻辑线圈在系统 RAM 存储区中对应位的状态，或者在 I/O 映像区中对应位的状态；或者确定是否要执行该梯形图所规定的特殊功能指令。

在用户程序执行过程中，只有输入点在 I/O 映像区内的状态和数据不会发生变化，而其他输出点和软设备在 I/O 映像区或 RAM 存储区内的状态和数据都有可能发生变化，而且排在上面的梯形图，其程序执行结果会对排在下面的这些线圈或数据的梯形图起作用。

(3) 输出刷新阶段　当第二阶段完成之后，输出映像寄存器中各输出点的通断状态将通过输出部分送到输出锁存器，去驱动输出继电器线圈，执行相应的输出动作。

完成上述的全过程扫描所需的时间称为 PLC 的扫描周期。PLC 在完成一个扫描周期后，又返回去进行下一个扫描，如此周而复始，不断循环。

PLC 的工作过程除了包括上述的三个主要阶段外，还要完成内部处理、通信处理等工作。在内部处理阶段，PLC 从输入映像寄存器中读出上一阶段采入的对应输入端子状态，从输出映像寄存检查 CPU 模块内部的硬件是否正常，将监控定时器复位，以及完成一些别的内部工作。在通信处理阶段，CPU 处理从通信端口接收到的信息。

CPU 扫描周期的长短，取决于 PLC 执行一个命令所需的时间和有多少条指令。如果执行每条指令所需的时间是 $1\mu s$，程序有 800 条指令，则这一扫描周期的时间就为 0.8ms。

随着电子及通信技术的进一步发展，PLC 向高性能、高速度、大容量、微型化等方向发展；各种配套产品品质更丰富、规格更齐全，设备更完备、语言通信性强，能适应各种工业控制场合的需求。

习 题 <<<

1. 什么是控制器的控制规律？控制器有哪些基本控制规律？

2. 什么是位式控制？它有什么特点？

3. 什么是比例控制规律？它有什么特点？

4. 什么是比例控制的余差？为什么比例控制会产生余差？

5. 何谓比例控制器的比例度？它的大小对系统过渡过程或控制质量有什么影响？

6. 一台 DDZ-Ⅲ型温度比例控制器，测量的全量程为 $0\sim1000\,℃$，当指示值变化 $100\,℃$，控制器比例度为 80% 时，求相应的控制器输出将变化多少？

7. 什么是积分控制规律？什么是比例积分控制规律？它有什么特点？

8. 什么是积分时间 T_I？它对系统过渡过程有什么影响？

9. 什么是微分控制规律与比例微分控制规律？它有什么特点？

10. 什么是微分时间 T_D？它对系统过渡过程有什么影响？为什么微分控制规律不能单独使用？

11. 试写出比例积分微分（PID）三作用控制规律的数学表达式？它什么特点？

12. 电动控制器 DDZ-Ⅲ型有何特点？

13. DDZ-Ⅲ型控制器由哪几部分组成？各组成部分的作用是什么？

14. DDZ-Ⅲ型控制器的软手动和硬手动有什么区别？各用在什么条件下？

15. 数字式控制器的主要特点是什么？

16. 简述数字式控制器的基本构成以及各部分的主要功能。

第五章

>>>>>>

执行器

在自动控制系统中，执行器的作用是接收控制器送来的控制信号，改变被控介质的流量，即操纵变量，使被控变量维持在所要求的数值上或一定的范围内，它是自动控制系统中一个重要的组成部分。实际应用中，执行器大多都安装在生产现场，直接与被控介质接触，如高温、高压、深冷、强腐蚀、高黏度、易燃易爆、易结晶等介质，使用环境恶劣，它是控制系统的薄弱环节，如果选用不当，将直接影响过程控制系统的控制质量。因此，对于执行器的正确选用及安装维护等环节必须要引起高度的重视。

第一节　概述

一、执行器的分类

执行器按其能源形式可分为气动、电动、液动三大类。各自具有不同特点，应用于不同场合。

1. 气动执行器

气动执行器以压缩空气为动力能源，由气动执行机构进行操作，所接收的是 $0.02\sim0.1MPa$ 的气压信号。其结构简单、动作可靠、平稳、输出推力较大、维修方便、防火防爆，而且价格较低，在化工、炼油等工业生产中应用广泛。它可方便地与气动仪表配套使用。即使是采用电动仪表或计算机控制时，只要经过电-气转换器或电-气阀门定位器将电信号转换为 $0.02\sim0.1MPa$ 的标准气压信号，仍然可用气动执行器。其缺点是滞后大、不宜远传、不能与数字装置连接。

2. 电动执行器

电动执行器以电为动力能源，由电动执行机构进行操作，所接收的是 $0\sim10mA$ 或 $4\sim20mA$ 的电流信号，并转换成相应的输出轴角位移或线位移，去实现控制机构的自动调节。其具有能源取用方便、信号传输快、传输距离远、便于与数字装置连接等优点，但由于其结构复杂、价格高、推力小、防爆性能较差，故限制了其在工业中的应用。近年来，随着智能式电动执行机构的问世，使得电动执行器在工业中得到了较多的应用。

3. 液动执行器

液动执行器以液压或油压为动力能源，由液动执行机构进行操作，其最大的特点是推力大，但在化工、炼油等生产过程中应用较少。

以上三类执行器的主要特性比较如表 5-1 所示。常用的执行器为前两种，即气动执行器和电动执行器，本章将分别介绍它们的结构和工作原理等内容。

表 5-1 三类执行器的主要特性比较

主要特性	气动	电动	液动	主要特性	气动	电动	液动
系统结构	简单	复杂	简单	安全性	好	差	好
推动力	适中	较小	较大	维护难度	方便	有难度	较方便
相应时间	慢	快	较慢	价格	便宜	较贵	便宜

二、执行器的组成

执行器主要由执行机构与控制机构（阀）两大部分组成，如图 5-1 所示。执行机构是执行器的推动装置，它按控制信号（气信号 p 或电信号 I）的大小产生相应的输出力 F（或输出力矩 M）和位移（直线位移 l 或转角 θ），从而推动控制机构动作，所以它是将信号压力的大小转换为阀杆位移的装置。控制机构是执行器的控制部分，它受执行机构操纵，通过改变控制阀阀芯与阀座间的流通面积，从而改变流量，以达到控制被控介质的目的。控制机构需直接与被控介质接触，所以它是将阀杆的位移转换为流过阀的流量的装置。

$$\xrightarrow[I]{p} \boxed{执行机构} \xrightarrow[M,\theta]{F,l} \boxed{控制机构} \xrightarrow{} \begin{array}{l} 被控介质流量 \\ （流通截面积） \end{array}$$

图 5-1 执行器结构组成图

图 5-2 是一种常用气动执行器的结构示意图。图中上半部为执行机构，用来产生推力；

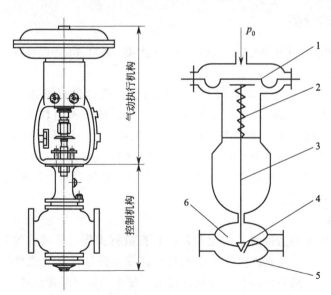

图 5-2 气动薄膜执行器的外形和内部结构示意图

1—薄膜；2—平行弹簧；3—阀杆；4—阀芯；5—阀体；6—阀座

下半部为控制机构，用来控制介质流量。执行结构接收的气压信号由上部引入，作用在薄膜上的推力推动阀杆产生位移，阀杆位移距离与气压信号大小成比例，从而改变了阀芯与阀座之间的流通面积，即达到了控制流量的目的。

为了保证执行器正常工作且提高控制质量和可靠性，执行器还必须配备一定的辅助装置，如阀门定位器和手轮机构等。阀门定位器的作用是利用反馈原理来改善执行器的性能，使执行器能按控制器的控制信号，实现准确的定位。手轮机构用于直接操纵控制阀，以便控制系统因停电、停气、控制器无输出或执行机构失灵时，可以维持生产的正常进行。

三、执行器的工作原理

常规执行器的工作原理如图 5-3 所示。执行器首先接收来自控制器的输出信号，以作为执行器的输入信号，该信号是执行器动作的主要依据，要先进入信号转换单元完成信号变换后，与反馈的执行机构位置信号进行比较，其差值作为执行机构的输入，以确定执行机构的作用方向和大小；执行机构的输出结果再操纵控制阀进行动作，以实现对被控介质的控制作用；其中执行机构的输出通过位置发生器可以产生其反馈控制所需的位置信号。在这里，执行机构的动作过程组成了一个负反馈控制回路，这就提高了执行器的控制精度，是保证执行器工作稳定的重要措施。

图 5-3　执行器工作原理图

四、执行器的作用方式

为了满足生产过程中安全操作的需要，执行器有正、反两种作用方式。当输入信号增大时，执行器控制机构的流通截面积增大，即流过执行器的流量增大，称为正作用，亦称气开式；反之，当输入信号增大时，流过执行器的流量减小，称为反作用，亦称气关式。

气动执行器的正、反作用主要由执行机构和控制机构的正、反作用的组合来实现。气动执行器的气开或气关可能出现四种组合方式，如图 5-4 和表 5-2 所示。通常若执行器采用正作用的执行机构，配有正、反作用的控制机构时，可通过改变控制机构的方式来实现执行器的气关或气开；若配用的控制机构只具有正作用时，可通过改变执行机构的作用方式来实现执行器的气关或气开。

表 5-2　气动执行器组合方式表

组合方式	执行机构	控制机构	气动执行器	组合方式	执行机构	控制机构	气动执行器
图 5-4(a)	正	正	气关	图 5-4(c)	反	正	气开
图 5-4(b)	正	反	气开	图 5-4(d)	反	反	气关

气动执行器控制阀接收的是气压信号，气开式为有压力信号时控制阀打开，无压力信号时控制阀全关（即膜头输入压力信号增大时，阀门开度增加为全开）；反之，气关式为有压力信号时控制阀关闭，无压力信号时控制阀打开（即膜头输入压力信号增大时，阀门开度减

小为全关）。因此，从控制信号变化的角度出发，气开式为正作用，气关式为反作用。

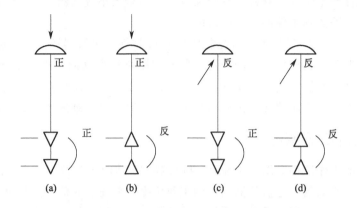

图 5-4　执行机构和控制机构组合方式图

对于电动执行器，由于改变执行机构的控制器（伺服放大器）的作用方式非常方便，因此一般通过改变执行机构的作用方式实现执行器的正、反作用。

不同的执行器除了执行机构不同外，所用的控制机构的种类和构造基本相同。下面分别详细叙述执行机构和控制机构。

第二节　执行机构

根据不同的使用要求，执行机构又可分为许多不同的形式，在此主要介绍气动执行机构和电动执行机构的结构，执行器的控制机构部分将在本章第三节中讲述。

一、气动执行机构

气动执行机构有正作用和反作用两种形式。当来自控制器或阀门定位器的气压信号增大时，阀杆向下动作的叫正作用执行机构；反之，阀杆向上动作的叫反作用执行机构。

气动执行机构主要分为薄膜式、活塞式和长行程三种类型。

1. 气动薄膜式执行机构

根据有无弹簧可以把气动执行机构分为有弹簧的及无弹簧的执行机构，有弹簧的薄膜式执行机构最为常用，无弹簧的薄膜式执行机构常用于双位式控制。

有弹簧的薄膜式执行机构如图 5-5 所示，主要由弹性薄膜、压缩弹簧和阀杆组成。当气压信号（通常为 0.02～0.1MPa）通入薄膜气室时，会在膜片上产生推力，使阀杆产生位移并压缩弹簧，直至弹簧的反作用力与推力相平衡，推杆稳定在一个新的位置。输入气压信号与阀杆输出位移呈比例关系，信号压力越大，阀杆的位移量也越大。阀杆的位移即为执行机构的直线输出位移，也称行程。行程规格有 10mm、16mm、25mm、40mm、60mm、100mm 等。

薄膜式执行机构结构简单、价格便宜、维修方便、应用广泛，可用作一般控制阀的推动装置。

2. 气动活塞式执行机构

气动活塞式执行机构的基本组成部分为活塞和气缸，如图 5-6 所示，活塞在气缸内随两侧的压差大小而移动，当受力平衡时，活塞稳定在相应的位置。

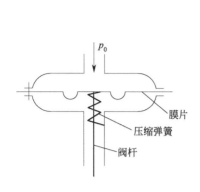

图 5-5　有弹簧的薄膜式执行机构受力图

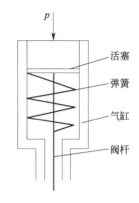

图 5-6　气动活塞式执行机构受力图

活塞式执行机构在结构上是无弹簧的气缸活塞系统，由于气缸允许操作压力可达
500kPa，输出推力较大，主要用于高压差、大口径的场合，如作为高压降控制阀的推动装
置，但其价格较高。

3. 长行程

长行程执行机构的结构原理与活塞式执行机构基本相同。它行程长、转矩大，输出直线
位移为 40～200mm，适用于输出角位移（0°～90°）和大力矩的场合，可用于蝶阀或风门的
推动装置。

二、电动执行机构

电动执行器与气动执行器一样，是控制系统中的一个重要部分。它接收来自控制器的
0～10mA 或 4～20mA 的直流电流信号，并将其转换成相应的角位移或直行程位移，去操纵
阀门、挡板等控制机构，以实现自动控制。

电动执行器有角行程、直行程和多转式等类型。角行程电动执行机构以电动机为动力元
件，将输入的直流电流信号转换为相应的角位移（0°～90°），这种执行机构适用于操纵蝶
阀、球阀、偏心转角阀等旋转式控制阀。直行程执行机构接收输入的直流电流信号后，使电
动机转动，然后经减速器减速并转换为各种大小不同的直线位移输出，用于操纵单座、双
座、三通套筒等各种控制阀和其他直线式控制机构。多转式电动执行机构的输出轴可输出各
种大小不等的有效转数来开启和关闭闸阀、截止阀等多转式阀门，由于它的电机功率比较
大，最大的电动机有几十千瓦，一般多用作就地操作和遥控。

几种类型的电动执行机构在电气原理上基本是相同的，只是减速器不一样。图 5-7 所示
为电动执行机构的组成，主要由伺服放大器、伺服电动机、位置发送器和减速器四部分组
成。其工作过程大致如下：伺服放大器将控制器传来的输入信号与位置反馈信号相比较，所
得差值信号进行功率放大后，驱动两相伺服电机转动，再经减速器减速，将电动机的高转速
小力矩变为低转速大力矩，带动输出轴转动，稳定在相应的位置（如角行程执行机构改变转
角位置）。输出轴的位移经位置发送器转换成相应的反馈信号，反馈到伺服放大器的输入端，
使得差值信号减小，直到位置发送器的输出电流与输入信号相等时，伺服放大器无输出，这

时伺服电机停止运转，此时输出轴也就稳定在与输入信号相对应的位置上，实现了输入电流信号与输出转角的转换。

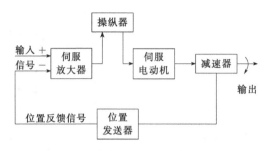

图 5-7　电动执行机构的组成示意图

电动执行机构通常还装有操纵器，这样不仅可与控制器配合实现自动控制，还可通过操纵器实现控制系统的自动控制和手动控制的相互切换。当操纵器的切换开关置于手动操作位置时，由正、反操作按钮直接控制电机的电源，以实现执行机构输出轴的正转或反转，进行遥控手动操作。

三、电-气转换器及阀门定位器

在实际应用中，电信号与气信号经常混合使用，这样可以取长补短，因而一般执行器上都装有一些辅助装置，即电-气转换器和阀门定位器，把电信号（0～10mA DC 或 4～20mA DC）与气信号（0.02～0.1MPa）进行相互转换。

1. 电-气转换器

电-气转换器可以把控制器和计算机控制系统输出信号转换为气信号，去驱动气动执行器或气动显示仪表。电-气转换器是按力矩平衡原理工作的，其结构原理如图 5-8 所示。当输入直流电流信号 I 通入置于恒定磁场里的测量动圈中时，产生一个向下的电磁力 F_i，F_i 与输入电流成正比。由于线圈固定在杠杆上，使杠杆绕支点 O 作逆时针方向偏转，并带动安装在杠杆另一端的挡板 3 靠近喷嘴 4，使喷嘴背压升高，经放大器功率放大后输出气压 p_0。该气压信号一方面送入执行器控制阀门开度做相应变化，从而控制被控介质的流量；

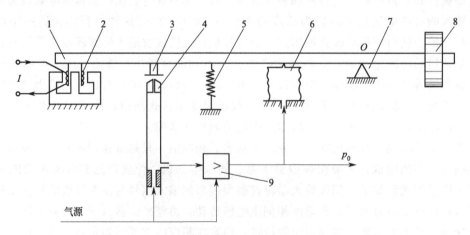

图 5-8　电-气转换器工作原理图

1—杠杆；2—线圈；3—挡板；4—喷嘴；5—调零弹簧；6—波纹管；7—支撑；8—重锤；9—气动放大器

另一方面这一气压信号反馈到正、负两个波纹管 O 做顺时针方向偏转。当输入电流 I 所产生的电磁力 F_i 作用于杠杆所产生的力矩与反馈力 F_f 所产生的力矩相等时，杠杆绕支点建立起与测量力矩相平衡的反馈力矩，整个系统处于平衡状态，于是输出的气压信号 p_0 与输入电流 I 成比例，输出 $0.02\sim0.1MPa$ 的气压信号与线圈电流呈一一对应的关系。

图 5-8 所示的原理图中，调零弹簧 5 用于调整输出气压的零点；移动波纹管 6 的安装位置可调量程；重锤 8 用来平衡杠杆的重量，使其在各个位置均能准确地工作。电气转换的精度可达 0.5 级。

2. 阀门定位器

阀门定位器是气动执行器的辅助装置，与气动执行机构配套使用。图 5-9 所示为阀门定位器原理示意图。它主要用来克服流过执行器的流体作用力，保证阀门定位在控制器输出信号要求的位置上。

阀门定位器与执行器之间如同一个随动控制系统，它将来自控制器的输出信号成比例地转换成气压信号输出至执行机构，使阀杆产生位移，其位移量通过机械机构反馈到阀门定位器，当位移反馈信号与输入的控制信号相平衡时，阀杆停止动作，从而建立了控制阀的开度（阀杆位移）与控制信号直接一一对应的关系。由此可见，阀门定位器与气动执行机构构成一个负反馈系统，

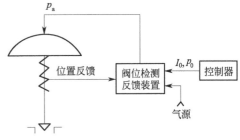

图 5-9 阀门定位器原理示意图

因此采用阀门定位器可以增大控制阀的输出功率，加快阀杆的移动速度，提高执行机构的线性度，克服阀杆的摩擦力并消除不平衡力的影响，从而实现控制阀的准确定位，还可以改变执行机构的特性，从而改变整个执行器的特性。

按结构形式，阀门定位器分为气动阀门定位器、电-气阀门定位器和智能式阀门定位器。

（1）气动阀门定位器　气动阀门定位器直接接收标准气信号，其输出信号也是标准气信号。气动阀门定位器的品种很多，按照工作原理不同，可分为位移平衡式和力矩平衡式两大类。

配用薄膜执行机构的气动阀门定位器的工作原理如图 5-10 所示。它是按力矩平衡原理工作的。当通入波纹管 1 的信号压力 p_0 增加时，使主杠杆 2 绕支点 16 偏转，挡板 13 靠近喷嘴 15，喷嘴背压升高。此背压经放大器 14 放大后的压力 p_a 引入到气动执行机构 8 的薄膜气室，因其压力增加而使阀杆向下移动，并带动反馈杆 9 绕支点 4 偏转，反馈凸轮 5 也跟着逆时针方向转动，通过滚轮 10 使副杠杆 6 绕支点 7 顺时针偏转，从而使反馈弹簧 11 拉伸，反馈弹簧对主杠杆 2 的拉力与信号压力 p_0 通过波纹管 1 作用到杠杆 2 的推力达到力矩平衡时，阀门定位器达到平衡状态。此时，一定的信号压力就对应于一定的阀杆位移，即对应于一定的阀门开度。弹簧 12 是调零弹簧，调整其预紧力可以改变挡板的初始位置，即进行零点调整。弹簧 3 是迁移弹簧，用于分程控制调整。

根据系统的需要，阀门定位器也能实现正反作用。正作用阀门定位器的输入信号增加，输出压力也增加；反作用阀门定位器与此相反，输入信号增加，输出压力则减小。

（2）电-气阀门定位器　电-气阀门定位器输入的是 $4\sim20mA$ 或 $0\sim10mA$ 的直流电流信号，用以控制薄膜式或活塞式气动执行器，它一方面具有电-气转换器的作用，可用电动控

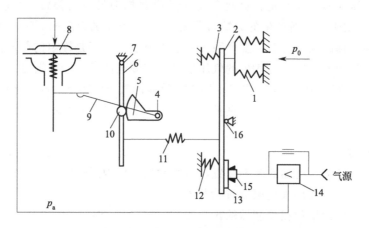

图 5-10　气动阀门定位器原理示意图

1—波纹管；2—主杠杆；3—迁移弹簧；4—支点；5—反馈凸轮；6—副杠杆；7—副杠杆支点；
8—气动执行机构；9—反馈杆；10—滚轮；11—反馈弹簧；12—调零弹簧；13—挡板；
14—气动放大器；15—喷嘴；16—主杠杆支点

制器输出的电信号去操纵气动执行机构；另一方面还具有气动阀门定位器的作用，可以使阀门位置按控制器送来的信号准确定位（即输入信号与阀门位置呈一一对应关系）。

图 5-11 是一种与薄膜式执行机构配合使用，按力矩平衡原理工作的电-气阀门定位器。当输入信号电流 I_0 通入力矩马达的电磁线圈 1 时，它受永久磁钢作用后，对主杠杆 2 产生一个向左的力，使主杠杆绕支点 16 按逆时针方向偏转，挡板 13 靠近喷嘴 15，挡板的位移经气动放大器 14 转换为压力信号 p_a 引入到气动执行机构 8 的薄膜气室。因 p_a 增加而使阀杆向下移动，并带动反馈杆 9 绕支点 4 偏转，反馈凸轮 5 也跟着按逆时针方向偏转，通过滚轮 10 使副杠杆 6 绕支点 7 顺时针偏转，从而使反馈弹簧 11 拉伸，反馈弹簧对主杠杆 2 的拉力与信号电流 I_0 通过力矩马达的电磁线圈 1 作用到杠杆 2 的推力达到力矩平衡时，阀门定位器达到平衡状态。此时，一定的电流信号就对应于一定的阀杆位移，即对应于一定的阀门开度。

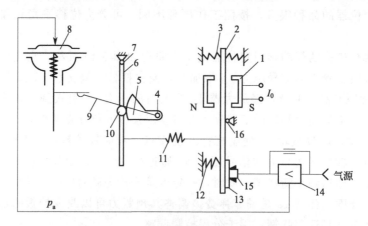

图 5-11　电气阀门定位器原理示意图

1—电磁线圈；2—主杠杆；3—迁移弹簧；4—支点；5—反馈凸轮；6—副杠杆；
7—副杠杆支点；8—气动执行机构；9—反馈杆；10—滚轮；11—反馈弹簧；
12—调零弹簧；13—挡板；14—气动放大器；15—喷嘴；16—主杠杆支点

调零弹簧 12 起调整零点的作用；弹簧 3 是迁移弹簧，在分程控制中用来补偿力矩马达对主杠杆的作用力，以使阀门定位器在接受不同范围［例如 4～12mA（DC）或 12～20mA（DC）］的输入信号时，仍能产生相同范围（20～100kPa）的输出信号。

根据系统的需要，电气阀门定位器也能实现正反作用的改变。正作用阀门定位器是输入信号电流增加，输出压力也增加；反作用阀门定位器与此相反，输入信号电流增加，输出压力则减小。电气阀门定位器要实现反作用，只需把输入电流的方向反接即可。

（3）智能式阀门定位器　智能阀门定位器有只接收 4～20mA（DC）电流信号的；也有既接收传统的模拟信号，又接收数字信号的，即 HART 通信的阀门定位器；还有只进行数字信号传输的现场总线阀门定位器。它们均用以控制薄膜式或活塞式气动执行器。

智能式阀门定位器包括硬件和软件两部分。

智能式阀门定位器的硬件电路由信号调理部分、微处理器、电气转换控制部分和阀位检测反馈装置等部分构成，如图 5-12 所示。

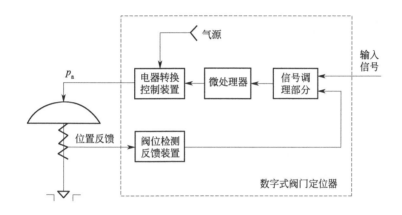

图 5-12　智能式阀门定位器原理示意图

智能式阀门定位器的软件由监控程序和功能模块两部分组成，前者使阀门定位器各硬件电路能正常工作并实现所规定的功能，后者提供了各种功能，供用户选择使用，即进行组态。各种智能式阀门定位器因其具体用途和硬件结构不同，它们所包含的功能模块在内容和数量上有较大差异。

智能式阀门定位器以微处理器为核心，同时采用了各种新技术和新工艺，因此具有许多模拟式阀门定位器所难以实现的优点。

① 定位精度和可靠性高。智能式阀门定位器机械可动部件少，输入信号和阀位反馈信号相比较是直接的数字比较，不易受环境影响，工作稳定性好，不存在因机械误差造成死区的影响，因此具有更高的定位精度和可靠性。

② 流量特性修改方便。智能式阀门定位器一般都包含常用的直线、等百分比和快开特性功能模块、可以通过按钮或上位机、手持式数据设定器直接设定。

③ 零点、量程调整简单。零点调整与量程调整互不影响，因此调整过程简单快捷。许多品种的智能式阀门定位器具有自动调整功能，不但可以自动进行零点与量程的调整，而且能自动识别所配装的执行机构规格，如气室容积、作用形式、行程范围、阻尼系数等，自动进行调整，从而使控制阀处于最佳工作状态。

④ 具有诊断和监测功能。除一般的自诊断功能之外，智能式阀门定位器能输出与控制阀实际动作相对应的反馈信号，可远距离监控控制阀的工作状态。

接收数字信号的智能式阀门定位器，具有双向的通信能力，可以就地或远距离地利用上位机或手持式操作器进行阀门定位器的组态、调试、诊断。

第三节 控制机构

控制机构即控制阀，实际上是一个局部阻力可以改变的节流元件。阀杆上部与执行机构相连，下部与阀芯相连。由于阀芯在阀体内移动，改变了阀芯与阀座之间的流通面积，即改变了阀的阻力系数，被控介质的流量也发生相应地改变，从而达到控制工艺参数的目的。

一、控制机构的结构

根据不同的使用要求，控制阀的结构形式很多。根据阀芯的动作形式，控制阀可分为直行程式和角行程式两大类。直行程式的控制机构有直通单座阀、直通双座阀、角形阀、三通阀、高压阀、隔膜阀、超高压阀、波纹管密封阀、小流量阀、笼式（套筒）阀、低噪声阀等；角行程式的控制机构有蝶阀、凸轮挠曲阀、V形球阀、O形球阀等。

控制阀主要由阀体、阀杆（转轴）、阀芯（阀板）和阀座等部件构成。下面简要介绍几种常用控制阀的结构及特点。

1. 直通单座控制阀

这种阀的阀体内只有一个阀座与阀芯，结构如图 5-13、图 5-14 所示。其特点是结构简单、泄漏量小，大约是双座阀的十分之一，易于保证关闭，甚至完全切断。但是在压差大的时候，流体对阀芯上下作用的推力不平衡，这种不平衡力会影响阀芯的移动。因此这种阀一般应用在小口径、低压差、对泄漏量要求严格的场合。

2. 直通双座控制阀

直通双座控制阀如图 5-15 所示，阀体内有两个阀芯和阀座，这是最常用的一种类型。

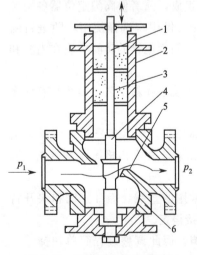

当流体流过的时候，由于作用在上、下两个阀芯上的推力方向相反，大小相近，可以互相抵消，所以不平衡力小。但由于加工精度要求较高，全关时由于上下两个阀芯阀座结构尺寸的问题，不易保证同时密闭，因此泄露量较大。另外，阀内流路复杂，高压差时流体对阀体的冲蚀较严重，同时也不适用于高黏度和含悬浮颗粒或纤维介质的场合。

根据阀芯与阀座的相对位置，这种阀可分为正作用式与反作用式（或称正装与反装）两种形式。当阀体直立、阀杆下移时，阀芯与阀座间的流通面积减小的称为正作用式，图 5-15 所示的为正作用式时的情况。如果将阀芯倒装，则当阀杆下移时，阀芯与阀座间流通面积增大，称为反作用式。

3. 角形阀

角形阀除阀体为直角外，其他结构与直通单座控制

图 5-13 直通单座控制阀结构

1—阀杆；2—上阀盖；3—填料；
4—阀芯；5—阀座；6—阀体

阀相似，其两个接管呈直角形，流向分为底进侧出和侧进底出两种，一般情况下前者应用较多，如图 5-16 所示。这种阀的流路简单、阻力较小，适用于现场管道要求直角连接，介质为高黏度、高压差和含有少量悬浮物和固体颗粒状介质的场合。

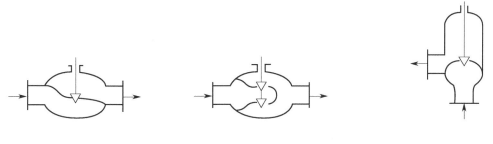

图 5-14　直通单座控制阀　　　图 5-15　直通双座控制阀　　　图 5-16　角形调节阀

4. 三通阀

三通阀与工艺管道有三个出入口连接，内有两个阀芯和两个阀座。其流通方式有合流（两种介质混合成一路）型和分流（一种介质分成两路）型两种，分别如图 5-17(a)、图 5-17(b) 所示。这种阀可以用来代替两个直通阀，与直通阀相比，组成同样的系统时，可省掉一个二通阀和一个三通接管。因此，三通阀适用于有三个流体方向的管路控制系统，大多用于配比控制和旁路控制。在使用中应注意流体温差不宜过大，通常小于 150℃，否则会使三通产生较大应力而引起变形，造成连接处泄露或损坏。

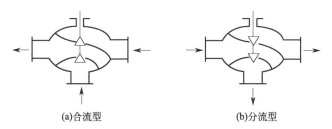

(a)合流型　　　　　　　　(b)分流型

图 5-17　三通控制阀

5. 隔膜阀

隔膜阀采用耐腐蚀衬里的阀体和隔膜，如图 5-18 所示。其结构简单、流阻小，关闭时泄漏量极小，流通能力比同口径的其他种类的阀要大。由于介质用隔膜与外界隔离，即使无填料，介质也不会泄漏。这种阀耐腐蚀性强，适用于强酸、强碱、强腐蚀性介质的控制，也能用于高黏度及悬浮颗粒状介质的控制。

隔膜阀的使用压力、温度和寿命受隔膜和衬里材料性质的限制，温度宜小于 150℃，压力小于 1MPa。另外，选用隔膜阀时应注意执行机构须有足够的推力。当口径 D_g 大于 100mm 时，均采用活塞式执行机构。

6. 蝶阀

蝶阀又名翻板阀，结构示意图如图 5-19 所示，是通过挡板以转轴为中心旋转来控制流体的流量。其具有结构简单、重量轻、价格便宜、流阻极小的优点，但泄漏量大，适用于大口径、大流量、低压差的场合，也可以用于含少量纤维或悬浮颗粒状介质的控制。

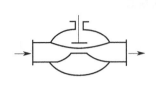

图 5-18　隔膜控制阀

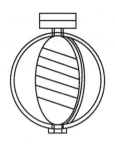

图 5-19　碟阀

7. 球阀

球阀的阀芯与阀体都呈球形体，转动阀芯使之与阀体处于不同的相对位置时，就具有不同的流通面积，以达到控制流量的目的。球阀阀芯有"V"形和"O"形两种开口形式，如图 5-20（a）、图 5-20(b) 所示。

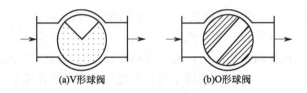

(a)V形球阀　　　　　　　　　(b)O形球阀

图 5-20　球阀

O 形球阀的阀芯是带圆孔的球形体，转动球体可起调节和切断的作用，该阀结构简单、维修方便、密封可靠、流通能力大，流量特性为快开型，一般用于位式控制。

V 形球阀的阀芯是带 V 形缺口的球形体，转动球心使 V 形缺口起节流和剪切的作用。该阀结构简单，维修方便、关闭性能好、流通能力大、可调比大，流量特性近似为等百分比特性，适用于高黏度和污秽介质的控制。

8. 凸轮挠曲阀

凸轮挠曲阀又称偏心旋转阀。它的阀芯呈扇形球面状，与挠曲臂及轴套一起铸成，固定在转动轴上，如图 5-21 所示。当球面阀芯的中心线与转轴中心偏离，转轴带动阀芯偏心旋转，使阀芯向前下方进入阀座。凸轮挠曲间的挠曲臂在压力作用下能产生挠曲变形，使阀芯球面与阀座密封圈紧密接触，密封性好。同时，它具有重量轻、体积小、安装维修方便，适用于高黏度或带有悬浮物的介质流量控制等优点。

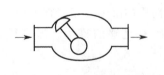

图 5-21　凸轮挠曲阀

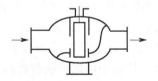

图 5-22　笼式阀

9. 笼式阀

笼式阀又称套筒阀，是一种结构比较特殊的控制阀，它的阀体与一般的直通单座阀相似，如图 5-22 所示。笼式阀内有一个圆柱形套筒，又称笼子。套筒壁上有一个或几个不同形状的节流孔（窗口），利用套筒导向，阀芯在套筒内上下移动，由于这种移动改变了笼子的节流孔面积，形成了各种特性并实现流量控制。笼式阀的可调比大、振动小、不平衡力小、结构简单、套筒互换性好，更换不同的套筒（窗口形状不同）即可得到不同的流量特性，阀内部件所受的汽蚀小、噪声小，是一种性能优良的阀，特别适用于要求低噪声及压差较大的场合，但不适用于高温、高黏度及含有固体颗粒的流体。套筒还具有稳定性好、拆装维修方便等优点，因而得到了广泛应用，但其价格比较贵。

除以上所介绍的阀以外，还有一些特殊的控制阀。例如小流量阀适用于小流量的精密控制；超高压阀适用于高静压、高压差的场合，工作压力达 250MPa。

二、控制阀的流量特性

控制阀的流量特性是指被控介质流过阀门的相对流量与阀门的相对开度（相对位移）间的关系，即

$$\frac{Q}{Q_{max}} = f\left(\frac{l}{L}\right) \tag{5-1}$$

式中，相对流量 Q/Q_{max} 是控制阀某一开度时流量 Q 与全开时流量 Q_{max} 之比。相对开度 l/L 是控制阀某一开度行程 l 与全开行程 L 之比。

一般来说，改变控制阀阀芯与阀座间的流通截面积，便可控制流量。但实际上控制阀的流量不仅与阀门结构和开度有关，还与阀前后的压差有关。阀前后的压差保持不变时的流量与开度的关系称为理想流量特性。但实际上在改变开度控制流量变化时，阀前后压差也会发生变化，而这又将引起流量的变化，这种实际工作情况下，受压差影响的流量与开度的关系称为实际流量特性。为了便于分析，先假定阀前后压差固定，然后再引申到真实情况，于是控制阀的流量特性分为理想流量特性与工作流量特性。

1. 控制阀的理想流量特性

在不考虑控制阀前后压差变化时得到的流量特性称为理想流量特性。常用的主要有四种理想流量特性，分别为直线特性、等百分比（对数）特性、抛物线特性及快开特性。不同的阀芯曲面可得到不同的流量特性，这也是控制阀固有的特性，流量特性完全取决于阀芯的形状，图 5-23 所示为流量特性与阀芯形状对应图。

（1）直线流量特性　直线流量特性是指控制阀的相对流量与相对开度成直线关系，即单位位移变化所引起的流量变化是常数。用数学式表示为

$$\frac{d\left(\dfrac{Q}{Q_{max}}\right)}{d\left(\dfrac{l}{L}\right)} = K \tag{5-2}$$

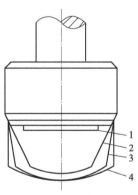

图 5-23　阀芯形状示意图
1—快开特性；2—直线特性；
3—抛物线特性；4—等百
分比特性

式中，K 为常数，即控制阀的放大系数。将式(5-2)积分可得

$$\frac{Q}{Q_{max}} = K\frac{l}{L} + C \tag{5-3}$$

式中，C 为积分常数。边界条件为：当行程 $l=0$ 时 $Q=Q_{min}$（Q_{min} 为控制阀能控制的最小流量）；当行程 $l=L$ 时 $Q=Q_{max}$。把边界条件代入式(5-3)，可分别得 C、K 表达式：

$$C=\frac{Q_{min}}{Q_{max}}=\frac{1}{R}, \qquad K=1-C=1-\frac{1}{R}$$

将所得 C、K 代入式(5-3)，可得

$$\frac{Q}{Q_{max}}=\frac{1}{R}\left[1+(R-1)\frac{l}{L}\right] \tag{5-4}$$

式中，R 为控制阀所能控制的最大流量 Q_{max} 与最小流量 Q_{min} 的比值，称为控制阀的可调范围或可调比。要注意的是，Q_{min} 并不等于控制阀全关时的泄漏量，一般它是 Q_{max} 的 $2\%\sim4\%$。国产直通单座、直通双座、角形阀和阀体分离阀的理想可调范围 R 为 30，隔膜阀的可调范围 R 为 10。

直线流量特性在直角坐标上是一条直线，表明 Q/Q_{max} 与 l/L 之间呈线性关系，如图 5-24 中所示直线 2。当可调比 R 不同时，特性曲线在纵坐标上的起点是不同的。如 $R=30$，$l/L=0$ 时，$Q/Q_{max}=0.33$。

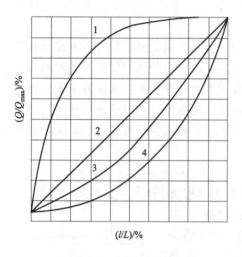

图 5-24　理想流量特性

1—快开特性；2—直线特性；

3—抛物线特性；4—等百分比曲线特性

为便于分析和计算，假设 $R=30$，流量变化的相对值是不同的，以行程的 10%、50% 及 80% 三点为例，若位移变化量都为 10%，流量分别从 13%、51.7%、80.7% 变化为 22.7%、61.3%、90.3%。则

在 10% 时，流量变化的相对值为 $\dfrac{22.7\%-13\%}{13\%}=74.6\%$

在 50% 时，流量变化的相对值为 $\dfrac{61.3\%-51.7\%}{51.7\%}=18.6\%$

在 80% 时，流量变化的相对值为 $\dfrac{90.3\%-80.7\%}{80.7\%}=11.9\%$

计算结果表明，直线流量特性的阀门在小开度时，流量小，但流量变化的相对值大，这时阀门的控制作用很强；而在大开度时，流量大，但流量变化的相对值小，这时的控制作用较弱。从控制系统来讲，这是不利于控制系统的正常运行的。当系统处于小负荷时（流量较小），要克服外界干扰的影响，希望控制阀动作所引起的流量变化量不要太大，以免控制作用太强产生超调，甚至发生振荡；但当系统处于大负荷时，要克服外界干扰的影响，希望控制阀动作所引起的流量变化量要大一些，以免控制作用微弱而使控制不够灵敏。直线流量特性不能满足以上要求。

（2）等百分比（对数）流量特性　等百分比流量特性是指控制阀的单位相对行程变化所引起的相对流量变化与此点的相对流量呈正比关系，即控制阀的放大系数随相对流量的增加而增大。用数学式表示为

$$\frac{\mathrm{d}\left(\dfrac{Q}{Q_{\max}}\right)}{\mathrm{d}\left(\dfrac{l}{L}\right)}=K\,\frac{Q}{Q_{\max}} \tag{5-5}$$

将式(5-5)积分得

$$\ln\frac{Q}{Q_{\max}}=K\,\frac{l}{L}+C \tag{5-6}$$

将前述边界条件代入，可得 C、K 表达式：

$$C=\ln\frac{Q_{\min}}{Q_{\max}}=\ln\frac{1}{R}=-\ln R\,,K=\ln R$$

将所得 C、K 代入式(5-6)，可得

$$\frac{Q}{Q_{\max}}=R^{\frac{l}{L}-1} \tag{5-7}$$

等百分比流量特性的相对开度与相对流量呈对数关系，如图 5-24 中所示曲线 4，曲线斜率即放大系数随行程的增大而增大。同样假设 $R=30$ 时，以行程的 10%、50% 及 80% 三点为例，若位移变化量仍为 10%，流量分别从 4.7%、18.3%、50.7% 变化为 6.6%、25.7%、71.2%。则

在 10% 时，流量变化的相对值为 $\dfrac{6.6\%-4.7\%}{4.7\%}=40.4\%$

在 50% 时，流量变化的相对值为 $\dfrac{25.7\%-18.3\%}{18.3\%}=40.4\%$

在 80% 时，流量变化的相对值为 $\dfrac{71.2\%-50.7\%}{50.7\%}=40.4\%$

计算结果表明，等百分比流量特性在小开度时，流量小，流量变化也较小；反之在大开度时，流量大，流量变化也较大。在整个过程中，流量变化的相对值是一个常数，说明阀门在调节过程中，控制作用灵敏度有效，系统平稳缓和。从控制系统来讲，这是有利于控制系统的正常运行的。

(3) 抛物线流量特性　抛物线流量特性是指控制阀的单位相对位移的变化所引起的相对流量变化与此点的相对流量值的平方根成正比，用数学式表示为

$$\frac{\mathrm{d}\left(\dfrac{Q}{Q_{\max}}\right)}{\mathrm{d}\left(\dfrac{l}{L}\right)}=k\left(\frac{Q}{Q_{\max}}\right)^{\frac{1}{2}} \tag{5-8}$$

代入上述边界条件，整理得表达式：

$$\frac{Q}{Q_{\max}}=\frac{1}{R}\left[1+(\sqrt{R}-1)\frac{l}{L}\right]^{2} \tag{5-9}$$

此时相对位移与相对流量之间成抛物线关系，在直角坐标上为一条抛物线，如图 5-24 中曲线 3 所示，它介于直线及等百分比曲线之间。

抛物线流量特性是为了弥补直线特性在小开度时调节性能差的缺点派生出的一种修正抛物线特性，它在相对位移在 30% 内及相对流量变化在 20% 内这段区间内为抛物线关系，而在此以上的范围是线性关系。

(4) 快开特性　快开流量特性在开度较小时就有较大流量，随开度的增大，流量很快就达到最大，故称为快开特性。快开特性的阀芯形式是平板形的，如图 5-24 中曲线 1 所示，

适用于迅速启闭的切断阀或双位控制系统。数学表达式为

$$\frac{\mathrm{d}\left(\dfrac{Q}{Q_{\max}}\right)}{\mathrm{d}\left(\dfrac{l}{L}\right)}=k\left(\frac{Q}{Q_{\max}}\right)^{-1} \tag{5-10}$$

$$\frac{Q}{Q_{\max}}=\sqrt{\left(1-\frac{1}{R^2}\right)\frac{l}{L}+\frac{1}{R^2}} \tag{5-11}$$

2. 控制阀的工作流量特性

在实际生产情况下，不同管线的控制阀所在的管路系统的阻力变化或旁路阀的开启程度不同将造成阀前后压差变化，从而使调节阀的流量特性发生变化。调节阀前后压差变化时的流量特性称为工作流量特性。

(1) 串联管道的工作流量特性　以图 5-25 所示来讨论串联管路中的控制阀特性。系统总压差 $\Delta p_{总}$ 等于管路系统（除控制阀外的全部设备和管道的各局部阻力之和）的压差 Δp_2 与控制阀的前后压差 Δp_1 之和，$\Delta p_{总}=\Delta p_2+\Delta p_1$。如果系统总压差 $\Delta p_{总}$ 一定时，随着流过该串联管道系统的流量 Q 的增大，管道部分的阻力损失增大，即 Δp_2 增大，也就是说控制阀压差 Δp_1 随 Q 增加而减小，如图 5-26 所示，当控制阀全开时，控制阀前后的压差最小，记为 $\Delta p_{1\min}$。这样，就会引起控制阀流量特性的变化，理想的流量特性变为实际的工作流量特性。

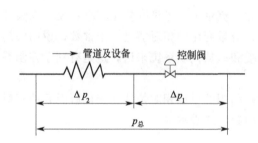

图 5-25　串联管路系统

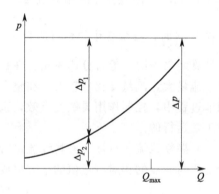

图 5-26　管道串联时控制阀压差变化情况

以 s 表示控制阀全开时控制阀前后压差 $\Delta p_{1\min}$ 与系统总压差 $\Delta p_{总}$（即系统中最大流量时动力损失总和）之比，即 $s=\Delta p_{1\min}/\Delta p_{总}$。以 $Q_{\max}$ 表示管道阻力等于零时控制阀的全开流量，此时阀上压差为系统总压差，于是可得串联管道以 $Q_{\max}$ 作参比值的工作流量特性，如图 5-27 所示。

当 $s=1$ 时，管道阻力损失为零，系统总压差全在阀上，工作特性与理想特性一致。随着 s 值的减小，直线特性渐渐趋近于快开特性，如图 5-27（a）所示；等百分比特性渐渐接近于直线特性，如图 5-27（b）所示。由图可知，s 值偏大时，阀上压差大，要消耗过多能量；s 值偏小时，流量特性会产生严重畸变，影响控制质量。因此在实际使用中，为使流量特性畸变不过大，一般希望 s 值不低于 0.3～0.5。

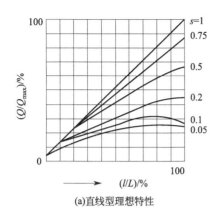

(a)直线型理想特性

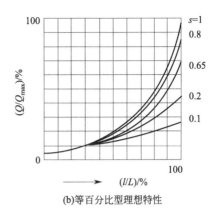

(b)等百分比型理想特性

图 5-27　管道串联时控制阀的工作流量特性

在现场使用中，如控制阀选得过大或生产处于低负荷状态时，控制阀将在小开度工作。有时，为了使控制阀有一定的开度而把工艺阀门关小些以增加管道阻力，使流过控制阀的流量降低，这样，s 值下降，使流量特性畸变，控制质量恶化。

（2）并联管道的工作流量特性　有旁路的并联管路系统如图 5-28 所示。假设压差 Δp 一定，当旁路关闭时，控制阀为理想流量特性；但当旁路打开时，虽然控制阀上的流量特性没有改变，但影响生产过程的是总管流量 Q，显然这时管路的总流量 Q 是控制阀流量 Q_1 与旁路流量 Q_2 之和，即 $Q = Q_1 + Q_2$。此时考虑的工作流量特性是总管相对流量与阀门相对开度之间的关系。

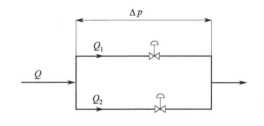

图 5-28　并联管路系统

如图 5-29 是并联管道控制阀的工作流量特性。纵坐标流量以总管最大流量 $Q_{\max}$ 为参比值，x 表示并联管路时控制阀全开时的流量 $Q_{1\max}$ 与总管最大流量 $Q_{\max}$ 之比。由图可见，当 $x = 1$，即旁路阀关闭、Q_2 为 0 时，控制

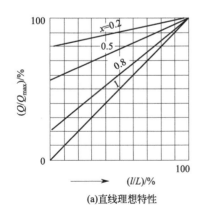

(a)直线理想特性

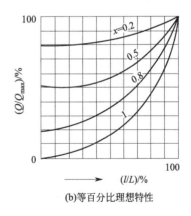

(b)等百分比理想特性

图 5-29　管道并联时控制阀的工作流量特性

阀的工作流量特性与它的理想流量特性相同。随着 x 值的减小，即旁路阀逐渐打开，虽然阀本身的流量特性变化不大，但可调范围大大降低了。控制阀关闭，即 l/L 等于 0 时，流量 Q_{min} 比控制阀本身的 Q_{1min} 大得多。同时，在实际使用中总存在着串联管路阻力的影响，控制阀上的压差还会随流量的增加而降低，使可调范围下降得更多些，控制阀在工作过程中所能控制的流量变化范围更小，甚至几乎不起控制作用。

控制阀一般都装有旁路，以便手动操作和维护。当生产量提高或控制阀选小了时，只好将旁路阀打开一些，此时控制阀的理想流量特性就变为工作流量特性。所以，采用打开旁路阀的控制方案是不好的，一般认为旁路流量最多只能是总流量的百分之十几，即 x 值最小不低于 0.8。

综合上述串、并联管路的情况，可得如下结论。

① 串、并联管路都会使阀的理想流量特性发生畸变，串联管路的影响尤为严重。

② 串、并联管路都会使控制阀的可调范围降低，并联管路尤为严重。

③ 串联管路使系统总流量减少，并联管路使系统总流量增加。

④ 串、并联管路会使控制阀的放大系数减小，即输入信号变化引起的流量变化值减少。串联管路时控制阀若处于大开度，则 s 值降低对放大系数影响更为严重；并联管路时控制阀若处于小开度，则 x 值降低对放大系数影响更为严重。

第四节　执行器的选择和维护

执行器的选用是否得当，将直接影响自动控制系统的控制质量、安全性和可靠性，因此必须根据工况特点、生产工艺及控制系统的要求等多方面的因素，参考各种类型控制阀的特点综合考虑选用。要正确选用执行器，一般应考虑下面三方面的问题，即执行器的结构形式、控制阀的流量特性、控制阀的口径。

一、执行器结构形式的选择

前面讲过，执行器结构包括执行机构和控制机构，因此执行器形式的选择应该考虑执行机构的选择、控制机构的选择和执行器作用方式的选择等几方面的内容。

1. 执行机构的选择

执行机构包括气动、电动和液动三大类。其中液动执行机构使用甚少，而气动执行机构中气动薄膜执行机构使用最广。因此，执行机构的选择主要是指气动薄膜执行机构和电动执行机构的选择，这两种执行机构的比较如表 5-3 所示。气动和电动执行机构各有其特点，并且都包含有各种不同的规格品种，选择时可以根据实际使用要求综合考虑确定。

表 5-3　气动薄膜执行机构和电动执行机构的比较

主要特性	气动薄膜执行机构	电动执行机构	主要特性	气动薄膜执行机构	电动执行机构
可靠性	简单可靠	较低	价格	低	高
驱动能源	需另设能源装置	简单方便	防爆性能	好	差
工作环境温度范围	大（$-40\sim+80$℃）	小（$-10\sim+55$℃）	输出力	大	小

2. 控制机构的选择

控制阀有直通单座阀、直通双座阀、角形阀、三通阀、隔膜阀、蝶阀、球阀、凸轮挠曲阀和笼式阀等不同结构形式，要根据生产过程的不同需要和控制系统的不同特点来进行选用。主要考虑的依据是流体的物理、化学特性（流体种类、黏度、毒性、腐蚀性、是否含悬浮颗粒等）、工艺条件（温度、压力、流量、压差、泄漏量等）、过程控制要求（控制系统精度、可调比、噪声等）。在执行器的结构形式选择时，还必须考虑控制机构的材质、公称压力等级和上阀盖的形式等问题，该内容可参考有关资料进行选择。例如强腐蚀介质可采用隔膜阀、高温介质可选用带翅形散热片的结构形式。

根据以上因素综合考虑，并参照各种控制机构的特点及其适用场合，同时兼顾经济性来选择满足工艺要求的控制机构。表5-4列出了不同结构形式的控制阀特点及其适用场合，以供选用时参考。

表 5-4　不同结构形式控制阀特点及适用场合

控制阀结构形式	特点及使用场合
直通单座阀	阀前后压降低,适用于要求泄漏量小的场合
直通双座阀	阀前后压降大,适用于允许较大泄漏量的场合
角形阀	适用于高压降、高黏度、含悬浮物体或颗粒状物质的场合
三通阀	适用于分流或合流控制的场合
隔膜阀	适用于有腐蚀性介质的场合
蝶阀	阀前后压降低,适用于要求泄漏量小的场合
球阀	适用于高黏度、污秽介质的控制
凸轮挠曲阀	适用于高黏度或带有悬浮物的场合
笼式阀	适用于要求低噪声、压差较大的场合

3. 执行器作用方式的选择

为了满足生产过程操作的安全性，执行器有正、反作用两种作用形式，即气开式和气关式。当采用气动执行器进行操作时，必须先确定执行器的作用方式。对于一个具体的控制系统来说，究竟选气开阀还是气关阀，要由具体的生产工艺来决定。一般来说，要根据以下原则进行选择。

气开、气关的选择主要从工艺生产设备和操作人员的安全角度出发。考虑原则是：信号压力中断时，应保证设备和操作人员的安全；减少原料和动力消耗；防止特殊介质本身（易结晶、凝固、蒸发等）造成产品质量不合格。如果阀处于打开位置时危害性小，则应选用气关式，以使气源系统发生故障，气源中断时，控制阀能自动开启，保证安全。反之阀处于关闭时危害性小，则应选用气开阀。例如加热炉的燃料气或燃料油应选用气开阀，即当信号中断时应切断进炉燃料，以免炉温过高造成事故；又如精馏塔回流量控制阀常采用气关式，一旦发生事故，控制阀全开，使生产处于全回流状态，这就防止了不合格产品的蒸出，从而保证塔顶产品的质量；而精馏塔进料的控制阀常采用气开式，一旦控制阀失去信号，控制阀即处于关闭状态，不再给塔进料，以免造成浪费；易燃气体进入工艺设备流量控制阀应选用气开阀，当信号中断时防止介质溢出设备而引起爆炸；若介质为易结晶物料时则选用气关阀，以免信号中断时介质结晶堵塞。

二、控制阀流量特性的选择

控制阀的结构形式确定以后，还需确定控制阀的流量特性（即阀芯的形状）。由于控制阀的工作流量特性会直接影响控制系统的控制质量和稳定性，因而在实际应用中控制阀特性的选择是一个重要的问题。

前面已经介绍过控制阀的理想流量特性主要有直线、等百分比、抛物线、快开四种，抛物线流量特性介于直线和等百分比特性之间，快开特性一般应用于双位控制和程序控制。因此，生产过程中流量特性的选择实际上是指如何选择直线特性和等百分比特性。

控制阀流量特性的选择可以通过理论计算，其过程相当复杂，且实际应用上也无此必要。因此，目前对控制阀流量特性多采用经验准则或根据控制系统的特点进行选择，可以从以下几方面考虑。

1. 系统的控制品质

一个理想的控制系统，希望其总的放大系数在系统的整个操作范围内保持不变。但在实际生产过程中，操作条件的改变、负荷变化等原因都会造成控制对象的特性发生变化，因此控制系统总的放大系数需要随之产生变化。适当地选择控制阀的特性，用阀的放大系数的变化来补偿被控对象放大系数的变化，可使控制系统总的放大系数保持不变或近似不变，从而达到较好的控制效果。例如被控对象的放大系数随着负荷的增加而减小时，采用具有等百分比流量特性的控制阀，其放大系数随负荷增加而增大，就可使控制系统的总放大系数保持不变，近似为线性。

2. 工艺管路情况

在实际使用中，控制阀总是和工艺管路、设备连在一起的。如前所述，控制阀在串联管路时的工作流量特性与 s 值的大小有关，即与工艺配管情况有关。同一个控制阀，在不同的工作条件下，具有不同的工作流量特性。因此，在选择其特性时，还必须考虑工艺配管情况。具体做法是先按控制系统的特点来选择阀的希望流量特性，然后再按照表 5-5 考虑工艺配管情况来选择相应的理想流量特性。也就是说先使控制阀安装在具体的管道系统中，畸变后的工作流量特性能满足控制系统对它的要求。由表 5-5 可知，目前使用比较多的是等百分比流量特性。

表 5-5　工艺配管情况与流量特性关系表

配管情况	$s=0.6\sim 1$		$s=0.3\sim 0.6$	
阀的工作流量特性	直线特性	等百分比特性	直线特性	等百分比特性
阀的理想流量特性	直线特性	等百分比特性	等百分比特性	等百分比特性

从表 5-5 可以看出，当 $s=0.6\sim 1$ 时，所选理想特性与工作特性一致；当 $s=0.3\sim 0.6$ 时，若要求工作特性是直线的，则理想特性应选等百分比的。这是因为理想特性为等百分比特性的控制阀，当 $s=0.3\sim 0.6$ 时，经畸变后的工作特性已近似为直线特性了。当要求的工作特性为等百分比时，其理想特性曲线应比等百分比的更凹一些，此时可通过修改阀门定位器反馈凸轮外廓曲线来补偿。当 $s<0.3$ 时，直线特性已严重畸变为快开特性，不利于控制；等百分比理想特性也已严重偏离理想特性，接近于直线特性，虽然仍能控制，但它的控制范围已大大减小。因此一般不希望 s 值小于 0.3。

目前已有低 s 值控制阀，即低压降比控制阀，它利用特殊的阀芯轮廓曲线或套筒窗口形状，使控制阀在 $s=0.1$ 时，其工作流量特性仍然为直线特性或等百分比特性。

3. 负荷变化情况

在负荷变化较大的场合，宜选用等百分比流量特性，因为等百分比特性的放大系数随控制阀行程增加而增大，流量相对变化值是恒定不变的，因此它对负荷变化有较强的适应性。另外，当控制阀经常工作在小开度时，不宜采用直线特性。控制阀在小开度时流量相对变化值大，控制过于灵敏，易引起振荡，且阀芯、阀座也易受到破坏，因此在 s 值小、负荷变化大的场合，宜选用等百分比特性。

三、控制阀口径的选择

控制阀口径选择得合适与否将会直接影响控制效果。口径选择得过小，会使流经控制阀的介质达不到所需要的最大流量。在大的干扰情况下，系统会因介质流量（即操纵变量的数值）的不足而失控，因而使控制效果变差，此时若试图通过开大旁路阀来弥补介质流量的不足，则会使阀的流量特性产生畸变；口径选择得过大，不仅会浪费设备投资，而且会使控制阀经常处于小开度工作，控制性能也会变差，容易使控制系统变得不稳定。

控制阀的口径选择主要是依据控制阀流量系数 K_V 值来确定的。控制阀的流量系数 K_V 表示控制阀容量的大小，亦是表示控制阀流通能力的参数。因此，控制阀流量系数 K_V 亦可称控制阀的流通能力。其定义如图 5-30 所示，当阀两端压差为 100kPa，流体密度为 $1g/cm^3$，阀全开时，流经控制阀的流体流量（以 m^3/h 表示）。如某一控制阀在全开时，当阀两端压差为 100kPa，如果流经阀的水流量为 $40m^3/h$，则该控制阀的流量系数 K_V 值为 40。

对于不可压缩的流体，且阀前后压差 p_1-p_2 不太大（即流体为非阻塞流）时，其流量系数 K_V 的计算公式为

$$K_V = 10Q\sqrt{\frac{\rho}{p_1-p_2}} \qquad (5\text{-}12)$$

式中 ρ——流体密度，g/cm^3；

p_1-p_2——阀前后的压差，kPa；

    Q——流经阀的流量，m^3/h。

从式(5-12)可以看出，如果控制阀前后压差 p_1-p_2 保持为 100kPa，阀全开时流经阀的水（$\rho=1g/cm^3$）的流量 Q 即为该阀的 K_V 值。

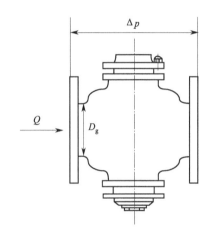

图 5-30 控制阀口径

K_V 值的计算与介质的特性、流动的状态等因素有关，具体计算时请参考有关计算手册或应用相应的计算机软件。

因此，控制阀口径的选择实质上是根据特定的工艺条件（即给定的介质流量、阀前后的压差以及介质的物性参数等）进行流量系数 K_V 的计算。然后根据生产厂家的产品目录，选出相应的控制阀口径，使得通过控制阀的流量满足工艺要求的最大流量且留有较小的裕量。

四、气动执行器的安装和维护

气动执行器的正确安装和维护是保证它能发挥应有效用的重要一环。气动执行器的安装和维护，一般应注意下列几个问题。

① 为便于维护检修，气动执行器应安装在靠近地面或楼板的地方。当装有阀门定位器或手轮机构时，更应保证观察、调整和操作的方便。手轮机构的作用是在开停车或事故情况下，可以用它直接进行人工操作控制阀，而不用气压驱动。

② 气动执行器应安装在环境温度不高于 60℃ 和不低于 −40℃ 的地方，并应远离振动较大的设备。为了避免膜片受热老化，控制阀的上膜盖与载热管道或设备之间的距离应大于 200mm。

③ 阀的公称通径与管道公称通径不同时，两者之间应加一段异径管。

④ 气动执行器应该是正立垂直安装于水平管道上。特殊情况下需要水平或倾斜安装时，除小口径阀外，一般应加支撑。即使正立垂直安装，当阀的自重较大和存在振动场合时，也应加支撑。

⑤ 在阀体上有箭头标明通过控制阀的流体方向，不能装反，正如孔板不能反装一样。

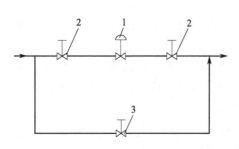

图 5-31　控制阀在管道中的安装
1—控制阀；2—切断阀；3—旁路阀

⑥ 控制阀前后一般要各装一只切断阀，以便修理时拆下控制阀。考虑到控制阀发生故障或维修时，不影响工艺生产的继续进行，一般应装旁路阀，如图 5-31 所示。

⑦ 控制阀安装前，应对管路进行清洗，排去污物和焊渣。安装后还应再次对管路和阀门进行清洗，并检查阀门与管道连接处的密封性能。当初次通入介质时，应使阀门处于全开位置以免杂质卡住。

⑧ 在日常使用中，要对控制阀经常维护和定期检修。应注意填料的密封情况和阀杆上下移动的情况是否良好，气路接头及膜片是否漏气等。检修时须重点检查的部位有阀体内壁、阀座、阀芯、膜片及密封圈、密封填料等。

第五节　数字阀与智能控制阀

随着计算机控制系统的发展，为了能够直接接收数字信号，出现了与之相适应的新品种执行器，数字阀和智能控制阀就是其中两例，下面简单介绍一下它们的功能与特点。

一、数字阀

数字阀是一种位式的数字执行器，由一系列并联安装而且按二进制排列的阀门所组成。图 5-32 为一个 8 位数字阀的控制原理。数字阀体内有一系列开关式的流孔，它们按照二进制顺序排列。例如对于这个数字阀，每个流孔的流量按 2^0，2^1，2^2，2^3，2^4，2^5，2^6，2^7 来设计，如果所有流孔关闭，则流量为 0。如果流孔全部开启，则流量为 255（流量单位），分辨率为 1（流量单位）。因此数字阀能在很大的范围内精密控制流量，如 8 位数字阀控制范围为 1～255。数字阀的开度按步进式变化，每步大小随位数的增加而减少。

数字阀主要由流孔、阀体和执行机构三部分组成。每一个流孔都有自己的阀芯和阀座。执行机构可以用电磁线圈，也可以用装有弹簧的活塞执行机构。

数字阀有以下特点。

① 高分辨率。数字阀位数越高，分辨率越高。8 位、10 位的分辨率比模拟式控制阀高很多。

② 高精度。每个流孔都装有预先校正流量特性的喷管和文丘里管，精度很高，尤其适合小流量控制。

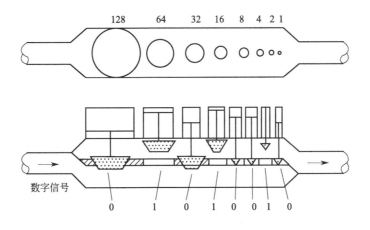

图 5-32 8位二进制数字阀原理图

③ 反应速度快，关闭特性好。

④ 直接与计算机相连。数字阀能直接接收计算机的并行二进制数码信号，有直接将数字信号转换为阀开度的功能。因此数字阀能应用于直接由计算机控制的系统中。

⑤ 没有滞后，线性好，噪声小。

但是数字阀结构复杂、部件多、价格高，此外由于过于敏感，导致输送给数字阀的控制信号稍有错误，就会造成控制错误，使被控流量大大高于或低于所希望的值。

二、智能控制阀

智能控制阀是近年来迅速发展的执行器，集常规仪表的检测、控制、执行等作用于一身，具有智能化的控制、显示、诊断、保护和通信功能，是以控制阀为主体，将许多部件组装在一起的一体化结构。智能控制阀的智能主要体现在以下几个方面。

（1）控制智能　除了一般的执行器控制功能外，还可以按照一定的控制规律动作。此外还配有压力、温度和位置参数的传感器，可对流量、压力、位置、温度等参数进行控制。

（2）通信智能　智能控制阀采用数字通信方式与主控制室保持联络，即计算机可以直接对执行器发出动作指令，智能控制阀还允许远程检测、整定、修改参数或算法等。

（3）诊断智能　智能控制阀安装在现场，但都有自诊断功能，能根据配合使用的各种传感器通过微处理器分析判断故障情况，及时采取措施并报警。

目前智能控制阀已经用于现场总线控制系统中。

习 题 ◀◀◀

1. 执行器主要由哪两部分组成？各起什么作用？
2. 简述在控制系统中执行器的工作原理？
3. 执行器的作用方式有几种，分别是如何定义的？
4. 气动执行机构主要有哪几种结构形式？各有什么特点？
5. 电动执行器有哪几种类型？各使用在什么场合？

6. 简述电-气转换器的用途与工作原理。

7. 阀门定位器按照结构可以分为哪几种？各有什么用途？

8. 简述控制机构的结构形式有哪些？各有什么特点？各使用在什么场合？

9. 控制阀的流量特性是指什么？

10. 试分别说明什么叫控制阀的理想流量特性和工作流量特性？常用的理想流量特性有哪几种？

11. 为什么说等百分比特性又叫对数特性？与线性特性相比它有什么优点？

12. 什么是串联管道中的阻力比 s？s 值的变化为什么会使理想流量特性发生畸变？

13. 什么是并联管道中的分流比 x？试说明 x 值对控制阀流量特性的影响。

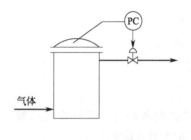

图 5-33　容器压力控制

14. 执行器的选择过程中需要考虑哪几个方面？分别该如何选择？

15. 什么叫气动执行器的气开式与气关式？其选择原则是什么？

16. 图 5-33 是一台受压容器，采用改变气体排出量以维持容器内压力恒定，试问控制阀应选择气开式还是气关式？为什么？

17. 加热炉原料油出口温度控制系统如图 5-34 所示，试确定系统中控制阀的气开、气关形式。

18. 已知锅炉汽包液位控制系统如图 5-35 所示，试确定在以下两种情况下，给水阀的气开、气关形式。

（1）要保证锅炉不能烧干。

（2）要保证蒸汽中不能带液体，以免损坏后续设备。

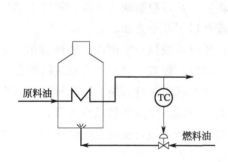

图 5-34　加热炉出口温度控制

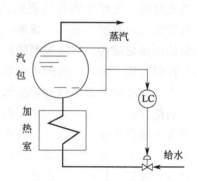

图 5-35　锅炉汽包液位控制

19. 如何选择控制阀的流量特性？

20. 什么是控制阀的流量系数 K_V？如何选择控制阀的口径？

21. 控制阀的日常维护要注意什么？

22. 数字阀有哪些特点？

23. 什么是智能控制阀？其智能主要体现在哪些方面？

第六章

简单控制系统

随着生产过程自动化水平的不断提高，控制系统的类型日益增多，复杂程度的差异日趋增大。本章所介绍的简单控制系统是结构最简单、应用最广泛的一种自动控制系统，其优点主要有结构简单、所需的自动化装置数量少、投资低、操作较方便，且能满足控制质量要求，解决了生产过程中的大量控制问题。简单控制系统是复杂控制系统的基础，且占整个控制回路的 80％以上。因此，学习和研究简单控制系统的结构、工作原理及设计是十分必要的。

第一节　简单控制系统的基本组成

从第一章已知，自动控制系统是由被控对象和自动化装置两大部分组成。由于构成自动控制系统的这两大部分（主要是指自动化装置）的数量、连接方式及其目的不同，自动控制系统可以有许多类型。

所谓简单控制系统，通常由四个基本环节构成，即由一个测量及变送器、一个控制器、一个控制阀和一个被控对象所构成的单闭环控制系统，因此也称为单回路控制系统。图 6-1 的流量控制系统与图 6-2 的温度控制系统都是简单控制系统的例子。

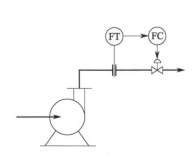

图 6-1　流量控制系统

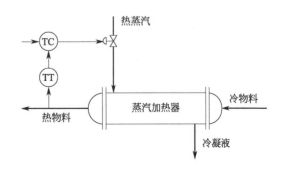

图 6-2　温度控制系统

图 6-1 所示的流量控制系统，由离心泵出口管路系统、孔板和差压变送器 FT、流量控制器 FC 和流量控制阀所组成，其控制目的是保持离心泵出口流量恒定。该控制系统中离心泵是被控对象，出口流量是被控变量，当管道其他部分阻力发生变化或有其他干扰时，流量将偏离给定值。利用孔板作为检测元件，把孔板上、下游的静压用连接导管接至差压变送器 FT，将流量信号转化为标准电流信号；将反映出口流量高低的信号送往流量控制器 FC，控制器的输出信号送往执行器，改变控制阀开度使离心泵出口流量发生变化以使流量恢复到给定值。

图 6-2 所示的蒸汽加热器温度控制系统，由蒸汽加热器、温度变送器 TT、温度控制器 TC 和蒸汽流量控制阀组成，其控制目的是保持被加热物料出口温度恒定。该控制系统中蒸汽加热器是被控对象，加热器出口物料温度是被控变量，当系统受到外界干扰引起出口物料温度变化时，通过温度变送器 TT 将物料温度高低信号送往温度控制器 TC 与给定值进行比较，温度控制器 TC 根据其偏差信号进行运算后将输出信号送往执行器，通过执行器改变进入加热器的载热体流量，以维持加热器出口物料的温度在工艺规定的数值上。

要注意的是在本系统中绘出了变送器 FT 及 TT 这个环节，根据自控设计规范，控制流程图中测量变送环节是可以省略不画的，因此本书以后的控制系统图也将不再画出测量变送环节。

图 6-1 和图 6-2 所示的简单控制系统的典型方块图如图 6-3 所示。简单控制系统方块图由被控对象（简称对象）、测量变送装置、控制器和执行器组成。对于不同对象的简单控制系统（例如图 6-1 和图 6-2 所示的系统），尽管其具体装置与变量不相同，但都可以用相同的方块图来表示，这就便于对它们的共性进行研究。

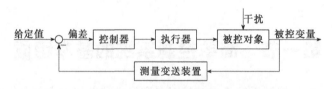

图 6-3　简单控制系统方块图

由图 6-3 还可以看出，在该系统中有一条从系统的输出端引向输入端的反馈路线，也就是说该系统中的控制器是根据被控变量的测量值与给定值的偏差来进行控制的，这是简单反馈控制系统的又一特点。

由于简单控制系统是最基本、应用最广泛的系统，因此学习和研究简单控制系统的结构、原理及使用是十分必要的。同时，学会分析简单控制系统，将会给复杂控制系统的分析和研究提供很大的方便。

第二节　简单控制系统的设计

前几章已经分别介绍了组成简单控制系统的各个组成部分，包括被控对象、测量变送装置、控制器、执行器等。为了设计一个好的单回路控制系统，并使该系统在运行时达到规定的质量指标要求，必须了解具体的生产工艺，掌握生产过程的规律，以便确定合理的控制方案。其中包括正确选择被控变量及操纵变量；正确选择测量变送装置；正确选择控制阀的开关形式及流量特性；正确选择控制器的控制规律及控制器参数的工程整定等。为此，本节针对系统中的四个组成环节特性对控制质量的影响情况分别进行深入的分析和研究。

一、被控变量的选择

生产过程中，借助自动控制保持恒定值（或按一定规律变化）的变量称为被控变量。合理选择被控变量是设计简单控制系统的第一步，也是关键的一步。它的选择直接关系到生产的稳定操作、增加产量和质量、改善劳动条件与生产安全等。如果被控变量选取不当，不论选用何种控制仪表，组成什么样的控制系统，也无论配上多么精密、先进的工业自动化装置，都不能达到预期的控制效果。

被控变量的选择与生产工艺密切相关，影响一个生产过程正常操作的因素有很多，但并非所有的影响因素都要加以控制。所以，必须深入实际，进行调查研究，分析工艺，找出影响生产的关键变量作为被控变量。所谓"关键"变量，是指这样一些变量，它们对产品的产量、质量以及安全具有决定性的作用，而人工操作又难以满足要求的；或者人工操作虽然可以满足要求，但是这种操作是既紧张又频繁的。

根据被控变量与生产过程的关系，可分为直接指标与间接指标两种类型的控制形式。如果被控变量本身就是需要控制的工艺指标，则称为直接指标控制。例如以压力、液位、流量、温度等为操作指标的生产过程，就选择压力、液位、流量、温度作为被控变量。直接指标是产品质量的直接反映。因此，一般应先考虑选择直接指标作为被控变量。

如果工艺是按质量指标进行操作的，理论上应以产品质量作为被控变量进行控制，例如产品成分、物性参数等。但获取质量信号的检测较困难，或虽能检测，但信号很微弱或滞后很大，选取直接指标作为被控变量有困难或不可能，这时可选择一种间接指标代替直接指标作为被控变量。但是需注意，所选用的间接指标必须与直接质量指标有单值对应关系且反应快速，如对温度、压力等进行间接指标控制。

被控变量的选择，有时是一件十分复杂的工作，除了前面所说的要找出关键变量外，还要考虑许多其他因素。下面先以苯、甲苯二元系统的精馏为例来说明如何选择间接参数作为被控变量，然后再归纳出选择被控变量的一般原则。

二元系统的精馏过程如图 6-4 所示。它的工作原理是利用被分离物各组分的挥发度不同，把混合物中的各组分进行分离。假定该精馏塔的操作是要使塔顶（或塔底）馏出

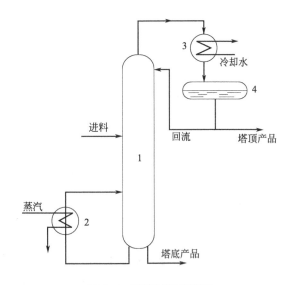

图 6-4 精馏过程示意图

1—精馏塔；2—蒸汽加热器；3—冷凝器；4—回流罐

物达到规定的纯度，那么塔顶（或塔底）馏出物的组分 x_D（或 x_w）应作为被控变量，因为它就是工艺的质量指标。

如果检测塔顶馏出物的组分 x_D（或 x_w）滞后太大，控制效果差，达不到质量要求，那么就不能直接以 x_D（或 x_w）作为被控变量进行直接指标控制，这时可以考虑选择一个合适的变量作为间接控制指标。

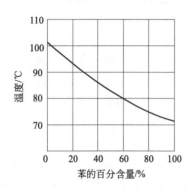

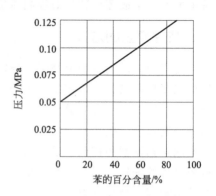

图 6-5　苯-甲苯溶液的 T-x 图　　　　　　　　图 6-6　苯-甲苯溶液的 p-x 图

当气、液两相并存时，塔顶易挥发组分的浓度 x_D 与塔顶温度 T_D、压力 p 三者之间有一定的函数关系。对于本例来说，当压力 p 一定时，苯-甲苯二元系统中 x_D 与 T_D 之间的单值对应关系如图 6-5 所示，即温度越低，对应的塔顶组分的 x_D 越高；反之，温度越高，对应的塔顶组分的 x_D 越低。当温度 T_D 一定时，x_D 与 p 之间也存在着单值对应关系，如图 6-6 所示，即压力越高，对应的塔顶组分 x_D 越高；反之，压力越低，对应的塔顶组分的 x_D 越低。由此可见，在组分、温度、压力三个变量中，只要固定温度或压力中的一个变量，另一个变量就可以代替 x_D 作为间接指标被控变量。在温度和压力中，究竟应选哪一个参数作为被控变量呢？

理论上，选择 T_D、p 都是可以的，但从工艺合理性考虑，常常选择温度作为被控变量。这是因为：第一，在精馏塔塔压固定的情况下，精馏塔各层塔板上的压力基本上是不变的，这样各层塔板上的温度与组分之间就有一定的单值对应关系。第二，在精馏塔操作中，压力往往需要固定。只有将塔压保持在规定的压力下，才易于保证分离纯度及塔的效率和经济性。如果塔压波动，就会破坏原来的气液平衡，影响相对挥发度，使塔处于不良工况。同时，随着塔压的变化，往往还会引起与之相关的其他物料量的变化，影响塔的物料平衡，导致负荷的波动。由此可见，固定压力，选择温度作为被控变量是可能的，也是合理的。

在选择被控变量时，还必须使所选变量有足够的灵敏度。在上例中，当 x_D 变化时，温度 T_D 的变化必须灵敏，有足够大的变化，容易被测量元件所感受，能使用比较简单、便宜的测量仪表。

此外，还要考虑简单控制系统被控变量间的独立性。假如在精馏操作中，塔顶和塔底的产品纯度都需要控制在规定的数值，据以上分析，可在固定塔压的情况下，塔顶与塔底分别设置温度控制系统。但这样一来，由于精馏塔各塔板上物料温度相互之间有一定联系，塔底温度提高，使上升蒸汽温度升高，塔顶温度相应地亦会提高；同样，塔顶温度提高，使回流液温度升高，也会使塔底温度相应提高。也就是说，塔顶的温度与塔底的温度之间存在关联。因此，以两个简单控制系统分别控制塔顶温度与塔底温度，势必造成相互干扰，使两个系统都不能正常工作，所以采用简单控制系统时，通常只能保证塔顶或塔底一端的产品质量。若工艺要求保证塔顶产品质量，则选塔顶温度为被控变量；若工艺要求保证塔底产品质量，则选塔底温度为被控变量；如果工艺要求塔顶和塔底产品纯度都要保证，则通常需要组成复杂控制系统，增加解耦装置，解决相互关联的问题。

综上所述，要正确地选择被控变量，必须要合理分析生产工艺过程、工艺特点及控制的要求，仔细分析各变量之间的相互关系。选择被控变量时，一般要遵循以下原则。

① 被控变量一般都是工艺过程中比较重要的变量，应能代表一定的工艺操作指标或能反映工艺操作状态，且被控变量应是独立可控的。

② 被控变量在工艺操作过程中经常会受到一些干扰而变化。为维持被控变量的恒定，需要较频繁的控制。

③ 尽量采用直接指标（直接反映产品质量的变量）作为被控变量。当无法获得直接指标信号，或其测量和变送信号滞后很大时，可选择与直接指标有单值对应关系的间接指标作为被控变量。

④ 被控变量要有足够大的灵敏度，易于测量。

⑤ 选择被控变量时必须考虑工艺合理性和国内仪表产品现状。

二、操纵变量的选择

1. 操纵变量和干扰变量

被控变量确定好之后，还需要选择一个合适的操纵变量，以便当被控变量在受到外界干扰而发生变化时，能够通过调节操纵变量，使被控变量迅速返回到原先的给定值上，保证生产产品质量不变。

在自动控制系统中，操纵变量就是用来克服干扰对被控变量的影响，实现控制作用的变量。最常见的操纵变量是介质的流量。此外，也有以转速、电压等作为操纵变量的。在本章第一节举例中，图 6-1 所示的流量控制系统，其操纵变量是出口流体的流量；图 6-2 所示的温度控制系统，其操纵变量是载热体的流量。

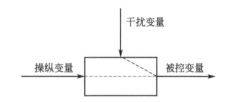

图 6-7　对象的输入、输出量

为正确选择操纵变量，首先要研究被控对象的特性，对工艺进行分析。我们都知道被控对象的输出只有被控变量，而影响被控变量的外部输入往往有很多，不是某一单一的量，在这些输入中，有些是可控（可以调节）的，有些是不可控的。原则上，在诸多影响被控变量的输入量中选择一个对被控变量影响显著且可控性良好的输入量作为操纵变量，而其他未被选中的所有输入量均视为系统的干扰。

被控对象的输入和输出关系如图 6-7 所示。下面举一实例加以说明。

图 6-8 是化工厂中常见的精馏塔流程图。如果根据工艺要求，选择提馏段某块塔板（一般为温度变化最灵敏的板，称为灵敏板）的温度作为被控变量。那么，自动控制系统的任务就是通过维持灵敏板上的温度恒定，来保证塔底产品的成分满足工艺要求。

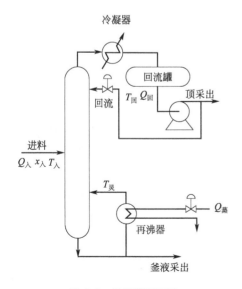

图 6-8　精馏塔流程图

从工艺分析可知，影响提馏段灵敏板温度 $T_{灵}$ 的因素主要有：进料的流量（$Q_{入}$）、成分（$x_{入}$）、温度（$T_{入}$）、回流的流量（$Q_{回}$）、回流液温度（$T_{回}$）、加热蒸汽流量（$Q_{蒸}$）、冷凝器冷却温度及塔压等。这些因素都会影响被控变量（$T_{灵}$）的变化，如图 6-9 所示。现在的问题是选择哪一个变量作为操纵变量呢？为此，可先将这些影响因素分为

两大类，即可控的和不可控的。从工艺角度看，本例中只有回流量和蒸汽量为可控因素，其

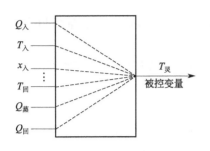

图 6-9　影响提馏段温度
的各种因素示意图

他一般为不可控因素。当然，在不可控因素中，有些也是可以调节的，例如 $Q_入$、塔压等，但是工艺上一般不允许这些变量去控制塔的温度（因为 $Q_入$ 的波动意味着生产负荷的波动；塔压的波动意味着塔的工况不稳定，并会破坏温度与成分的单值对应关系，这些都是不允许的。因此，将这些影响因素也看成是不可控因素）。在两个可控因素中，蒸汽流量对提馏段温度的影响比回流量对提馏段温度的影响更及时、更显著。同时，从节能的角度来讲，控制蒸汽流量比控制回流量消耗的能量要小，所以通常应选择蒸汽流量作为操纵变量。

操纵变量选择的好坏直接关系到控制系统的控制质量，因此如何选择操纵变量是控制系统设计的一个重要因素。为正确选择操纵变量，首先应对被控对象的特性进行研究。

2. 对象特性对控制质量的影响

前面已经说过，在诸多影响被控变量的因素中，一旦选择了其中一个作为操纵变量，那么其余的影响因素都成了干扰变量。操纵变量与干扰变量作用在对象上，都会引起被控变量的变化。图 6-10 是被控对象输入和输出示意图。干扰变量由干扰通道施加在对象上，起着破坏作用，使被控变量偏离给定值；操纵变量由控制通道施加到对象上，使被控变量恢复到给定值，起着校正作用。这是一对相互矛盾的变量，它们对被控变量的影响都与对象特性有密切的关系。

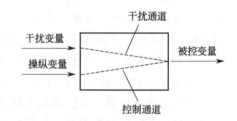

图 6-10　干扰通道与控制通道的关系

如何才能使控制作用有效地克服干扰对被控变量的影响呢？关键在于选择一个可控性良好的操纵变量。这就要研究对象的特性，要认真分析对象特性，研究系统中存在的各种输入量以及它们对被控变量的影响情况，以提高控制系统的控制质量，并从中总结出选择操纵变量的一些原则。

通过前面第二章可知，描述对象特性的参数有放大系数 K、时间常数 T、滞后时间 τ。下面简单分析这三个对象特性参数对控制过程的影响。

（1）对象静态特性对控制质量的影响　对象的静态特性分为控制通道的静态特性和干扰通道的静态特性，分别由控制通道的放大系数 K_0 和干扰通道的放大系数 K_f 来描述。

在选择操纵变量构成自动控制系统时，一般希望控制通道的放大系数 K_0 要大一些，这是因为 K_0 的大小表征了操纵变量对被控变量的影响程度。K_0 越大，表示控制作用对被控变量影响越显著，使控制作用更为有效。所以从控制的有效性来考虑，K_0 应适当大些，但同时也要注意，K_0 过大时，控制作用过于灵敏，会使控制系统不稳定，这也是要引起注意的。

另一方面，对象干扰通道的放大系数 K_f 越小越好。K_f 越小，表示干扰对被控变量的影响越小，过渡过程的超调量也就越小，余差越小，控制品质也就越好。故确定控制系统时，也要考虑干扰通道的静态特性。

总之，在诸多变量都在影响被控变量时，从静态特性考虑，应选择其中放大系数大的可

控变量作为操纵变量。

（2）对象动态特性对控制质量的影响　同理，对象的动态特性也可分为控制通道的动态特性和干扰通道的动态特性，分别由控制通道的时间常数 T_0、纯滞后时间 τ_0 和干扰通道的时间常数 T_f、纯滞后时间 τ_f 来描述。

① 控制通道时间常数 T_0 的影响。控制器的控制作用是通过控制通道施加于对象去影响被控变量的，所以控制通道的时间常数不能过大，否则会使操纵变量的校正作用迟缓、超调量大、过渡时间长。一般要求对象控制通道的时间常数 T_0 小一些，使之反应灵敏、控制及时，从而获得良好的控制质量。但控制通道的时间常数也并不是越小越好，如果过小，控制作用过于灵敏，容易引起系统振荡。例如在前面举例的精馏塔提馏段温度控制中，由于回流量对提馏段温度影响的通道长，时间常数大，而加热蒸汽量对提馏段温度影响的通道短，时间常数小，因此，选择蒸汽量作为操纵变量是合理的。

② 控制通道纯滞后时间 τ_0 的影响。控制通道的物料输送或能量传递都需要一定的时间，这样造成的纯滞后 τ_0 对控制质量是有不利影响的，图 6-11 所示为纯滞后对控制质量影响的示意图。

图中 C 表示被控变量在干扰作用下的变化曲线（这时无校正作用），A 和 B 分别表示无滞后和有纯滞后时操纵变量对被控变量的校正作用，D 和 E 分别表示无纯滞后和有纯滞后情况下被控变量在干扰作用与校正作用同时作用下的变化曲线。

对象控制通道无纯滞后时，当控制器在 t_0 时接收正偏差信号而产生校正作用 A，使被控变量从 t_0 以后沿曲线 D 变化。当对象有纯滞后 τ_0 时，控制器虽在 t_0 时间后发出了校正作用，但由于纯滞后的存在，使之对被控变量的影响推迟

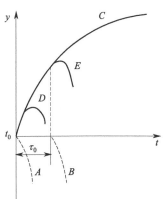

图 6-11　纯滞后 τ_0 对控制质量的影响

了 τ_0 时间，即对被控变量的实际校正作用是沿曲线 B 发生变化的。因此被控变量则是沿曲线 E 变化的，比较 E、D 曲线，可见纯滞后使超调量增加；反之，当控制器接收负偏差时所产生的校正作用，由于存在纯滞后，使被控变量继续下降，可能造成过渡过程的振荡加剧，以使时间变长，稳定性变差。所以，在选择操纵变量构成控制系统时，应使对象控制通道的纯滞后时间 τ_0 尽量小。

③ 干扰通道时间常数 T_f 的影响。干扰通道的时间常数 T_f 越大，表示干扰对被控变量的影响越缓慢，这是有利于控制的。所以，在确定控制方案时，应设法使干扰到被控变量的通道长些，即时间常数要大一些。

④ 干扰通道纯滞后时间 τ_f 的影响。如果干扰通道存在纯滞后时间 τ_f，即干扰对被控变量的影响推迟了时间 τ_f，因而控制作用也推迟了时间 τ_f，使整个过渡过程曲线推迟了时间 τ_f。只要控制通道不存在纯滞后，通常是不会影响控制质量的，如图 6-12 所示。

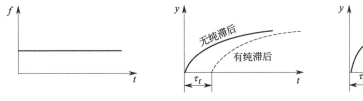
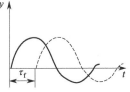

图 6-12　干扰通道纯滞后 τ_f 的影响

3. 操纵变量的选择原则

根据以上分析，概括来说选择操纵变量的原则主要有以下几条。

① 操纵变量应是可控的，即是工艺上允许调节的变量。

② 操纵变量一般应比其他干扰对被控变量的影响更加灵敏。为此，应通过合理选择操纵变量，使控制通道的放大系数适当大些、时间常数适当小些（但不宜过小，否则易引起振荡）、纯滞后时间尽量小。为使其他干扰对被控变量的影响减小，应使干扰通道的放大系数尽可能小、时间常数尽可能大。

③ 在选择操纵变量时，除了从自动化角度考虑外，还要考虑工艺的合理性与生产的经济性。一般说来，不宜选择生产负荷作为操纵变量，因为生产负荷直接关系到产品的产量，是不宜经常波动的。另外，从经济性考虑，应尽可能地降低物料与能量的消耗。

三、测量元件特性的影响

测量及变送装置是控制系统中获取对象信息的重要环节，也是系统进行控制的依据。所以，要求它能正确地、及时地反映被控变量的状况。如果测量不准确，会使操作人员把不正常工况误认为是正常的，而把正常工况却误认为是不正常，形成混乱，甚至会处理错误，造成安全事故。测量不准确或不及时，会产生失调、误调，影响之大不容忽视。

1. 测量滞后的影响

测量滞后包括参数测量环节的容量滞后和信号测量环节的纯滞后。

（1）测量容量滞后的影响　测量环节的容量滞后是测量元件自身具有一定的时间常数所致的，一般称之为测量滞后。也就是说它是由测量元件本身的特性造成的，如测温元件，由于存在热阻和热容，它本身具有一定的时间常数，因而会造成测量滞后。

图 6-13 是测量元件时间常数对测量的影响。图中，y 为被测量，z 为测量元件的输出。图 6-13(a) 所示为被控变量 y 受阶跃信号影响，作阶跃变化，测量值 z 慢慢靠近 y，显然，前一段两者差距很大；图 6-13(b) 为被控变量 y 受斜坡信号影响，作递增变化，而 z 则一直跟不上去，总存在着偏差；图 6-13(c) 为被控变量 y 受正弦信号影响，作周期性变化，z 的振荡幅值没有比 y 小，而且落后一个相位。

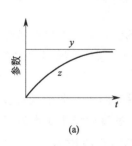
(a)

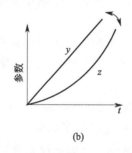
(b)

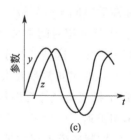
(c)

图 6-13　测量元件时间常数的影响

从图中可以看出，由于测量元件时间常数的影响，使测量值与真实值存在差异，测量元件的时间常数越大，以上现象越加显著。假如将一个时间常数大的测量元件用于控制系统，那么，当被控变量变化的时候，由于被控变量的测量值不等于真实值，所以控制器接收到的信号失真，它不能发挥正确的校正作用，控制质量无法达到要求。因此，控制系统中的测量元件时间常数不能太大，最好选用惰性小的快速测量元件，例如用快速热电偶代替工业上用的普通热电偶或温包。必要时也可以在测量元件之后引入微分作用，利用它的超前作用来补偿测量元件引起的动态误差。一般来说，当测量元件的时间常数 T_m 小于对象时间常数的 1/10 时，对系统的控制品质影响不大，这时就没有必要再盲目追求时间常数小的测量元件了。

有时，测量元件安装是否正确，维护是否得当，也会影响测量与控制。特别是流量测量元件和温度测量元件，例如工业用的孔板、热电偶和热电阻元件等。若安装不正确，往往会影响测量精度，不能正确地反映被控变量的变化情况，这种测量失真的情况当然会影响控制质量。同时，在使用过程中要经常注意维护、检查，特别是在使用条件比较恶劣的情况（如介质腐蚀性强、易结晶、易结焦等）下，更应该经常检查，必要时进行清理、维修或更换。例如当用热电偶测量温度时，有时会因使用一段时间后，热电偶表面结晶或结焦，使时间常数大大增加，以致严重影响控制质量。

（2）测量纯滞后的影响　测量参数变化的信号传递到检测点需要花费一定的时间，因而就产生了纯滞后。当测量存在纯滞后时，它和对象控制通道存在纯滞后一样，会严重地影响控制质量。纯滞后是控制系统设计中最不容易克服的影响因素。

测量的纯滞后有时是由于测量元件安装位置引起的。例如图 6-14 中的 pH 值控制系统，如果被控变量是中和槽内出口溶液的 pH 值，但作为测量元件的测量电极却安装在远离中和槽的出口管道处，并且将电极安装在流量较小、流速很慢的副管道（取样管道）上。这样一来，电极所测得的信号与中和槽内溶液的 pH 值在时间上就延迟了一段时间 τ_0，其大小为

$$\tau_0 = \frac{l_1}{v_1} + \frac{l_2}{v_2} \tag{6-1}$$

式中　l_1，l_2——电极离中和槽的主、副管道的长度；

$\quad\quad v_1$，v_2——主、副管道内流体的流速。

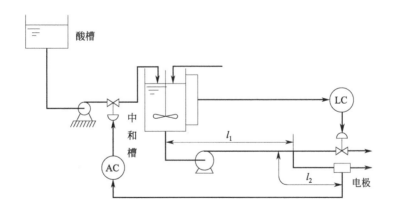

图 6-14　pH 值控制系统示意图

这一纯滞后使测量信号不能及时反映中和槽溶液 pH 值的变化，因而降低了控制质量。目前，以物性作为被控变量时往往都存在此类问题，这时引入微分作用是徒劳的，引入不当，反而会导致不稳定。所以在测量元件的安装上，一定要考虑尽量减小纯滞后。对于大纯滞后的系统，简单控制系统往往是无法满足控制要求的，需采用复杂控制系统。

测量环节纯滞后对控制质量的影响与控制通道纯滞后对控制质量的影响相同，一般把控制阀、被控对象和测量变送装置组合在一起视为广义对象，这样测量变送的纯滞后就可以合并到对象的控制通道中一并进行考虑。根据经验可知，温度参数的测量很容易引入纯滞后，且一般都较大，必须引起注意；而流量参数的测量纯滞后一般比较小。

2. 信号传送滞后的影响

在大型石油化工厂中，生产现场与控制室之间往往相隔一段很长的距离。现场变送器的输出信号要通过信号传输管线送往控制室内的控制器，而控制器的输出信号又需通过信号传输管线送往现场的控制阀。测量与控制信号的这种往返传送都需要通过控制室与现场之间的一段空间距离，于是产生了信号传送滞后。

信号传送滞后通常包括测量信号传送滞后和控制信号传送滞后两部分。

测量信号传送滞后是指由现场测量变送装置的信号传送到控制室的控制器所引起的滞后。对于电信号来说，传送滞后可以忽略不计，但对于气信号来说，不得不加以考虑，因为气信号管线具有一定的容量，必然存在一定的传送滞后。

控制信号传送滞后是指由控制室内控制器的输出控制信号传送到现场执行器所引起的滞后。对于气动薄膜控制阀来说，由于具有较大容量的膜头空间，所以控制器的输出变化到引起控制阀开度变化，往往具有较大的容量滞后，这样就会使得控制不及时，控制效果变差。

信号的传送滞后对控制系统的影响基本上与对象控制通道的滞后相同，需尽量减小些。所以，在可能的情况下，现场与控制室之间的信号尽量采用电信号传送，必要时可用气-电转换器将气信号转换为电信号，以减小传送滞后。为减小气压信号的滞后，要求气压信号管路不能超过300m，直径不能小于6mm，必要时应在信号传输管线上安装气动继动器或在控制阀上安装阀门定位器以提高输出功率，从而减小信号传送滞后。

四、执行器的选择

前面第五章中已对执行器的选择进行了详细的分析，本节不再赘述。

五、控制器的设计

前面已经讲过，简单控制系统是由被控对象、控制器、执行器和测量变送装置四大基本部分组成的。一般地，在现场控制系统安装完毕或控制系统投运前，被控对象、测量变送装置和执行器这三部分的特性就完全确定了，不能任意改变。这时可将对象、测量变送装置和执行器组合在一起，称之为广义对象。于是控制系统可看成由

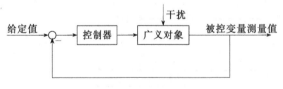

图 6-15 简单控制系统简化方块图

控制器与广义对象两部分组成，如图6-15所示。按照工艺要求，设计好被控对象、选定好测量变送单元和执行器后，这三部分的特性就完全确定，不可随便更改。因此，在广义对象特性已经确定的情况下，控制系统设计就是希望通过设计控制器来改变整个控制系统的动态特性，以期达到控制被控变量的目的。设计控制器主要包括三个方面：一是选择合适的控制器控制规律，以适应实际生产过程的特性和要求，提高控制系统的稳定性和控制品质的目的；二是确定控制器的正、反作用，以确保整个系统为负反馈系统，也是控制系统设计的一个重要内容；三是一个自动控制系统的过渡过程或者控制质量，在控制方案、广义对象的特

性、控制规律都已确定的情况下，主要取决于控制器参数的工程整定。这是本节要讨论的主要问题，下面对这几方面分别加以介绍。

1. 控制器控制规律的确定

目前工业上常用的控制器主要有五种控制规律，分别是双位控制规律、比例控制规律（P）、比例积分控制规律（PI）、比例微分控制规律（PD）和比例积分微分控制规律（PID）。由于双位控制规律会使系统产生等幅振荡过程，一般只适用于滞后较小、负荷变化不大且不剧烈、控制质量要求不高、允许被控变量在一定范围内波动的场合，如恒温箱、电阻炉等的温度控制。因此，选择哪种控制规律主要是根据广义对象的特性和工艺的要求来决定的，下面分别说明 P、PI、PD 和 PID 规律的特点及应用场合。

（1）比例控制规律（P 规律） 比例控制是最基本的控制规律，它的特点是控制器的输出与偏差成比例，即控制阀阀门位置与偏差之间具有一一对应关系。比例控制规律的输出信号 p 与输入偏差 e（实际上是指它们的变化量）之间的关系为

$$p = K_P e \qquad (6-2)$$

由式(6-2)可知，比例控制器的可调参数是比例放大系数 K_P（或比例度 δ），对于单元组合仪表来说，它们的关系式(6-3)为

$$\delta = \frac{1}{K_P} \times 100\% \qquad (6-3)$$

当负荷变化时，比例控制克服干扰能力强，作用及时，过渡时间短，但纯比例控制系统在过渡过程终了时存在余差，且负荷变化越大，余差就越大。比例控制适用于控制通道滞后较小、负荷变化不大、工艺上控制要求允许有余差的场合，例如中间贮槽的液位、精馏塔塔釜液位以及不太重要的蒸汽压力控制系统等。

（2）比例积分控制规律（PI 规律） 比例积分控制规律是工程上使用最多、应用最为广泛的一种控制规律。它的特点是在比例控制的基础上引入积分作用，而积分作用的输出是与偏差的积分成比例的，只要偏差存在，控制器的输出就会不断变化，直至消除偏差为止。比例积分控制规律的输出信号 p 与输入偏差 e 的关系为

$$p = K_P \left(e + \frac{1}{T_I} \int e \, dt \right) \qquad (6-4)$$

由式(6-4)可知，比例积分控制器的可调整参数是比例放大系数 K_P（或比例度 δ）和积分时间 T_I。

采用比例积分控制规律，可使系统在过渡过程结束时无余差，这就是它的显著优点。但加上积分作用，也会造成系统稳定性降低，虽然在加积分作用的同时，可以通过加大比例度，使稳定性基本保持不变，但最大偏差和振荡周期都相应增大，过渡时间也会加长。

比例积分控制规律适用于控制通道滞后较小、负荷变化不大、被控参数不允许有余差的场合，例如某些流量、压力和要求严格的液位控制系统，采用比例积分控制规律可获得较好的控制质量。

（3）比例微分控制规律（PD 规律） 微分作用的超前控制对于克服容量滞后有显著效果。它的特点是在比例控制的基础上引入微分作用，会有超前控制作用，能提高系统的稳定性，减小最大偏差和余差，加快控制过程，改善控制质量。比例微分控制规律的输出信号 p 与输入偏差 e 的关系为

$$p = K_P \left(e + T_D \frac{de}{dt} \right) \qquad (6-5)$$

由式(6-5)可知，比例微分控制规律的可调整参数是比例放大系数 K_P（或比例度 δ）和微分时间 T_D。

比例微分控制规律适用于控制通道的时间常数或容量滞后较大的场合，例如允许有余差的温度、成分和 pH 值的控制系统。但对于滞后很小、干扰作用频繁或噪声严重的系统，应避免引入微分作用，否则会由于被控变量的快速变化引起控制作用的大幅度变化，导致控制系统不稳定，给调试带来困难。

（4）比例积分微分控制规律（PID 规律）　比例积分微分控制规律是一种最为理想的三作用控制规律。它的特点是在比例的基础上加上微分作用能提高稳定性，再加上积分作用可以消除余差。比例积分微分的输出信号 p 与输入偏差 e 的关系为

$$p = K_P \left(e + \frac{1}{T_I} \int e\,\mathrm{d}t + T_D \frac{\mathrm{d}e}{\mathrm{d}t} \right) \tag{6-6}$$

由式(6-6)可知，比例积分微分控制规律的可调整参数有比例放大系数 K_P（比例度 δ）、积分时间 T_I 和微分时间 T_D。所以，适当调整 δ、T_I、T_D 三个参数，可以使控制系统获得较高的控制质量。

比例积分微分控制器适用于控制通道时间常数或容量滞后较大、负荷变化大、控制质量要求较高的系统，例如应用最普遍的是反应器、聚合釜的温度控制系统或成分控制系统等。

2. 控制器正、反作用的确定

前面已经介绍过，自动控制系统是一个具有被控变量负反馈的闭环控制系统。也就是说，如果被控变量值偏高，则控制作用应使之降低；相反，如果被控变量值偏低，则控制作用应使之升高。控制作用对被控变量的影响应与干扰作用对被控变量的影响相反，才能使被控变量值恢复到给定值。这里，控制器有一个作用方向的问题，它关系到控制系统能否正常运行与安全操作。

在控制系统中，不仅是控制器，被控对象、测量元件及变送器和执行器都有各自的作用方向，它们如果组合不当，会使总的作用方向构成正反馈，这样控制系统不但不能发挥控制作用，反而会破坏生产过程的稳定。所以，在系统投运前必须注意检查各环节的作用方向，其目的是通过改变控制器的正、反作用，以保证整个控制系统是一个具有负反馈的闭环系统。

所谓作用方向，是指输入变化后，输出的方向如何变化。当某个环节的输入增加时，其输出也增加，则称该环节为"正作用"方向；反之，当环节的输入增加时，输出减小，则称为"反作用"方向。由于控制器的输出决定于被控变量的测量值与给定值之差，所以被控变量的测量值与给定值变化时，对输出的作用方向是相反的。对于控制器的作用方向是这样规定的：当给定值不变，被控变量测量值增加时，控制器的输出也增加，称为"正作用"方向，或者当测量值不变，给定值减小时，控制器的输出增加称为"正作用"方向。反之，如果测量值增加（或给定值减小）时，控制器的输出减小则称为"反作用"方向。

控制器的正、反作用方向的选择可以按照以下步骤进行。

（1）判断被控对象的作用方向　在一个安装好的控制系统中，被控对象的作用方向是由工艺机理确定的。不同对象的输入变量与输出变量随工艺而定，各不相同，因此其作用方向也随之不同，主要根据被控对象的输入变量（操纵变量）是如何影响输出变量（被控变量）决定的。当操纵变量增加时，被控对象的输出（被控变量）也增加，操纵变量减小时，被控变量也减小时，则被控对象是"正作用"方向的。反之，当操纵变量增加时，被控变量减

小，操纵变量减小时，被控变量反而增加，则被控对象是"反作用"方向的。

（2）确定测量元件及变送器的作用方向　当被控变量增加时，测量元件及变送器的输出量一般也是增加的，故其作用方向一般都是"正作用"的。所以在考虑整个控制系统的作用方向时，可不用考虑测量元件及变送器的作用方向（因为它总是"正"的）。

（3）确定执行器的作用方向　执行器的作用方向是由执行器的气开式、气关式决定的。执行器的气开或气关形式主要根据工艺安全条件来选定，其选择的原则是控制信号中断时，应确保操作人员与设备的安全。若选用气开阀，即控制器输出信号（也就是执行器的输入信号）增加时，气开阀的开度增加，因而操纵变量也增加，故气开阀是"正作用"方向的；反之，若选用气关阀，即控制器输出信号（也就是执行器的输入信号）增加时，气开阀的开度反而减小，操纵变量也减小，故气关阀是"反作用"方向的。

（4）确定控制器的作用方向　控制器作用方向的确定原则是使整个控制系统形成负反馈，若规定环节的正作用方向为"＋"，反作用方向为"－"，则要考虑构成自动控制系统的被控对象、测量元件及变送器、执行器和控制器四个环节的作用方向，使它们组合后乘积为负。控制器作用方向的判别式为

（控制器"±"）×（执行器"±"）×（被控对象"±"）＝"－"

下面通过两个实例来说明如何选择控制器的作用方向。

图 6-16 是一个简单的加热炉出口物料温度控制系统。在这个系统中，加热炉是被控对象，燃料油流量是操纵变量，被加热的原料出口温度是被控变量。由此可知，当操纵变量燃料油流量增加时，被控变量是增加的，故被控对象是"正作用"方向；如果从工艺安全条件出发选定执行器是气开阀（停气时阀关闭），以免当气源突然中断时，控制阀打开而烧坏炉子。那么这时执行器便是"正作用"方向；为了保证：（被控对象"＋"）×（执行器"＋"）×（控制器"＊"）＝"－"，控制器就应该选为"反作用"方向，这样才能使炉温升高时，控制器

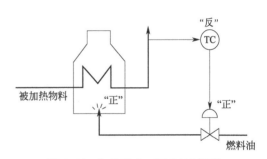

图 6-16　加热炉出口温度控制系统

TC 的输出减小，即关小燃料油阀门（因为是气开阀，当输入信号减小时，阀门是关小的），使炉温降下来。

图 6-17 为锅炉水位-压力控制系统图，主要由两个简单控制系统组成，左侧为锅炉汽包压力控制系统，右侧为锅炉汽包水位控制系统。为防止锅炉爆炸，工艺上要求锅炉汽包的水位不能太低，压力不能太大。

在图 6-17 压力控制系统中，被控对象为锅炉汽包，被控变量为锅炉汽包内的压力，操纵变量为燃料的流量，当操纵变量（燃料流量）增大时，被控变量（锅炉汽包内压力）升高，故被控对象是正作用方向的；为防止爆炸，燃料阀应选气开阀（停气时关断），故执行器是正作用方向的；根据判别式（被控对象"＋"）×（执行器"＋"）×（控制器"＊"）＝

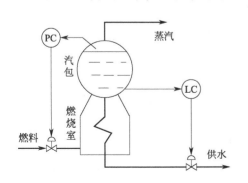

图 6-17　锅炉水位-压力控制系统

"一"，可选择控制器为反作用方向。

在图 6-17 水位控制系统中，被控对象为锅炉汽包，被控变量为锅炉汽包的水位，操纵变量为进水流量，当操纵变量（进水流量）增大时，被控变量（锅炉汽包水位）升高，故被控对象是正作用方向的；为防止因水位太低锅炉烧干而引发爆炸，进水阀应选气关阀（停气时全打开），故执行器是反作用方向的；根据选择判别式（被控对象"＋"）×（执行器"一"）×（控制器"＊"）="一"，可选择控制器为正作用方向。

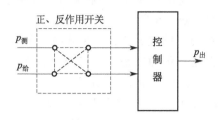

图 6-18　控制器正、反作用开关示意图

控制器的正、反作用可以通过改变控制器上的正、反作用开关自行选择，一台正作用的控制器，只要将其测量值与给定值的输入线互换一下，就成了反作用的控制器，其原理如图 6-18 所示。

3. 控制器参数的工程整定

一个自动控制系统的过渡过程或者控制质量，与被控对象、干扰形式与大小、控制方案的确定及控制器参数整定有着密切的关系。在简单控制系统安装完毕或者系统投运前，可以看成由广义对象和控制器两部分组成，如果控制器控制规律也已经选定，此时系统的控制质量就取决于控制器参数的整定。通常按照已定的控制方案，确定较合适的控制器参数（比例度 δ、积分时间 T_I 和微分时间 T_D）的方法称为控制器参数的工程整定。控制器参数整定的方法很多，主要有两大类，一类是理论计算整定法，另一类是工程整定法。

理论计算整定法是根据已知的广义对象特性及控制质量的要求，通过精确的数学计算和一些最优理论来确定控制器的最佳参数。由于工业过程往往比较复杂，难以精确得到各个环节的数学模型，因此这种整定方法一般存在计算繁琐、工作量大、参数精确性差等问题，需要反复修正，故在工程实践中长期没有得到推广和应用。

工程整定法是指在已经投运的实际控制系统中，通过试验的方法来确定控制器的参数。这类方法一般不需要控制系统的精确数学模型，具有方法简单、易于掌握的特点。虽然通过工程整定法得到的参数不一定是最优参数，但却相当实用，是工程技术人员所必须掌握的一种参数整定方法。目前，工程中常用的工程整定法有临界比例度法、衰减曲线法和经验凑试法等几种。下面对这三种工程整定法逐一介绍。

（1）临界比例度法　临界比例度法是目前工业中应用较多的一种方法。它是先通过试验得到临界比例度 δ_K 和临界周期 T_K，然后根据经验总结得出的计算公式求出控制器各个参数值。具体整定步骤如下。

在闭环的控制系统中，先将控制器变为纯比例作用，即将 T_I 置于 "∞" 位置上，T_D 置于 "0" 位置上，在干扰作用下，逐渐改变控制器的比例度 δ 至适当位置，使系统产生等幅振荡（即临界振荡），如图 6-19 所示。这时的比例度称为临界比例度 δ_K，周期为临界振荡周期 T_K。记下 δ_K 和 T_K，然后按表 6-1 中的经验公式计算出控制器的各参数整定数值。

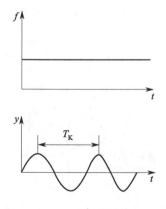

图 6-19　临界振荡过程

表 6-1　临界比例度法参数计算公式表

控制作用	比例度/%	积分时间 T_I/min	微分时间 T_D/min
比例	$2\delta_K$		
比例积分	$2.2\delta_K$	$0.85T_K$	
比例微分	$1.8\delta_K$		$0.1T_K$
比例积分微分	$1.7\delta_K$	$0.5T_K$	$0.125T_K$

　　临界比例度法比较简单、方便，容易掌握和判断，适用于一般的控制系统，但要使系统达到等幅振荡后，才能找出 δ_K 与 T_K，对于工艺上不允许产生等幅振荡的系统不能应用该方法进行参数整定。另外，对于临界比例度很小的系统不适用，因为临界比例度很小，则控制器输出的变化一定很大，意味着执行器不是全开就是全关，因此，被控变量容易超出允许范围，影响生产的正常进行。

　　(2) 衰减曲线法　该方法与临界比例度法相比较，无需出现等幅振荡，而是使系统出现一定比例的衰减振荡来整定控制器的参数值的。具体整定步骤如下。

　　在闭环的控制系统中，先将控制器变为纯比例作用，并将比例度预置在较大的数值上，见图 6-20(a) 使系统投入运行。当系统达到稳定后，用改变给定值的办法加入阶跃干扰，观察记录曲线的衰减比，然后从大到小改变比例度，直至出现 4∶1 衰减比为止，见图 6-20(b)，记下此时的比例度 δ_s 和衰减周期 T_s，然后根据表 6-2 中的经验公式来计算 δ、T_I、T_D 参数整定值。

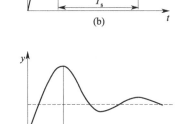

图 6-20　4∶1和10∶1
衰减振荡过程

　　有的过程，认为 4∶1 衰减仍振荡过强时，可采用 10∶1 衰减曲线法。方法同上，得到 10∶1 衰减曲线 [见图 6-20(c)] 后，记下此时的比例度 δ'_s 和最大偏差时间 $T_升$（又称上升时间），然后根据表 6-3 中的经验公式来计算相应的参数值，将计算所得 δ、T_I、T_D 之值设置在控制器上，按照"先比例后积分最后微分"的步骤投入运行，然后观察运行曲线，如不理想，可再对参数进行适当调整。

　　采用衰减曲线法进行控制器参数整定的需注意以下几点。

　　① 如果加的干扰幅值过大，又易被工艺条件所限制；幅值过小，则过程的衰减比不易判别。因此，幅值要根据生产操作要求来定，一般为额定值的 5% 左右，也有例外的情况。

　　②必须在工艺参数稳定情况下才能施加干扰，否则得不到正确的 δ_s、T_s 或 δ'_s 和 $T_升$ 值。

　　③对于一些变化比较迅速、反应快的系统，如流量、管道压力和小容量的液位控制等，要在记录曲线上严格得到 4∶1 衰减曲线较困难，一般以被控变量来回波动两次达到稳定，就可以近似地认为达到 4∶1 衰减过程了。

　　衰减曲线法比较简便，适用于一般情况下的各种控制系统，但却需要使系统的响应出现 4∶1 或 10∶1 的衰减振荡过程。而对于干扰频繁，记录曲线不规则，过程变化较快的情况控制系统，较难得到准确的 δ_s、T_s 或者 δ'_s、$T_升$ 值，不宜采用此法。

表 6-2   4:1 和 10:1 衰减曲线法控制器参数计算表

4:1衰减曲线法				10:1衰减曲线法			
控制作用	比例度 /%	积分时间 T_I/min	微分时间 T_D/min	控制作用	比例度 /%	积分时间 T_I/min	微分时间 T_D/min
比例	δ_s			比例	δ_s'		
比例积分	$1.2\delta_s$	$0.5T_s$		比例积分	$1.2\delta_s'$	$2T_升$	
比例积分微分	$0.8\delta_s$	$0.3T_s$	$0.1T_s$	比例积分微分	$0.8\delta_s'$	$1.2T_升$	$0.4T_升$

（3）经验凑试法   经验凑试法是在长期的生产实践中总结出来的一种工程整定方法。在闭环控制系统中，根据经验先将控制器参数放在一个常见的范围内，可参照表 6-3 给出的各参数大体的范围，通过改变给定值施加一定的干扰，运用 δ、T_I、T_D 对过渡过程的影响为指导，在记录仪上观察过渡过程曲线，按照规定顺序，对比例度 δ、积分时间 T_I 和微分时间 T_D 逐个整定，直到获得满意的过渡过程为止。

表 6-3   不同被控变量的控制器参数经验数据表

控制对象	对象特性	比例度/%	积分时间 T_I/min	微分时间 T_D/min
温度	对象容量滞后较大，即参数受干扰后变化迟缓； δ 应小；T_I 要长；一般需加微分	20~60	3~10	0.5~3
液位	对象时间常数范围较大，要求不高时，δ 可在一 定范围内选取，一般不用微分	20~80		
压力	对象的容量滞后一般不算大，一般不加微分	30~70	0.4~3	
流量	对象时间常数小，参数有波动，δ 要大；T_I 要短； 不用微分	40~100	0.3~1	

整定的步骤有以下两种。

① 第一种方法是先整定 δ，再整定 T_I，最后整定 T_D。

先用纯比例作用进行凑试，待过渡过程已基本稳定并符合要求后，再加积分作用消除余差，最后加入微分作用，提高控制质量，按此顺序观察过渡过程曲线进行整定工作，具体做法如下。

将控制器积分时间置于"∞"，微分时间为"0"，根据经验并参考表 6-3 的数据，选定一个合适的 δ 值作为起始值，将系统投入运行，观察被控变量记录曲线形状，再逐渐改变比例度。如曲线不是 4:1 衰减（这里假定要求过渡过程是 4:1 衰减振荡的），例如衰减比大于 4:1，说明选的 δ 偏大，适当减小 δ 值再看记录曲线，直到呈 4:1 衰减为止。注意，当把控制器比例度改变以后，如无干扰就看不出衰减振荡曲线，一般都要稳定以后再改变给定值才能看到。若工艺上不允许反复改变给定值，那只能等工艺本身出现较大干扰时再看记录曲线。

δ 值调整好后，如要求消除余差，则需引入积分作用。一般积分时间可先取为衰减周期的一半，并在积分作用引入的同时，将比例度增加 10%~20%，看记录曲线的衰减比和余差消除的情况，如不符合要求，再适当改变 δ 和 T_I 值，直到记录曲线满足要求。

如果是三作用控制器，则在已调整好 δ 和 T_I 的基础上再引入微分作用，使微分时间由小到大进行变化，在增大微分时间的同时，可适当减小比例度 δ 和积分时间 T_I。微分时间 T_D 也要在表 6-3 给出的范围内逐步凑试，以使过渡时间短，超调量小，控制质量满足生产要求。

在整定中，必须弄清楚控制器参数变化对过渡过程曲线的影响。边看曲线，边分析、调整，即"看曲线，调参数"是经验凑试法的关键。若观察到曲线振荡很频繁，应当增大比例度，减小控制作用，从而减小振荡；若曲线最大偏差大且趋于非周期过程时，说明控制作用小，应当减小比例度；若曲线波动较大时，说明振荡严重，应当增大积分时间以减弱积分作用；若曲线偏离给定值长时间回不来，则应减小积分时间，增强积分作用，以加快消除余差的过程；若曲线振荡频率快，说明微分作用过强，应当减小微分时间；当曲线最大偏差大而衰减缓慢时，说明微分作用太弱，未能抑制波动，应增大微分时间。在以上各种情况下，经过反复凑试，一直调到过渡过程振荡两个周期后基本达到稳定，品质指标达到工艺要求为止。

在一般情况下，比例度过小、积分时间过小或微分时间过大，都会产生周期性的激烈振荡。但是，积分时间过小引起的振荡，周期较长；比例度过小引起的振荡，周期较短；微分时间过大引起的振荡周期最短。如图 6-21 所示，曲线 a 的振荡是积分时间过小引起的，曲线 b 的振荡是比例度过小引起的，曲线 c 的振荡则是由于微分时间过大引起的。

这种情况还可以这样进行判别：从给定值发生变化之后，一直到测量值发生变化，如果这段时间短，应当增加比例度；如果这段时间长，应当增大积分时间；如果时间最短，应当减小微分时间。

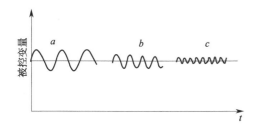

图 6-21　三种振荡曲线比较图
a—积分时间过小；b—比例度过小；
c—微分时间过大

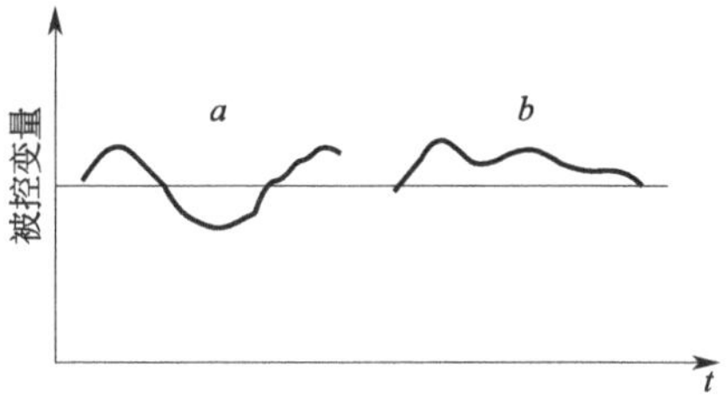

**图 6-22　比例度过大，积分时间过大时
两种曲线比较图**
a—比例度过大；b—积分时间过大

如果比例度过大或积分时间过大，都会使过渡过程变化缓慢，又该如何判别这两种情况呢？一般地说，比例度过大，曲线波动较剧烈、不规则且较大地偏离给定值，而且，形状像波浪般的起伏变化，如图 6-22 曲线 a 所示。如果曲线通过非周期的不正常路径，慢慢地恢复到给定值，这说明积分时间过大，如图 6-22 曲线 b 所示。应当注意，积分时间过大或微分时间过大，超出允许的范围时，不管如何改变比例度，都是无法补救的。

② 第二种方法是先整定 T_I、T_D，再整定 δ。

先按表 6-3 中给出的范围确定 T_I 为某个值，如果需要引入微分作用，可取 $T_D = (1/3 \sim 1/4)T_I$，然后对 δ 进行凑试，凑试步骤与前一种方法相同，也能较快达到要求。实践证明，在一定范围内适当调整 δ 和 T_I 数值，可以获得相同的衰减比曲线。

经验凑试法的特点是方法简单，适用于各种控制系统，因而应用非常广泛，特别是外界干扰作用频繁，记录曲线不规则的控制系统，采用此法最为合适。但此法主要靠经验，在缺乏实际经验或过渡过程本身较慢时，整定往往较为费时。值得注意的是，对于同一个系统，不同的人采用经验凑试法整定，可能得出不同的参数值。这是由于不同的人对每一条曲线的看法，没有一个很明确的判断标准，有时会因人而异，而且不同的参数匹配有时会使所得过渡过程衰减情况极为相近。

最后必须指出，在一个自动控制系统投运时，必须整定控制器的参数，才能获得满意的控制质量。同时，在生产进行的过程中，如工艺操作条件改变，或负荷有很大变化，被控对象的特性将会改变。因此，控制器的参数必须重新整定。由此可见，整定控制器参数是经常要做的工作，对工艺人员与仪表人员来说，都需要掌握控制器参数的整定方法。

第三节　简单控制系统分析和设计实例

简单控制系统设计主要包括被控变量的选择、操纵变量的选择、执行器的选择、控制器控制规律及作用方式的选择等。本节通过在化工过程控制中几个典型的、应用较成熟的实例，分析对象特性和控制要求，进一步熟悉化工过程控制系统设计的一般流程。

一、贮槽液位过程控制系统的设计

1. 生产工艺概况

图 6-23 为一液位储槽系统示意图，生产工艺要求储槽内的液位需要维持在某个设定值上，或只允许在某一小范围内变化。同时，为确保生产过程的安全，还要绝对保证液体不产生溢出现象。

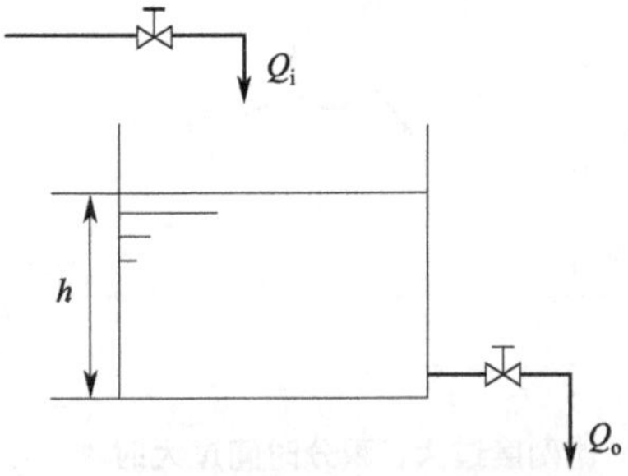

2. 控制方案设计

（1）被控变量的选择　根据工艺要求，选择储槽的液位为直接被控参数。

（2）操纵变量的选择　影响储槽液位的参数有两个，一个是液体的流入量，另一个是液体的流出量，这两个参数对被控参数的影响一样，但从保证液体不会溢出的要求考虑，选择液体的流入量作为操纵变量更为合理。

图 6-23　某液位储槽系统示意图

（3）检测、控制仪表的选择

① 测量元件及变送器的选择。选用差压式传感器或 DDZ-差压式变送器以实现对储槽液位的测量和变送。

② 控制阀的选择。从生产工艺的安全性出发，选用气开式执行器，由于储槽是单容特性，故选用对数流量特性的执行器即可。

③ 控制器的选择。选用 P 或 PI 控制规律均可。当液体流入量增加时，液位输出亦增加，故被控对象为正作用；因执行器选为气开式，也为正作用；测量变送环节一般都为正。因此，根据简单控制系统具有负反馈的原则，控制器的方向为反作用。

储槽液位控制系统是一个简单的控制过程，宜采用经验凑试法进行控制器的参数整定，而不宜采用临界比例度法或衰减曲线法进行参数整定。

储槽液位控制系统示意图如图 6-24 所示。

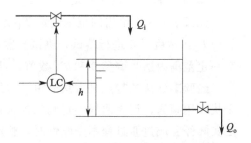

图 6-24　储槽液位控制系统示意图

二、蒸汽加热物料温度控制系统设计

1. 生产工艺概况

图 6-25 所示为工业中常用的物料蒸汽加热器示意图，通过改变蒸汽流量使物料的温度达到工艺的要求。

2. 控制方案设计

（1）被控变量的选择　根据生产工艺，希望出口处物料的温度维持在一定范围内，因而被控变量可选用出口处的物料温度（直接参数）。

（2）操纵变量的选择　影响出口处物料温度的因素有蒸汽的流量、压力、被加热物料的流量、入口温度、传热情况、搅拌器搅拌的速度等。从经济性和这些因素对出口物料温度影响的能力来看，可控因素为加热蒸汽流量，其它为不可控量。显然操纵变量应选择可控的蒸汽流量最为合适，因为它对物料温度的影响最为显著。

（3）检测、控制仪表的选择　根据生产工艺和控制系统的特点，选用电动单元组合仪表（DDZ 型仪表）。

① 测温元件的选择。若被控温度在 500℃ 以下，可选用铂热电阻为温度检测元件，为提高检测精度，铂热电阻应采用三线制接法。

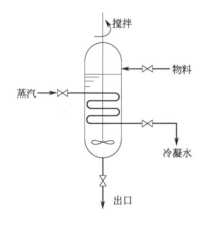

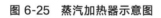

图 6-25　蒸汽加热器示意图

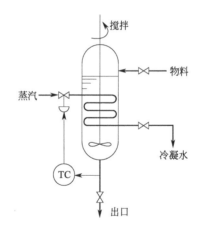

图 6-26　蒸汽加热器温度控制系统

② 控制阀的选择。从生产工艺的安全性出发，应选用气开式的控制阀。

③ 控制器的选择。根据工艺的特点，可选用 PI 或者 PID 控制规律。根据构成系统负反馈的原则，可确定控制器正、反作用方向。当蒸汽流量增加时，出口处物料的温度上升，因此被控对象为正作用方向，同时又考虑到气开控制阀为正作用方向，所以控制器为反作用方向。

物料蒸汽加热器温度控制系统如图 6-26 所示。

三、喷雾式干燥设备控制系统设计

1. 生产工艺概况

图 6-27 所示为乳化物干燥过程工艺流程图。由于乳化物属胶体物质，激烈搅拌易固化。

不能用泵输出，故采用高位槽的方法。浓缩的乳液由高位槽流经过滤器 A 或 B，除去凝结块等杂质，再至干燥器顶部从喷嘴喷出。进入干燥器的热空气由风管送入，一部分空气由鼓风机送至换热器，经蒸汽加热变成热空气，另一部分由鼓风机直接送来，两路空气在风管混合，由下而上吹出，蒸发乳液中的水分，将雾状乳液干燥为产品送出。由于生产工艺对干燥后的产品质量要求很高，水分含量不能波动太大，干燥温度应严格控制在 $T\pm2℃$ 范围内，否则会造成产品质量不合格。

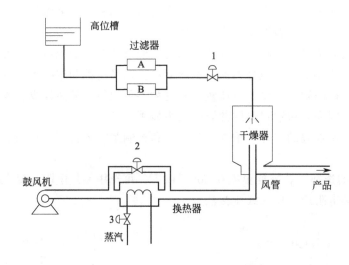

图 6-27　乳化物干燥过程工艺流程图

2. 控制方案的设计

(1) 被控变量的选择　由工艺可知，产品中的水分含量直接影响产品的质量，被控变量可选择产品水分含量（直接参数），但水分含量检测仪表测量困难且精度不高，需选用间接参数作为被控变量。由于产品质量（水分含量）与干燥温度具有单值函数关系，即温度越高，水分含量越低，因此选择干燥器的温度为被控变量（间接参数）。

(2) 操纵变量的选择　由图 6-27 可见，影响干燥器温度的主要因素有乳液流量 $f_1(t)$、旁路空气流量 $f_2(t)$、加热蒸汽流量 $f_3(t)$，所以这三个变量均可作为操纵变量，分别构成三种不同的温度控制方案，如图 6-28 所示。

① 第一种方案是以乳液流量 $f_1(t)$ 作为操纵变量，通过阀 1 改变乳液流量使得干燥温度维持恒定的温度控制系统，其方块图如图 6-28(a) 所示。该方案中乳液直接进入干燥器，控制通道最短，对干燥温度的校正作用最迅速，而且干扰通道滞后较大。

② 第二种方案是以旁路空气流量 $f_2(t)$ 作为操纵变量，通过改变流过旁路阀 2 的空气流量使得干燥温度维持恒定的单回路温度控制系统，其方块图如图 6-28(b) 所示。空气流量与经换热后的热风量混合后经风管进入干燥器，较方案一多出一个滞后环节，但该方案控制通道时间常数和滞后都较小，有利于控制品质的提高。

③ 第三种方案是以加热蒸汽流量 $f_3(t)$ 作为操纵变量，通过阀 3 改变加热蒸汽流量使得干燥温度维持恒定的单回路温度控制系统，其方块图如图 6-28(c) 所示。由于热交换器的时间常数很大，即控制通道时间常数较大，干扰通道时间常数反而较小，所以其控制灵敏度很低，不适宜作为控制参数。

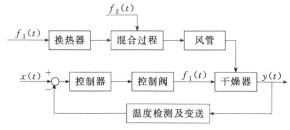

（a）乳化物流量作为操纵变量的控制系统方框图

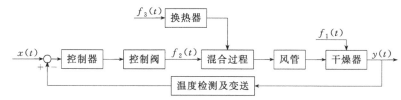

（b）旁路空气流量作为操纵变量的控制系统方框图

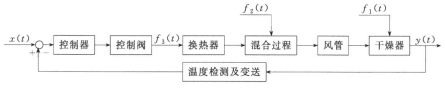

（c）蒸汽量作为操纵变量的控制系统方框图

图 6-28　干燥塔温度控制方案比较

　　综合比较分析上述三种控制方案，从控制效果考虑，以乳液流量 $f_1(t)$ 为操纵变量，对干燥温度的校正作用最快；从工艺合理性方面考虑，乳液流量是生产负荷（亦是产量），若作为操纵变量，则它不可能始终在最大的（而且是稳定的）负荷点工作，从而限制了装置的生产能力。此外如果在乳液管线上安装了控制阀，容易使浓缩乳液结块，降低产品质量。因而选乳液流量为操纵变量在工艺上是不合理的。综合考虑，方案一乳液流量 $f_1(t)$ 不宜作为操纵变量；选择旁路空气流量 $f_2(t)$ 作为操纵变量的方案为最佳。该方案组成的乳化物干燥过程温度控制系统如图 6-29 所示。

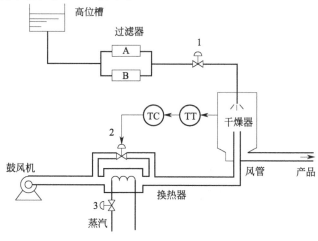

图 6-29　乳化物干燥过程温度控制系统

（3）检测、控制仪表的选择　根据生产工艺和用户要求，选用电动单元组合仪表（DDZ-Ⅲ）。

① 检测元件及变送器的选择。被控温度在100℃左右，选用热电阻温度计。为提高检测精度，配用 DDZ-Ⅲ 型热电阻温度变送器，并采用三线制接法。

② 控制阀的选择。根据生产工艺安全原则和被控介质特点，选择控制阀为气关形式。根据过程特性与控制要求，选择理想流量特性为对数流量特性的控制阀。

③ 控制器的选择。根据过程特性与工艺要求，由于被控过程具有一定时间常数和工艺要求温度波动在±2℃以内，可选用 PI 或 PID 控制规律的 DDZ-Ⅲ 型控制器。根据构成负反馈系统的原则，控制阀为气关形式，为反作用；当空气流量增加时，干燥温度下降，乳液含水量增加，被控对象为反作用，因此，选择反作用式控制器。

习 题 <<<

1. 简单控制系统由哪几部分组成？各部分的作用是什么？

2. 试简述家用电冰箱的工作过程，画出其控制系统的方框图。

3. 什么叫直接指标控制和间接指标控制？各使用在什么场合？

4. 被控变量和操纵变量的选择原则各是什么？

5. 比例控制器、比例积分控制器、比例积分微分控制器的特点分别是什么？各使用在什么场合？

6. 为什么要考虑控制器的作用方向？如何选择？

7. 被控对象、执行器、控制器的正、反作用各是怎样规定的？

8. 图 6-30 是一反应器温度控制系统示意图。试画出这一系统的方框图，指出各方框具体代表什么？假定在图 6-30 所示的反应器温度控制系统中，反应器内需维持一定温度，以利于反应的进行，但温度不允许过高，否则有爆炸危险。试确定执行器气开、气关形式和控制器的正、反作用。

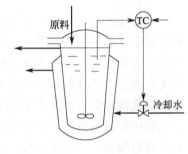

图 6-30 反应器温度控制系统

9. 试确定图 6-31 所示两个系统中执行器的正、反作用及控制器的正、反作用。

（1）图 6-31(a) 为加热器出口物料温度控制系统，要求物料温度不能过高，否则容易分解。

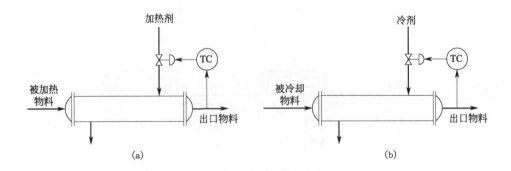

图 6-31 换热器温度控制系统

（2）图 6-31(b) 为冷却器出口物料温度控制系统，要求物料温度不能太低，否则容易结晶。

10. 图 6-32 为贮槽液位控制系统，为安全起见，贮槽内液体严格禁止溢出，试在下述两种情况下，分别确定执行器的气开、气关形式及控制器的正、反作用。

（1）选择流入量 Q_1 为操纵变量；

（2）选择流出量 Q_2 为操纵变量。

11. 试分析图 6-33 所示的温度控制系统，确定执行器的气开、气关形式及控制器的正、反作用。

（1）当物料为温度过低易析出结晶颗粒的介质，操纵变量为过热蒸汽时；

（2）当物料为温度过高易结焦或分解的介质，操纵变量为过热蒸汽时；

（3）当物料为温度过低易析出结晶颗粒的介质，操纵变量为待加热的软化水时；

（4）当物料为温度过高易结焦成分解的介质，操纵变量为待加热的软化水时。

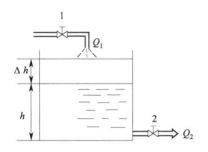

图 6-32　贮槽液位控制系统

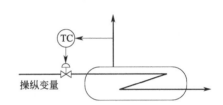

图 6-33　温度控制系统

12. 某贮槽加热系统如图 6-34 所示，通过蒸汽加热使贮槽内的液体温度达到工艺的要求。试回答以下问题：

（1）请确定被控变量与操纵变量，并画出控制系统流程图。

（2）若期望的工艺温度为 100℃，且贮槽内的液体无腐蚀作用，请选用合适的测温元件，并说明理由。

（3）如需将加热系统设计为自动加热系统，且在系统停止运行时贮液槽内的液体不得过热，请确定执行器的开关形式及控制器正、反作用。

（4）从控制平稳的角度出发，你认为直线类型的执行器还是等百分比类型的执行器更适合，为什么？

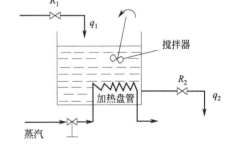

图 6-34　贮槽加热系统

（5）试给出自动加热系统的控制系统方框图。

13. 图 6-35 所示为一锅炉汽包液位控制系统，要求保证锅炉不能烧干，试回答下列问题：

（1）试画出该控制系统的方框图。

（2）判断执行器的气开、气关形式，确定控制器的正、反作用。

（3）从控制平稳的角度出发，你认为直线类型的执行器还是等百分比类型的执行器更适合，为什么？

（4）简述当加热室温度升高导致蒸汽蒸发量增加时，该控制系统是如何克服干扰的？

14. 如图 6-36 所示为某蒸汽加热器温度控制系统。

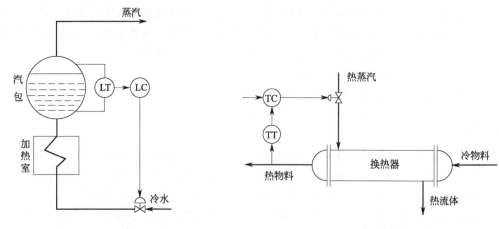

| 图 6-35　锅炉汽包液位控制系统 | 图 6-36　蒸汽加热器温度控制系统 |

(1) 指出该系统中的被控变量、操纵变量、被控对象各是什么？该系统可能的干扰有哪些？

(2) 该系统的控制通道是指什么？

(3) 试画出该系统的方块图。

(4) 如果被加热物料过热易分解时，试确定控制阀的气开、气关形式和控制器的正、反作用。

15. 控制器参数整定的任务是什么？工程上常用的控制器参数整定方法有哪几种？

16. 某控制系统采用 DDZ-Ⅲ型控制器，用临界比例度法整定参数。已测得 $\delta_K = 30\%$、$T_K = 3min$。试确定 PI 作用和 PID 作用时控制器的参数。

17. 某控制系统用 4∶1 衰减曲线法整定控制器的参数。已测得 $\delta_s = 50\%$、$T_s = 5min$。试确定 PI 作用和 PID 作用时控制器的参数。

18. 临界比例度的意义是什么？为什么工程上控制器所采用的比例度要大于临界比例度？

19. 试述用衰减曲线法整定控制器参数的步骤及注意事项。

20. 经验凑试法整定控制器参数的关键是什么？

21. 图 6-37 是碳酸钙浆液干燥过程工艺流程，生产工艺中产品温度要求稳定，即含水量波动不能太大。试设计喷雾式干燥塔控制系统，具体设计要求为：

(1) 选择被控变量与操纵变量。

(2) 过程检测、控制设备的选用。

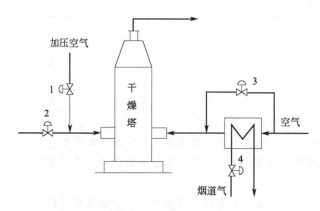

图 6-37　碳酸钙浆液干燥过程工艺流程图

第七章

>>>>>>

复杂控制系统

简单控制系统解决了工业过程中大量的生产控制问题，且需要的自动化工具少，设备投资小，维修、投运和整定较简单，它是生产过程自动控制中结构最简单、应用最广泛的一种控制方案。然而，随着生产向着大型化、复杂化的方向发展，必然对安全运行、操作条件、控制精度、经济效益、环境保护、控制质量等提出更加严格的要求，单回路控制系统不能满足生产工艺对控制品质的要求。因此，相应地出现了一些与简单控制系统不同，结构比较复杂，控制任务特殊的其他控制形式，这些控制系统统称为复杂控制系统。

为适应复杂生产工艺过程的需求，设计出各种复杂控制系统来满足某些特殊要求的控制。不同复杂控制系统结构不同，所完成的任务也各不相同。因此，在简单控制方案的基础上，出现了诸如串级控制、前馈控制、均匀控制、比值控制、分程控制、选择性控制、三冲量等一系列较复杂的控制系统。本章将逐一进行介绍。

第一节　串级控制系统

一、串级控制的结构

串级控制系统是复杂控制系统中应用最广泛的一种。当对象的滞后较大，干扰比较剧烈、频繁时，采用简单控制系统控制质量较差，满足不了工艺上的要求。这时，可考虑在简单控制系统的基础上增加一个控制回路，构成串级控制系统来提高控制质量。

下面以管式加热炉出口温度控制系统为例说明串级控制系统的结构及其工作原理。

管式加热炉是石油化工生产中常用的设备之一。无论是原油加热或重油裂解，对炉出口温度的控制都十分重要。将温度控制好，一方面可延长炉子使用寿命，防止炉管烧坏；另一方面可保证物料后续精馏分离的质量。

图 7-1 所示为管式加热炉的温度控制系统，工艺要求原料油的出口温度保持为某一定值，所以选择原料油的出口温度为被控变量。影响炉出口温度的因素很多，主要有被加热物料的流量和初始温度、燃料油压力的波动、流量的变化、燃料热值的变化、烟囱抽力变化，

配风、炉膛漏风和环境温度的影响等。根据操纵变量的可控性和工艺的合理性可知，通过原油出口温度的变化来控制燃料阀门的开度，即选择燃料流量为操纵变量，以改变燃料流量来维持原油出口温度保持在工艺所规定的数值上，如图 7-1(a) 所示，这就构成了一个简单控制系统。

乍看起来，上述控制方案是可行的、合理的。但是在实际生产过程中，特别是当加热炉的燃料压力或燃料本身的热值（与组分有关）有较大波动时，往往会造成控制通道的时间常数较大，容量滞后较大，系统控制作用不及时，克服干扰能力差。上述简单控制系统的控制质量往往很差，原料油的出口温度波动较大，不能使管式加热炉出口温度达到工艺要求。

为什么会产生上述情况呢？这是因为当燃料压力或燃料本身的热值变化后，首先影响炉膛的温度，然后通过传热过程才能逐渐影响原料油的出口温度，这个通道容量滞后很大，时间常数约 15min，反应缓慢，而温度控制器 TC 是根据原料油的出口温度与给定值的偏差工作的。所以当干扰作用在对象上后，并不能较快地产生控制作用以克服干扰对被控变量的影响。由于控制不及时，造成控制质量很差。当工艺上对原料油的出口温度要求非常严格时，上述简单控制系统是难以满足要求的。为了解决容量滞后的问题，还需对加热炉的工艺作进一步分析。

管式加热炉内有一根很长的受热管道，它的热负荷很大。燃料在炉膛内燃烧后，通过炉膛与原料油的温差将热量传给原料油。因此，燃料量的变化或燃料本身热值的变化，首先会使炉膛温度发生变化，而后影响燃料出口温度。因此可以考虑设计出以炉膛温度为被控变量，燃料流量为操纵变量的另一简单控制系统，如图 7-1(b) 所示。当然这样做会使控制通道容量滞后减少，时间常数约为 3min。虽然控制作用比较及时，但是炉温度毕竟不能真正代表原料油的出口温度，如果炉膛温度控制好了，其原料油的出口温度并不一定就能满足生产的要求，因为即使炉膛温度恒定，原料油本身的流量或入口温度变化仍会影响其出口温度。

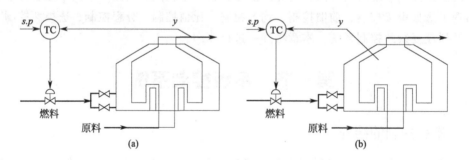

图 7-1　管式加热炉出口温度控制系统

$s.p$—setpoint，给定值

为了解决管式加热炉的原料油出口温度的控制问题，在生产实践中，考虑将图 7-1 的两种控制方案合二为一，即根据炉膛温度的变化，先改变燃料流量，然后再根据原料油出口温度与其给定值之差，进一步改变燃料流量，以保持原料油出口温度的恒定。这样就构成了以原料油出口温度为主要被控变量的炉出口温度与炉膛温度的串级控制系统，图 7-2 所示为管式加热炉出口温度与炉膛温度串级控制系统示意图。在稳定工况下，原料油出口温度和炉膛温度都处于相对稳定的状态，控制燃料油的阀门保持在一定的开度。假定在某一时刻，燃料油的压力或燃料热值发生变化，这个干扰首先使炉膛温度 y_2 发生变化，它的变化促使控制

器 T_2C 进行工作，改变燃料的加入量，从而使炉膛温度的偏差随之减小。与此同时，由于炉膛温度的变化，或由于原料油本身的进口流量或温度发生变化，会使原料油出口温度 y_1 发生变化。y_1 的变化通过控制器 T_1C 不断地去改变控制器 T_2C 的给定值。这样，两个控制器协同工作，直到原料油出口温度重新稳定在给定值时，控制过程才结束。

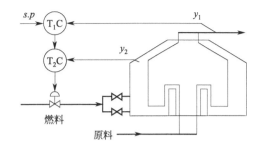

图 7-2   管式加热炉温度-温度串级控制系统

如图 7-3 所示为管式加热炉出口温度与炉膛温度串级控制系统的方块图。根据信号传递的关系，图中将被控对象管式加热炉分为两部分。一部分为受热管道，图上标为温度对象 1，它的输出变量为原料油出口温度 y_1。另一部分为炉膛及燃烧装置，图上标为温度对象 2，它的输出变量为炉膛温度 y_2。干扰 f_2 表示燃料油压力、组分等的变化，它通过温度对象 2 首先影响炉膛温度 y_2，然后再通过温度对象 1 影响原料油出口温度 y_1。干扰 f_1 表示原料油本身的流量、进口温度等的变化，它通过温度对象 1 直接影响原料油出口温度 y_1。

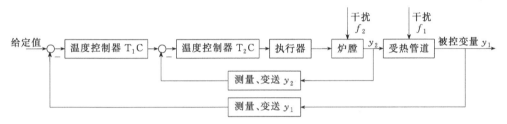

图 7-3   管式加热炉出口温度与炉膛温度串级控制系统的方块图

在上述控制系统中，有 T_1C 和 T_2C 两个控制器，分别接收来自对象不同部分的测量信号 y_1 和 y_2。其中一个控制器 T_1C 的输出作为另一个控制器 T_2C 的给定值，而后者的输出去控制执行器以改变操纵变量。从系统的结构看出，这两个控制器是串联工作的，因此，这样的系统称为串级控制系统。

为了更好地阐述和分析串级控制系统，根据图 7-4 串级控制系统典型方块图介绍几个串级控制系统中常用的名词。

（1）主变量   是工艺控制指标，大多为工业过程中的重要控制参数，在串级控制系统中起主导作用的被控变量，如上例中的原料出口温度 y_1。

（2）副变量   串级控制系统中为了稳定主变量或因某种需要而引入的辅助变量，如上例中的炉膛温度 y_2。

（3）主对象   大多为工业过程中所要控制的、由主变量表征其特性的生产设备或过程，如上例中从炉膛温度检测点到炉出口温度检测点间的生产工艺设备，主要是指炉内原料油的受热管道，图 7-4 中标为主对象。

（4）副对象   大多为工业生产中影响主变量的、由副变量表征其特性的辅助生产设备或过程，如上例中执行器至炉膛温度检测点间的工艺生产设备，主要指燃料油燃烧装置及炉膛部分，图 7-4 中标为副对象。

（5）主控制器   在系统中起主导作用，按主变量和其给定值之差进行工作，并将输出作为副变量给定值的控制器，简称"主控"（又名定值控制器），如图 7-3 中称为温度控制器 T_1C。

（6）副控制器　在系统中起辅助作用，按所测得的副变量和主控制器输出之差进行工作，将输出直接作用于执行器的控制器，简称"副控"（又名随动控制器），如图 7-3 中称为温度控制器 T_2C。

（7）主变送　测量并转换主变量的变送器。

（8）副变送　测量并转换副变量的变送器。

（9）主回路　是由主变送器、主控制器、副控制器、执行器、主对象和副对象等环节构成的外闭环回路，亦称"主环"或"外环"。

（10）副回路　由副变送器、副控制器、执行器和副对象构成的内回路，处于串级控制系统的内部，亦称"副环"或"内环"。

各种具体对象的串级控制系统都可以根据前面的专用名词画成如图 7-4 所示的典型方框图。由图可清楚地看出，该系统中有两个闭合回路，副回路是包含在主回路中的一个小回路，两个回路都是具有负反馈的闭环控制系统。

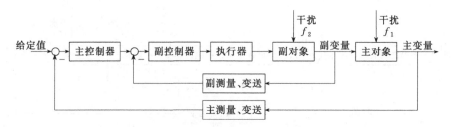

图 7-4　串级控制系统典型方块图

二、串级控制的抗干扰过程

当串级控制系统出现干扰时，串级控制系统主控制器和副控制器将开始进行控制。为了充分说明串级控制系统是如何有效地克服滞后、提高控制质量的，下面仍以图 7-2 所示的管式加热炉温度-温度串级控制系统为例，针对不同情况来分析该控制系统的抗干扰过程。

为了便于分析问题，假定从工艺安全角度出发，执行器采用气开式，断气时控制阀关闭，以防止炉管烧坏而酿成事故，温度控制器 T_1C 和 T_2C 都采用反作用方向（主、副控制器正、反作用的选择将在后面进行讨论）。

1. 干扰进入副回路

若干扰只作用于副回路，例如某一时刻燃料油的压力或组分波动时，在图 7-3 所示的方块图中可知，干扰 f_1 不存在，只有 f_2 作用在副对象上，这时干扰就进入副回路。若采用简单控制系统［见图 7-1(a)］，干扰 f_2 先引起炉膛温度 y_2 变化，然后通过管壁传热才能引起原料油出口温度 y_1 变化。只有当 y_1 变化以后，控制作用才能开始，因此控制迟缓，滞后大。引入副回路后，干扰 f_2 引起炉膛温度变化，温度控制器 T_2C 及时进行控制，使其很快稳定下来，如果干扰量小，经过副回路控制后，此干扰一般影响不到原料油出口温度 y_1，在大幅度的干扰下，其大部分影响被副回路克服，波及原料油出口温度 y_1 的影响已不大，再由主回路进一步控制，彻底消除干扰的影响，使被控变量恢复到给定值。

若采用串级控制系统（见图7-3），假定燃料油压力增加（亦使流量增加）或热值增加，使炉膛温度 y_2 升高，这时温度控制器 T_2C 的测量值便增加。另外，由于炉膛温度 y_2 升高，会使原料油出口温度 y_1 也升高。因为温度控制器 T_1C 是反作用的，其输出降低，送至温度控制器 T_2C，即 T_2C 的给定值降低，由于温度控制器 T_2C 也是反作用的，给定值降低和测量值 y_2 升高，都会使输出值降低，该输出值为执行器的输入，则使气开式阀门关小。因此，由于燃料量的减少，从而克服了燃料油压力增加或热值增加的影响，使原料油的出口温度波动减小，并能尽快地回到给定值，完成整个控制过程。

由于副回路控制通道短，时间常数小，所以当干扰进入回路时，可以获得比单回路系统超前的控制作用，能有效地克服燃料油压力或热值变化对原料油出口温度的影响，从而大大提高了控制质量。

2. 干扰作用于主回路

假定在某一时刻，由于原料油的进口流量或温度变化，亦即在图7-3所示的方块图中，f_2 不存在，只有 f_1 作用于主对象受热管道上，这时干扰作用就作用于主回路。若 f_1 的作用结果使原料油出口温度 y_1 升高，这时温度控制器 T_1C 的测量值 y_1 增加，因而 T_1C 的输出降低，即 T_2C 的给定值降低。由于这时炉膛温度暂时还未改变，即 T_2C 的测量值 y_2 不变，因而 T_2C 的输出将随着给定值的降低而降低（因为对于偏差来说，给定值降低相当于测量值增加，T_2C 是反作用的，故输出降低）。随着 T_2C 的输出降低，气开式的阀门开度也随之减小，于是燃料供给量减少，则使原料油出口温度降低，直至恢复到给定值。在整个控制系统中，温度控制器 T_2C 的给定值不断变化，要求副变量炉膛温度 y_2 也随之不断变化，这是为了维持主变量物料出口温度 y_1 不变所必需的。如果由于干扰作用 f_1 的结果使物料出口温度 y_1 增加超过给定值，那么必须相应降低炉膛温度 y_2，才能使物料出口温度 y_1 恢复到给定值。所以，在串级控制系统中，如果干扰 f_1 作用于主对象，由于副回路的存在，可以及时改变副变量的数值，以达到稳定主变量的目的。

3. 干扰同时作用于副回路和主回路

如果除了进入副回路的干扰外，还有其他干扰作用在主回路上，亦即在图7-3所示的方块图中，f_1、f_2 同时存在，分别作用在主对象和副对象上。这时可以根据在干扰作用下主、副变量变化的方向，分两种情况进行讨论。

一种情况是在干扰作用下，主、副变量的变化方向相同，即同时增加或减小。如在图7-2所示的管式加热炉温度-温度串级控制系统中，一方面由于燃料油压力增加（或热值增加）使炉膛温度 y_2 增加，另一方面由于原料油进口温度增加（或流量减少）而使原料油出口温度 y_1 增加。这种情况下，主控制器的输出由于 y_1 增加而减小；副控制器的输出由于测量值 y_2 增加、给定值（即 T_1C 输出）减小而大大减小，使控制阀关得更小些，更多地减少了燃料供给量，直至主变量原料油出口温度 y_1 恢复到给定值为止。由于此时主、副控制器的工作都是使阀门关小的，所以加强了控制作用，加快了控制过程。

另一种情况是主、副变量的变化方向相反，一个增加，另一个减小。如在上例中，假定一方面由于燃料油压力升高（或热值增加）而使炉膛温度 y_2 增加，另一方面由于原料油进口温度降低（或流量增加）而使原料油出口温度 y_1 降低。这种情况下，主控制器的测量值 y_1 降低，其输出增大，这使得副控制器的给定值也随之增大，而这时副控制器的测量值 y_2 也在增大。如果两者增加量恰好相等，则偏差为零，这时控制器输出不变，阀门无需动作；如果两者增加量虽不相等，但能相互抵消一部分，因而偏差也不大，只要控制阀稍有动作，即可使系统达到稳定。

通过以上分析可以看出，串级控制系统不仅具有单回路控制系统的全部功能，而且从对象中提取出副变量并引入一个闭合的副回路，该回路不仅能迅速克服作用于副对象上的干扰，而且对作用于主对象上的干扰也能加速克服。副回路具有先调、粗调、快调的特点，主回路具有后调、细调、慢调的特点，主回路对于副回路没有完全克服掉的干扰能彻底加以克服。因此，在串级控制系统中，由于主、副回路相互配合、相互补充，充分发挥了控制作用，大大提高了控制质量。

三、串级控制的特点

串级控制系统与单回路反馈控制系统相比，在系统结构上增加了一个副回路控制，使控制系统的性能得到了改善，主要具有以下几个特点。

1. 系统结构

在系统结构上，串级控制系统有两个被控对象，主对象和副对象；有两个控制器，主控制器和副控制器，主、副控制器串联，主控制器的输出为副控制器的给定值；有两个测量变送器，即主变送器和副变送器，分别测量主变量和副变量；一个执行器，组成结构如图 7-4 串级控制系统典型方块图所示。

2. 系统特性

串级控制系统的主、副控制器是串联工作的。主控制器的输出作为副控制器的给定值（副控制器的给定值是随时变化的），通过副控制器的输出去操纵执行器动作，实现对主变量的定值控制。因此在系统控制过程中，主回路是定值控制系统，而副回路是随动控制系统。

在串级控制系统中，有两个变量：主变量和副变量。主变量是反映产品质量或生产过程运行情况的主要工艺变量。控制系统设置的目的就在于稳定这一变量，使它等于工艺规定的给定值。所以，主变量的选择原则与简单控制系统中介绍的被控变量选择原则是一致的。关于副变量的选择原则后面再详细讨论。

3. 分级控制

串级控制系统将一个控制通道较长的对象分为两级，即主对象和副对象，分别构成两个闭合回路：主回路和副回路。大部分干扰在第一级副回路中就能基本克服，剩余干扰的影响由第二级主回路加以克服。

4. 控制效果

与简单控制系统相比较，串级控制系统由于引入了副回路，因此改善了对象的特性，系统对干扰反应更及时，使控制过程加快，具有超前控制的作用，从而有效地克服了系统滞后现象，提高了控制质量。因此，串级控制系统具有一定的自适应能力，可用于负荷和操作条件有较大变化的场合。

由于串级控制系统具有上述特点，所以当对象的滞后和时间常数很大，干扰作用强且频繁，负荷变化大以及简单控制系统满足不了控制质量的要求时，采用串级控制系统是适宜的。

四、串级控制系统的设计

前面已经讲过，由于串级控制系统比单回路控制系统多了一个副回路，因此串级控制系统不仅具有单回路控制系统的全部功能，而且可适用于对象容量滞后较大、纯滞后时间较长、负荷变化频繁、干扰剧烈的被控过程。串级控制系统必须合理设计，才能发挥其优越性。在进行串级控制系统设计时，必须解决主、副变量的选择；副回路的设计；主、副控制器控制规律的选择及其正、反作用方式的确定；控制器参数的工程整定等问题。本节将根据串级控制系统的特点，介绍合理设计串级控制系统的方法。

1. 主变量的选择和主回路的设计

串级控制系统的主回路仍是一个定值控制系统，主变量的选择和主回路的设计基本上按照简单控制系统的设计原则进行。

凡直接或间接与生产过程运行性能密切相关并可直接测量的工艺参数，均可选作主变量。主变量首选质量指标，因为它最直接也最有效。否则，应选择一种与产品质量有单值函数关系的变量作为主变量。另外，串级控制系统操纵变量的选择与简单控制系统类似，也应具备良好的可控性，控制通道有足够大的放大系数，适当小的时间常数，较高的灵敏度，以实现对主要干扰进行有效控制，从而提高控制质量，并符合工艺过程的经济性与合理性。

2. 副变量的选择和副回路的确定

从对串级控制系统特点的分析可知，系统中由于增加了副回路，极大地改善了系统的性能。因此，副回路的设计是保证串级控制系统性能优越的关键所在。副回路设计得合理，串级系统的优势就会得到充分发挥，控制质量将比单回路控制系统有明显的提高；副回路设计不合适，串级系统的优势将得不到发挥，控制质量的提高将不明显，甚至弄巧成拙，这就失去设计串级控制系统的意义了。

副回路的选择，实际上就是根据生产工艺的具体情况，确定合适的副变量，从而引入一个包括副变量的副回路。为了充分发挥串级系统的优势，下面介绍有关副变量选择的设计原则。

（1）主、副变量间应有一定的内在联系　在串级控制系统中，副变量的引入往往是为了提高主变量的控制质量。因此，在主变量确定以后，选择的副变量应与主变量间有一定的内在联系，即副变量的变化应在很大程度上能影响主变量的变化。

副变量的选择应使副回路的时间常数小、时间滞后小、控制通道短，这样可加快系统的工作频率，提高响应速度，缩短过渡时间，改善系统的控制品质。为充分发挥副回路的超前、快速作用，在干扰影响主变量之前就能予以克服，必须选择一个可测的反应灵敏的参数作为副变量。

串级控制系统的副变量一般有两种情况。一种情况是选择与主变量有一定关系的某一中间变量作为副变量。例如，在前面所讲图 7-2 管式加热炉温度-温度串级控制系统中，选的副变量是燃料进入量至原料油出口温度通道间的一个变量，即炉膛温度。由于它的滞后小，反应快，可以提前预报主变量 y_1 的变化。因此控制炉膛温度 y_2 对平稳原料油出口温度 y_1 的波动有显著的作用。

另一类情况是选择的副变量就是操纵变量本身，这样能及时克服它的波动，减少它对主变量的影响。下面以图 7-5 所示的精馏塔塔釜温度与蒸汽流量串级控制系统来说明这种情况。精馏塔塔釜温度是保证产品分离纯度（主要指塔底产品的纯度）

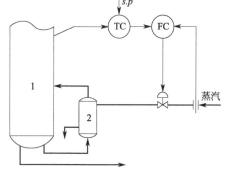

图 7-5　精馏塔塔釜温度-流量串级控制系统
1—精馏塔；2—再沸器

的重要间接控制指标，一般要求它保持在一定的数值。通常采用改变进入再沸器的加热蒸汽量来克服干扰（如精馏塔的进料流量、温度及组分的变化等）对塔釜温度的影响，从而保持塔釜温度的恒定。但是，由于温度对象滞后较大，控制通道比较长，当蒸汽压力波动比较厉害时，系统控制缓慢，使控制质量不够理想。为解决这个问题，可以选择图 7-5 所示的塔釜温度与加热蒸汽流量的串级控制系统改善控制质量。由图可知，温度控制器 TC 的输出是蒸汽流量控制器 FC 的给定值，亦即该给定值的大小变化应由温度控制的需求来决定。通过这个串级控制系统，能够在塔釜温度稳定不变时，使能量的需要与供给之间得到平衡，从而使塔釜温度保持在要求的数值上。在上例中，选择的副变量就是操纵变量（加热蒸汽量）本身。这样，当干扰来自蒸汽压力或流量的波动时，副回路能够及时加以克服，从而减少这种干扰对主变量的影响，提高塔釜温度的控制质量。

（2）副回路内应包围系统的主要干扰和更多的次要干扰　从前面的分析中已知，串级控制系统的副回路具有控制速度快、抗干扰能力强的特点。在确定副变量时，一方面能将对主变量影响最严重、变化最剧烈的干扰包围在副回路内；另一方面又使副对象的时间常数很小，这样才能充分利用副环的快速抗干扰能力。这样，主要干扰对主变量的影响就会大大减小，从而提高了控制质量。在设计串级控制系统时，要充分发挥这一特点，应把主要干扰包围在副回路中。

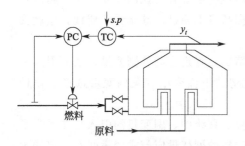

图 7-6　加热炉出口温度与燃料油
压力串级控制系统

假定在管式加热炉中，主要干扰来自燃料油的压力波动时，可以设计出加热炉原料油出口温度与燃料油压力串级控制系统，如图 7-6 所示。在这个系统中，由于选择了燃料油压力作为副变量，所以副对象的控制通道很短，时间常数很小，因此控制作用非常及时，与图 7-2 所示的控制方案相比，能更及时有效地克服由于燃料油压力波动对原料油出口温度的影响，从而大大提高了控制质量。但还必须注意，如果管式加热炉的主要干扰来自燃料油组分（或热值）波动时，就不宜采用图 7-6 所示的控制方案。因为这时主要干扰并没有包围在副回路内，也就不能充分发挥副回路抗干扰能力强的优点，此时仍宜采用图 7-2 所示的串级控制系统。

在生产过程中，系统除了受到主要干扰外，还会有较多的次要干扰，或者系统的干扰较多且难于分出主要干扰与次要干扰。在这种情况下，选择副变量时就应考虑使副回路尽量包围多一些的干扰，这样可以充分发挥副回路的快速抗干扰能力，以提高串级控制系统的控制质量。

比较图 7-2 与图 7-6 所示的两种串级控制方案，不难发现图 7-2 所示的控制方案中，凡是能影响炉膛温度的干扰都能在副回路中加以克服，故其副回路内包围的干扰更多一些，单从这一点来看，图 7-2 所示的串级控制方案似乎更理想一些。需要说明的是，在考虑到使副回路包围更多干扰时，也应考虑到副回路的灵敏度，因为这两者经常是相互矛盾的。随着副回路包围的干扰增多，副回路将随之扩大，副变量离主变量也就越近，副对象的控制通道就加长，滞后也就增大，从而会削弱副回路快速控制的特性。例如对于管式加热炉，当主要干扰来自燃料油的压力波动时，若采用图 7-2 所示的控制方案，这一干扰必须先影响炉膛温度后，副回路方能施加控制作用来克服这一干扰的影响；若采用图 7-6 所示的控制方案，只要燃料油压力一波动，在尚未影响到炉膛温度时，控制作用就已经开始。这对抑制干扰作用来说，就显得更为迅速、灵敏。

因此，在选择副变量时，既要考虑到使副回路包围较多的干扰，又要考虑到使副变量不要离主变量太近，否则，一旦干扰影响到副变量，很快也就会影响到主变量，这样副回路的优势就不能发挥了。当主要干扰来自控制阀方面时，选择控制介质的流量或压力作为副变量来构成串级控制系统是很适宜的，如图 7-5 或图 7-6 所示。

(3) 副变量的选择应考虑主、副对象时间常数的适当匹配，以防发生"共振" 在串级控制系统中，主、副对象的时间常数不能太接近，这一方面是为了保证副回路具有快速的抗干扰性能，另一方面是由于串级系统中主、副回路之间是密切相关的。在一定条件下，如果受到某种干扰的作用，副变量的变化会影响到主变量，而主变量的变化通过反馈回路又会影响到副回路，导致副变量变化幅度增加，继而副变量的变化又传送到主回路。如此循环往复，就会使主、副变量长时间大幅度波动，这就是所谓串级控制系统的"共振"现象。

如果主、副对象的时间常数比较接近，那么主、副回路的工作频率也就比较接近，这样一旦系统受到干扰，就有可能产生"共振"。而一旦系统发生"共振"，系统就失去了控制作用，不仅使控制质量下降，而且有可能会导致系统的发散而无法工作。因此，在选择副变量时，应进行综合分析，注意使主、副对象的时间常数之比为 3～10，以减少主、副回路的动态联系，设法避免"共振"现象的发生。当然，也不能盲目追求减小副对象的时间常数，否则会使副回路包围的干扰太少，反而减弱系统的抗干扰能力。

(4) 在选择副变量时应使副回路尽量少包含或不包含纯滞后 对于含有大纯滞后的对象，往往由于控制不及时而使控制质量很差，这时可采用串级控制系统，并通过合理选择副变量将纯滞后部分放到主对象中去，以提高副回路的快速抗干扰功能，及时克服干扰的影响，将其抑制在最小限度内，使主变量的控制质量得到提高。

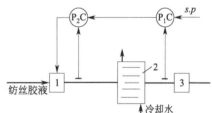

图 7-7　压力与压力串级控制系统
1—计量泵；2—板式热交换器；3—过滤器

例如，某化纤厂胶液压力的控制问题，其工艺流程如图 7-7 所示。

图中纺丝胶液由计量泵 1 输送至板式热交换器 2 中进行冷却，随后被送往过滤器 3 滤去杂质。工艺上要求过滤前的胶液压力稳定在 0.25MPa，因为压力波动将直接影响到过滤效果和后面喷丝头的正常工作。由于胶液黏度大，控制通道又比较长，所以纯滞后比较大，单回路压力控制方案效果不好。为了提高控制质量，可在计量泵和冷却器之间，靠近计量泵的某个适当位置，选择一个压力测量点，并以它为副变量组成一个压力与压力的串级控制系统，如图 7-7 所示。图中主控制器 P_1C 的输出作为副控制器 P_2C 的给定值，由副控制器的输出来改变计量泵的转速，从而控制纺丝胶液的压力。采用上述方案后，当纺丝胶液黏度发生变化或因计量泵前的混合器有污染而引起压力变化时，副变量可及时反映并通过副回路进行克服，从而使过滤器前的胶液压力稳定。

不过应当指出，这种方法有很大的局限性，即只有当纯滞后环节能够大部分乃至全部都可以被划入主对象中时，这种方法才能有效地提高系统的控制质量，否则将不会获得很好的效果。

3. 主、副控制器控制规律的选择

在串级控制系统中，主、副控制器根据控制要求的不同所发挥的作用是不同的，主控制器起定值控制作用，副控制器起随动控制作用，这是选择控制规律的基础条件。

串级控制系统的主控制器是为了高精度的维持主变量的稳定。主变量是生产工艺的主要控制指标，它直接关系到产品的质量或生产的正常进行，工艺上对它的要求比较严格，允许波动的范围很小，一般要求无余差。所以，主控制器的控制规律通常需加上积分规律，可选用 PI 或 PID 控制规律，以实现主变量的无差控制。若对象控制通道容量滞后比较大，则可选择比例积分微分控制规律，例如温度对象或成分对象等。

在串级控制系统中副变量的设置是为了保证和提高主变量的控制品质，在干扰作用下，为了维持主变量的稳定，副变量就要不断变化。副变量的给定值是随主控制器的输出变化而变化的。所以，在控制过程中，对副变量的要求一般都不是很严格，可以允许在一定范围内变化，允许有余差。因此副控制器一般采用 P 控制规律就可以实现控制目的。为了实现副回路的快速控制功能，最好不带积分作用，因为积分作用会延长控制过程，削弱副回路的快速作用。副控制器一般也不需要微分作用，因为一旦主控制器输出稍有变化，副控制器的微分作用就易引起控制阀动作过大，对系统的稳定控制不利。

4. 主、副控制器正、反作用的确定

在串级控制系统中，为了满足生产工艺指标的要求和确保串级控制系统的正常运行，主、副控制器正、反作用方向必须正确选择，具体选择方法根据情况分析如下。

（1）副控制器作用方向的选择　串级控制系统中，副控制器正、反作用的选择是根据副回路的具体情况而定的，而与主回路无关。副控制器作用方向的选择与简单控制系统中控制器的正、反作用的选择方式相同，使副回路构成一个负反馈控制系统即可。因此，副控制器的作用方向与副对象特性、执行器的气开、气关有关，这时可不考虑主控制器的作用方向，只是将主控制器的输出作为副控制器的给定就行了。下面举例说明副控制器正、反作用的确定。

例如图 7-2 所示管式加热炉温度-温度串级控制系统中的副控制器正、反作用该如何确定？如果为了在气源中断时，停止供给燃料油，以防炉子烧坏，那么执行器应选气开阀，是"正"方向。当燃料量加大（操纵变量）时，炉膛温度 y_2（副变量）是增加的，因此副对象是"正"方向。为了使副回路构成一个负反馈系统，副控制器 T_2C 应选"反"作用方向。只有这样，才能当炉膛温度受到干扰作用上升时，T_2C 的输出降低，从而使气开阀关小，减少燃料量，促使炉膛温度下降。同理，在图 7-6 所示的加热炉出口温度与燃料油压力串级控制系统中，副控制器 PC 也选"反"作用。

又如图 7-5 所示精馏塔塔釜温度与蒸汽流量的串级控制系统中，基于工艺产品质量安全考虑，选择执行器为气关阀，为"反"方向。该系统的副变量即为操纵变量本身，故对象是"正"方向。那么，为了使副回路是一个负反馈控制系统，副控制器 FC 的作用方向应选择为"正"作用。这时，当由于蒸汽压力波动使蒸汽流量增加时，副控制器的输出就将增加，以使阀门关小（气关阀），保证进入再沸器的加热蒸汽量不受或少受蒸汽压力波动的影响。这样，就充分发挥了副回路克服蒸汽压力波动这一干扰的快速作用，提高了主变量的控制质量。

（2）主控制器作用方向的选择　主控制器处于主回路中，无论副控制器的作用方向是否选择好，都可以单独选择主控制器的作用方向。具体选择原则：由工艺分析得出，串级控制系统中只有一个执行器，以阀门开度变化对主、副变量的影响变化是否为相同方向来进行选择。如果阀门开度变化时，主、副变量同时减少或同时增加，即控制阀的动作方向一致时，主控制器选"反"作用；相反，如果主、副变量一个减少、一个增加，主控制器选"正"作用。下面仍以实例进行说明。

管式加热炉温度串级控制系统如图 7-2 所示，不论是主变量 y_1 或副变量 y_2 增加时，控制阀动作方向的要求是一致的，都要求关小控制阀，减少供给的燃料量，才能使 y_1 或 y_2 降下来，所以此时主控制器 T_1C 应确定为"反"方向。精馏塔塔釜温度串级控制系统如图 7-5 所示，由于副变量蒸汽流量增加时，需要关小控制阀；主变量塔釜温度增加时，也需要关小控制阀，因此它们对控制阀的动作要求方向是一致的，所以主控制器 TC 也应选"反"方向。

为了保证被冷却物料出口温度的恒定，并及时克服冷剂压力波动对控制质量的影响，设计了以被冷却物料出口温度为主变量，冷剂流量为副变量的串级控制系统，如图 7-8 所示。分析工艺过程可知，当主变量被冷却物料出口温度增加时，需要开大控制阀；而当副变量冷剂流量增加时，需要关小控制阀，因此，它们对控制阀动作方向的要求是不一致的，所以主控制器 TC 的作用方向应选"正"方向。

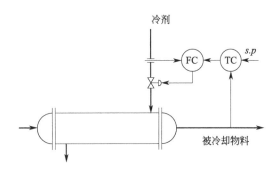

图 7-8　冷却器温度-流量串级控制系统

综上所述，串级控制系统中主、副控制器的选择可以按先副后主的顺序，即先确定执行器的开、关形式及副控制器的正、反作用，然后确定主控制器的作用方向；也可以按先主后副的顺序，即先按工艺过程特性的要求确定主控制器的作用方向，然后按一般单回路控制系统的方法再选定执行器的开、关形式及副控制器的作用方向。

（3）其他情况　当由于工艺过程的需要，控制阀由气开改为气关，或由气关改为气开时，只需要改变副控制器的正反作用，而不需改变主控制器的正反作用。

在有些生产过程中，要求控制系统既可以进行串级控制，又能实现主控制器单独工作，即切除副控制器，由主控制器的输出直接控制执行器（称为主控）。也就是说，若系统由串级控制切换为主控时，是用主控制器的输出代替原先副控制器的输出去控制执行器，而若系统由主控切换为串级控制时，是用副控制器的输出代替主控制器的输出去控制执行器。无论哪一种切换，都必须保证当主变量变化时，去控制阀的信号完全一致。

系统串级与主控切换的条件是：当主变量变化时，串级控制时副控制器的输出与主控制器的输出信号方向完全一致。根据这一条件可以断定：只有当副控制器为"反"作用时，才能在串级控制与主控之间直接进行切换，不需改变作用方向；假如副控制器为"正"作用时，则在串级控制与主控之间进行切换的同时，要改变主控制器的正反作用。为了能使串级控制系统在串级控制与主控之间方便地切换，在执行器气开、气关式的选择不受工艺条件限制，应选择使副控制器为反作用的执行器类型，这样就可免除在串级控制与主控切换时来回改变主控制器的正、反作用。

5. 串级控制系统中控制器参数的工程整定

前面在设计简单控制系统过程中已经讲过，对于一个控制系统来说，控制器参数是在一定的负荷，一定的操作条件下，按一定的质量指标整定得到的。其实质是通过改变控制器的PID参数来改善系统的静态和动态特性，以获得最佳的控制品质。

从串级控制系统整体来看，主回路是一个定值控制系统，要求主变量有较高的控制精度，其品质指标与单回路定值控制系统一样；副回路是一个随动控制系统，要求副变量能快速而准确地跟随主控制器的输出变化而变化。主控制器的输出作为副控制器的给定值，系统通过副控制器的输出去控制执行器的动作，实现对主变量的定值控制。串级控制方案正确设计后，为了使系统运行在最佳状态，根据自动控制理论，只有明确了主、副回路的不同作用和对主、副变量的不同要求后，才能正确地通过参数整定确定主、副控制器的各个参数，以改善控制系统的特性，获取最佳的控制质量。

在工程实践中，串级控制系统的参数整定方法较多，主要有下列两种。

（1）两步整定法　在串级控制系统中，先整定副控制器，后整定主控制器的方法叫作两步整定法，具体整定过程如下。

① 在工况稳定，主、副控制器都在纯比例作用运行的条件下，将主控制器的比例度先固定在 100% 的刻度上，然后逐渐减小副控制器的比例度，求取副回路在满足某种衰减比（如 4∶1）过渡过程下的副控制器比例度 δ_{2s} 和操作周期 T_{2s}。

② 在副控制器比例度等于 δ_{2s} 的条件下，逐步减小主控制器的比例度，直至得到同样衰减比下的过渡过程，记下此时主控制器的比例度 δ_{1s} 和操作周期 T_{1s}。

③ 将上面得到的 δ_{1s}、T_{1s}、δ_{2s}、T_{2s} 值，根据表 6-2 中的经验关系，计算主、副控制器的比例度、积分时间和微分时间。

④ 按"先副后主""先比例次积分后微分"的整定方法，将计算出的控制器参数加到控制器上。

⑤ 观察控制过程，适当调整，直到获得满意的过渡过程。

如果主、副对象时间常数相差不大，动态联系密切，可能会出现"共振"现象，主、副变量长时间地处于大幅度波动情况，控制质量严重恶化。这时可适当减小副控制器比例度或积分时间，以达到减小副回路操作周期的目的。同理，可以加大主控制器的比例度或积分时间，以增大主回路操作周期，使主、副回路的操作周期之比加大，避免"共振"，这样做的结果会在一定程度上降低所期望的控制质量。如果主、副对象特性太接近，则说明确定的控制方案欠妥当，副变量的选择不合适，这时就不能完全靠控制器参数的改变来避免"共振"产生了。

（2）一步整定法　两步整定法虽能满足主、副变量的要求，但要分两步且寻求两个4∶1 的衰减振荡过程，比较繁琐。经过大量实践，对两步整定法进行了步骤简化，提出了一步整定法。

所谓一步整定法，就是根据经验先确定副控制器的参数，然后按一般单回路整定法控制系统的整定方法直接整定主控制器参数。

经验证明，这种整定方法，对于对主变量要求较高，而对副变量没有什么要求或要求不高，允许它在一定范围内变化的串级控制系统，是很有效的。

在串级控制系统中，主变量是主要的控制目的，对它的要求比较严格，而副变量的设置主要是为了提高主变量的控制质量，对副变量本身的要求不高，允许它在一定范围内变化。因此，在整定时不必把过多的精力花在副回路上，只要把副控制器的参数置于一定数值后，集中精力整定主回路，使主变量达到规定的质量指标就行了。按照经验设置的副控制器参数不一定合适，但这没有关系，因为副控制器的放大倍数不合适，可以通过调整主控制器的放大倍数来进行补偿，结果仍然可以使主变量呈现 4∶1（或 10∶1）衰减振荡过程。人们经过长期的实践和经验积累，总结得出对于在不同的副变量情况下，副控制器参数可按表 7-1 所给出的经验数据进行设置。

表 7-1　采用一步整定法时副控制器参数选择范围

副变量类型	副控制器比例度 δ_2/%	副控制器比例放大倍数 K_{P2}
温度	20～60	5.0～1.7
压力	30～70	3.0～1.4
液位	20～80	5.0～1.25
流量	40～80	2.5～1.25

一步整定法的具体整定步骤如下。

① 在生产正常，系统为纯比例运行的条件下，按照表 7-1 显示数据，将副控制器比例度调到某一适当的数值。

② 利用简单控制系统中任一种参数整定方法整定主控制器的参数。

③ 如果出现"共振"现象，可加大主控制器或减小副控制器的参数整定值，一般即能消除。

五、串级控制分析与设计实例

1. 聚合釜反应温度串级控制系统

（1）生产工艺概况　夹套式聚合釜是化工生产中常用设备之一，图 7-9 所示为夹套式聚合釜反应工艺流程示意图。氯乙烯在釜内进行聚合反应生成聚氯乙烯，并由釜下端出料。聚合反应的速度较快，为更好地完成聚合，釜内物料采用搅拌机搅拌均匀。同时，聚合反应生成聚氯乙烯会产生大量的热，聚合反应温度是影响产品质量指标的间接参数。为保证产品质量，要求反应温度控制在 51℃±0.3℃（±0.3/51×100%＝±0.588%），可见其控制精度要求较高。

（2）控制系统设计　由聚合釜反应的工艺过程可知，被控对象为聚合釜，被控变量为聚合釜内反应温度，该被控变量受到的干扰因素

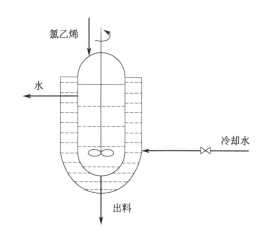

图 7-9　夹套式聚合釜反应工艺流程图

有参与反应的原料的流量、初始温度、冷却水的流量和冷却水的温度变化等。若反应釜内反应温度受到干扰偏离给定值，可以通过改变夹套中流动的冷却水的流量将夹套内壁的热量带走，使反应温度回到给定值附近。但由于聚合釜容积大，时间常数大，故容量延时大。综合工艺要求和过程特性可见，单回路控制系统不能满足工艺要求，为改善过程特性，提高系统的工作效率，组成以釜内反应温度为主变量、夹套冷却水温度为副变量、冷却水流量为操纵变量的聚合釜反应温度串级控制系统，其方块图如图 7-10 所示，控制系统流程图如图 7-11 所示。

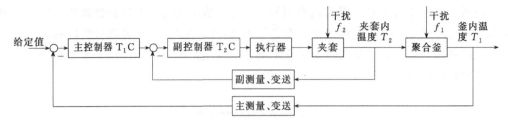

图 7-10　聚合釜反应温度串级控制系统的方块图

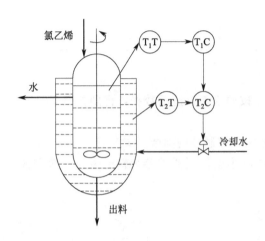

图 7-11　聚合釜反应温度串级控制系统流程图

① 检测变送器的选择：由于温度不高，而控制准确度高，检测元件选择 Pt100 铂电阻，配 DDZ-Ⅲ 型温度变送器。

② 执行器的选择：选择控制阀的流量特性为等百分比流量特性。为生产安全起见，一旦气源中断，应保证冷却水供应，以免反应温度过高，故选择气关阀。

③ 控制器控制规律的选择：为保证副回路控制迅速的特点，副控制器选择比例（P）控制规律；由于过程时间常数和容量滞后较大，余差要求较小（0.3℃），故主控制器选择比例积分微分（PID）控制规律。

④ 控制器正、反作用的确定：首先确定副回路控制器的正、反作用，执行器为气关阀，为"反"作用；当冷却水流量增加时，副变量 T_2 下降，故副对象夹套为"反"作用；根据副回路要构成负反馈控制系统，所以副控制器选择"反"作用控制器。然后确定主回路控制器的正、反作用，不论是主变量 T_1 或副变量 T_2 增加时，都要求开大控制阀，增加供给的冷却水量，才能使 T_1 或 T_2 降下来，控制阀动作方向要求是一致的，故此时主控制器 T_1C 应确定为反作用控制器。

⑤控制器参数的整定：可利用工程整定法的任何一种方法整定主、副控制器的参数。

2. 某造纸厂网前箱温度控制系统

（1）生产工艺概况　在造纸厂中，纸浆用泵从贮槽送至混合器，在混合器内用蒸汽加热至

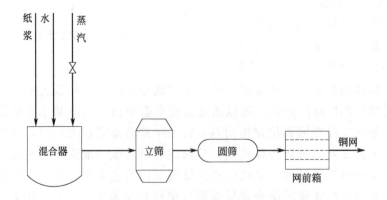

图 7-12　造纸网前箱工艺流程图

72℃左右，经过立筛、圆筛除去杂质后送到网前箱，再经铜网脱水，其系统流程图如图 7-12 所示。为了保证纸张质量，工艺要求网前箱内纸浆温度保持在 61℃左右，允许偏差不应超过±1℃，否则纸张质量不合格。

（2）控制系统设计　利用进入混合器的纸浆或蒸汽做阶跃实验测定，从混合器到网前箱的纯滞后时间 τ_0 达 90s 左右。若以网前箱纸浆的温度为被控参数，以蒸汽流量为操纵变量组成单回路控制系统，经过实验测定，网前箱纸浆温度的最大偏差达 8.5℃，过渡过程时间达 450s，控制品质差，不能满足工艺要求。

为了克服大约 90s 的纯滞后时间对控制品质的影响，根据前面选择副变量的原则可知，将纯滞后部分放到主对象中去，以提高副回路的快速抗干扰能力，因此选择混合器出口温度 T_2 为副变量，该控制系统的控制流程图如图 7-13 所示。该过程在离控制阀较近、纯滞后较小的地方选择一个副变量（混合器出口温度 T_2）构成一个纯滞后较小的副回路，由副回路实现对主要干扰（例如水的流量和纸浆的流量波动等）的控制，大大减小了主要干扰对主变量 T_1 的影响。实验测定结果表明，当纸浆流量波动为 35kg/min 时，网前箱出口纸浆温度最大偏差为 ±1℃，过渡过程时间仅为 200s，完全满足工艺要求。

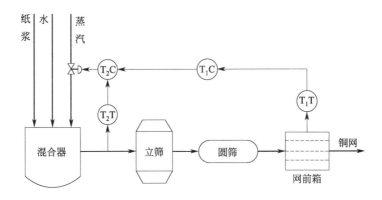

图 7-13　网前箱温度控制系统流程图

该控制系统中检测变送器的选择，执行器的流量特性与气开、气关形式，控制器的控制规律，正、反作用及其参数整定等，请参考聚合釜反应温度串级控制系统实例的分析和讨论。

第二节　前馈控制系统

随着石油化工等生产过程的不断发展，有些过程只采用一般的比例、积分、微分等反馈控制系统难以满足生产要求。这时，人们试图按照干扰量的变化来补偿其对被控变量的影响，从而达到被控变量完全不受该干扰影响的控制方式，这就是本节要学习的前馈控制。近年来，随着新型仪表和电子计算机的出现和广泛应用，为前馈控制创造了有利条件，前馈控制被人们所重视。目前前馈控制已在锅炉、精馏塔、换热器和化学反应器等设备上获得成功的应用。

一、前馈控制的工作原理

在反馈控制系统中，被控变量出现偏差后，控制器按照被控变量与给定值的偏差而发出控制命令，以补偿干扰对被控变量的影响，而被控变量的变化又返回来影响控制器的输入，使控制作用发生变化。不论什么干扰，只要引起被控变量变化，都可以进行控制，这是反馈控制的优点。但是，若干扰已经发生，而被控变量未发生变化，则控制器将不产生校正作用。所以，反馈控制总是滞后于干扰作用，使控制不及时，而且被控过程通常具有滞后特性，如容量滞后和纯滞后越大时，则被控变量变化幅度也越大，干扰越强，控制质量就越差。前馈控制就是针对这种情况而设计的有效控制方法。

前馈控制是一种按干扰进行控制的开环控制方法，当干扰出现后，被控变量还未受到影响时，根据干扰的性质和大小进行控制器设计，以补偿干扰的影响，使被控变量不变或基本保持不变。这种直接根据造成被控变量偏差的原因而进行的控制就是前馈控制，也被称为干扰补偿。前馈控制能及时地实现对干扰的完全补偿，因此，前馈控制对于时间常数或滞后较大、干扰频繁的过程效果明显。下面通过图 7-14 和图 7-15 所示的换热器控制系统来说明反馈控制和前馈控制。

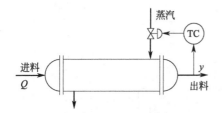

图 7-14 换热器的反馈控制系统　　　　图 7-15 换热器的前馈控制系统

在图 7-14 和图 7-15 换热器控制系统中，采用蒸汽流量对物料进行加热，使换热器物料的出口温度为一定值。引起出口物料温度 y 的干扰因素有进料流量、进料温度、蒸汽压力、蒸汽温度等，其中最主要的因素是进料流量 Q。当进料流量 Q 发生变化时，物料出口温度 y 就会产生偏差。

若如图 7-14 采用反馈控制，则当 Q 发生变化，要待物料出口温度 y 产生偏差后，控制器才开始动作，通过控制阀改变加热蒸汽流量克服干扰 Q 对出口温度 y 的影响，并使其稳定在给定值上。反馈控制系统的组成方块图如图 7-16(a) 所示。但是，在这样的系统中，控制信号总是要在干扰已经造成影响，被控变量偏离给定值以后才能产生，控制作用总是不及时。特别是在干扰频繁，对象有较大滞后时，控制质量的提高受到很大的限制。

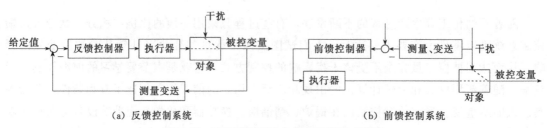

(a) 反馈控制系统　　　　　　　　(b) 前馈控制系统

图 7-16 反馈控制系统与前馈控制的方块图

如果已知影响换热器出口物料温度变化的主要干扰是进口物料流量的变化，为了及时克服这一干扰对被控变量 y 的影响，可以测量进料流量，根据进料流量大小的变化直接去改变加热蒸汽量的大小。即采用图 7-15 所示的前馈控制。当进料流量变化时，通过前馈控制器 FC 立即去调节加热蒸汽阀，则可在出口温度 y 未变化前，及时对流量 Q 这一主要干扰进行补偿，这就是所谓的前馈控制，其方块图如图 7-16(b) 所示。由图可见，前馈控制系统是一个开环控制系统。

二、前馈控制的特点

为了对前馈控制有进一步的认识，下面通过简单比较前馈控制和反馈控制，仔细分析前馈控制的特点并总结如下。

1. 前馈控制比反馈控制控制得及时，并且不受系统滞后大小的限制

前馈控制是根据干扰的变化产生控制作用的。如果能使干扰作用对被控变量的影响与控制作用对被控变量的影响大小相等、方向相反的话，就能完全补偿干扰对被控变量的影响。图 7-17 就可以充分说明这一点。

在图 7-15 所示的换热器前馈控制系统中，如图 7-17(a) 所示，当进料量 Q 突然阶跃增加 ΔQ_1 后，就会通过干扰通道使换热器出口物料温度 y 下降，其变化曲线如图 7-17(b) 中曲线 1 所示。与此同时，进料流量的变化经测量变送后，送入前馈控制器 FC，其输出信号增大蒸汽阀开度。由于加热蒸汽量增加，通过加热器的控制通道会使出口物料温度 y 上升，如图 7-17(b) 中曲线 2 所示。由图可知，干扰作用使温度 y 下降，控制作用使温度 y 上升。如果控制规律选择合适，可以得到完全的补偿。也就是说，当进口物料流量变化时，可以通过前馈控制，使出口物料的温度完全不受进口物料流量变化的影响，就会立即产生控制作用，这个特点是前馈控制的一个主要优点。

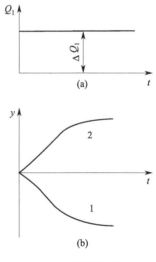

图 7-17 前馈控制系统的补偿过程

从图 7-16(a) 反馈控制与图 7-16(b) 前馈控制的方块图可以看出，反馈控制与前馈控制的检测信号与控制信号有不同的特点。反馈控制的依据是被控变量与给定值的偏差，检测的信号是被控变量，控制作用发生时间是在偏差出现以后。前馈控制的依据是干扰的变化，检测的信号是干扰量的大小，控制作用的发生时间是在干扰作用的瞬间而不需等到偏差出现之后。

2. 前馈控制属于"开环"控制系统

反馈控制系统是一个闭环控制系统，而前馈控制是一个"开环"控制系统，这也是它们二者的基本区别。由图 7-16(b) 可以看出，在前馈控制系统中，当测量到进料流量产生变化后，通过前馈控制器，其输出信号直接去改变控制阀的开度，从而改变加热蒸汽的流量。但加热物料出口温度未检测就反馈回去，它是否被控制在原来的数值上并未得到检验，所以整个系统是一个开环系统。

前馈控制系统是一个开环系统，这一点限制了前馈控制的广泛应用。反馈控制由于是闭环控制系统，控制结果能够通过反馈获得检验，而前馈控制的控制效果并不通过反馈来加以

检验。如上例中，当进口物料流量变化的干扰施加前馈控制作用后，出口物料的温度（被控变量）是否达到所希望的值是不得而知的。因此，在实际应用过程中，要想综合设计一个合适的前馈控制作用，必须对被控对象的特性作深入的研究和彻底的了解。

3. 前馈控制器控制规律是由过程特性决定的一种"专用"控制器

一般反馈控制系统均采用通用类型的 PID 控制器，而前馈控制器的控制规律与常规控制器的控制规律不同，它主要根据被控过程特性和干扰通道的特性来确定的，所以要采用专用前馈控制器（或前馈补偿装置）。对于不同的对象特性，前馈控制器的控制规律将是不同的，为了使干扰得到完全克服，干扰通过对象的干扰通道对被控变量的影响，应该与控制作用（也与干扰有关）通过控制通道对被控变量的影响大小相等、方向相反，这样才能得到完全的补偿。所以，前馈控制器的控制规律取决于干扰通道的特性与控制通道的特性。对于不同的对象持性，就应该设计具有不同控制规律的控制器。

4. 一种前馈控制作用只能克服一种可测而不可控的干扰

在设计前馈控制系统时，首先要分析干扰的特性。如果干扰是可测且可控的，则只要设计一个定值控制系统即可；如果干扰是不可测的，那就不能进行前馈控制；如果干扰是可测而不可控的，则可设计和应用前馈控制系统。

需要说明的是，反馈控制可以通过一个控制回路克服所有对被控变量有影响的若干个干扰作用，但是前馈控制是为了克服某一干扰对被控变量的影响而进行的补偿控制，该前馈控制器无法感受其他干扰，对其他干扰也就无能为力了，所以这点也是前馈控制系统的另一个弱点。

三、前馈控制的结构

前馈控制系统主要有单纯的前馈控制、前馈-反馈控制和前馈-串级控制三种结构形式，下面主要介绍这几种结构形式。

1. 单纯的前馈控制系统

前面举例的图 7-15 所示的换热器出口物料温度控制就属于单纯的前馈控制系统。前馈控制器的输出信号是按干扰大小随时间变化的，也就是干扰量和时间的函数。根据前馈控制对干扰补偿的特点，可分为静态前馈控制和动态前馈控制。

（1）静态前馈控制系统　静态前馈控制是前馈控制中的一种特殊形式。当系统受到干扰作用后，干扰通道和控制通道动态特性相同，即时间常数相差不大时，前馈控制器的输出量仅仅与干扰量有关，与时间函数无关。在有条件的情况下，可以通过物料平衡和能量平衡关系求得前馈补偿的校正作用大小。

前馈补偿作用只按静态关系确定前馈控制作用。如当干扰阶跃变化时，前馈控制器的输出也为一个阶跃变化。图 7-15 中，如果主要干扰是进料流量的波动 ΔQ_1，为了达到静态补偿应满足

$$\Delta Q_1(K_m K_0 + K_f) = 0$$
$$K_m = -K_f / K_0 \tag{7-1}$$

式中　K_0——控制通道放大系数；

　　　K_f——干扰通道放大系数；

　　　K_m——前馈控制器的放大系数。

静态前馈控制不包含时间因子，实施简便。热交换器是应用前馈控制较多的场合，因其滞后大、时间常数大，反应慢，图 7-15 的前馈控制针对这种对象特性发挥了很好的控制作用，提高了控制的精度。

（2）动态前馈控制　系统静态前馈控制只能保证被控变量的静态偏差接近或等于零，虽然结构简单，易于实现，在一定程度上可改善过程品质，但系统在干扰作用下的动态控制过程依然存在。故必须考虑对象的动态特性，从而确定前馈控制器的规律，才能获得动态前馈补偿。

动态前馈控制与静态前馈控制从控制系统的结构上看是一样的，只是前馈控制器的控制规律不同。动态前馈要求控制器的输出不仅仅是干扰量的函数，而且也是时间的函数，要求前馈控制器的校正作用使被控变量的静态和动态误差都接近或等于零。显然这种控制规律是由对象的两个通道特性决定的，由于工业对象的特性千差万别，如果按对象特性来设计前馈控制器的话，种类繁多，一般都比较复杂，实现起来比较困难。

在静态前馈控制的基础上，加上延迟环节和微分环节，以达到干扰作用的近似补偿。按此原理设计的一种前馈控制器，有三个可以调整的参数 K、T_1、T_2。K 为放大倍数，用于静态补偿。T_1、T_2 是时间常数，都有可调范围，分别表示延迟作用和微分作用的强弱。相对于干扰通道而言，控制通道反应快的给它加强延迟作用，反应慢的给它加强微分作用。根据两通道的特性适当调整 T_1、T_2 的数值，使两通道反应合拍便可以实现动态补偿，消除动态偏差。

2. 前馈-反馈控制系统

通过前面分析可知，前馈控制与反馈控制的优缺点总是相对应的，若将其组合起来，取长补短，就构成了前馈-反馈控制系统，这样既发挥了前馈控制作用及时的优点，又保持了反馈控制能克服多个干扰和具有对被控参数负反馈检测的长处，两者协同工作，一定能提高控制质量。因此，这种控制系统是适合于过程控制的较好方式。

图 7-15 所示的换热器物料出口温度 y 前馈控制系统，只能克服由于进料量变化对被控变量 y 的影响。如果还同时存在其他干扰，例如进料温度、蒸汽压力的变化等，它们对被控变量 y 的影响通过这种单纯的前馈控制系统是无法克服的。因此，往往用"前馈"来克服主要干扰，再用"反馈"来克服其它干扰，组成如图 7-18 所示的换热器出口温度前馈-反馈控制系统。图中当进料量发生变化时，则有前馈控制器 FC 改变蒸汽量进行补偿，用来克服由于进料量波动对被控变量的影响，而温度控制器 TC 起反馈作用，用来克服其它各种干扰（如进料组分、温度、蒸汽压力等）对被控变量的影响及前馈通道补

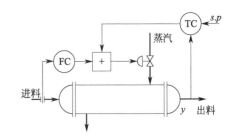

图 7-18　换热器出口温度
前馈-反馈控制系统

偿不准确带来的偏差，前馈控制和反馈控制作用各取所长，相辅相成，共同改变加热蒸汽量，以使出料温度 y 维持在给定值上，所以这种方案得到了广泛的应用。

图 7-19 是前馈-反馈控制系统的方块图。从图可以看出，前馈-反馈控制系统虽然也有两个控制器，但在结构上与串级控制系统是完全不同的。串级控制系统是由内、外（或主、副）两个反馈回路所组成；而前馈-反馈控制系统是由一个反馈回路和一个开环的补偿回路组合而成。

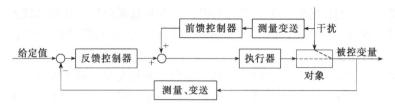

图 7-19　前馈-反馈控制系统方块图

3. 前馈-串级控制系统

为了进一步提高系统前馈控制的精度，可在图 7-19 所示的前馈-反馈控制系统中增加一个蒸汽流量的回路，用前馈控制器的输出去改变流量回路的给定值从而构成前馈-串级控制系统，其方块图如图 7-20 所示。

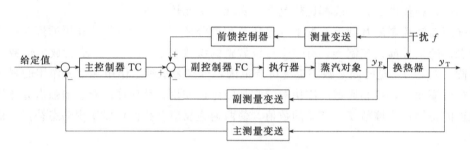

图 7-20　前馈-串级控制系统方块图

四、前馈控制适用的场合

当生产过程的控制准确度要求较高，而反馈控制又不能满足工艺要求时，可选用前馈控制。在过程控制中，有些干扰幅度大，频率高，一般组成稳定这些干扰的控制回路，来减小干扰对被控变量的影响。但是，往往有些干扰从工艺角度出发不能进行控制，例如，锅炉水位控制中蒸汽流量的干扰，从自动控制的角度看，要稳定蒸汽量比较简单，但是蒸汽量是由用户决定的，只能适应用户的要求，而不能因为要稳定锅炉水位而限制用户对蒸汽量的需求，所以蒸汽量是一个可测不可控的干扰，这时可设计前馈-反馈控制系统。

根据前面分析，前馈控制是根据干扰作用大小进行控制的，其主要的应用原则有下面几点。

① 干扰幅值大而频繁，对被控变量影响显著，仅采用反馈控制达不到质量要求的对象。

② 主要干扰是可测而不可控的变量。

③ 当对象的控制通道滞后大，反馈控制不及时，控制质量差时，可采用前馈或前馈-反馈控制系统，以提高控制质量。

五、前馈控制系统应用实例

前馈控制系统已广泛应用于石油、化工、食品、制药等工业生产过程。蒸发是通过热介质加热非挥发性稀溶液，使溶液浓缩或使溶质析出的化工单元操作过程。它在轻工、化工等生产过程中得到广泛的应用，例如造纸、制糖、海水淡化、制碱等生产过程，都必须经过蒸发操作过程，获得浓缩的溶液直接作为化工产品或半成品。下面以葡萄糖生产过程中蒸发器浓度控制为例，介绍前馈-反馈控制在蒸发过程中的应用。

图 7-21 所示的控制系统图是将初始浓度为 50％ 的葡萄糖溶液，用泵送入升降膜式蒸发器，经蒸汽加热蒸发至浓度为 73％ 的葡萄糖溶液，然后送至后道工序结晶。由蒸发工艺可知，在给定压力作用下，溶液的浓度同溶液沸点与水的沸点之差有较好的单值对应关系，故以温差来反映葡萄糖溶液的浓度，选择温差为被控变量。

影响葡萄糖浓度的因素很多，主要有进料溶液的浓度、温度、流量、加热蒸汽的压力和流量及溶液真空度、不凝性气体含量等。在上述各种因素中，对浓度影响最大的是进料溶液的流量和加热蒸汽的流量。为克服这两个干扰，可以设计以加热蒸汽流量为前馈信号，温

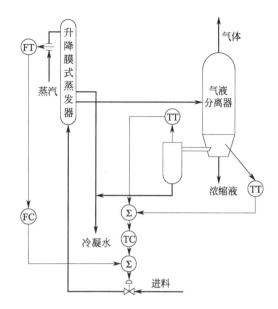

图 7-21　葡萄糖溶液蒸发过程浓度前馈-反馈控制系统图

差为被控变量，进料溶液为操纵变量的前馈-反馈控制系统，如图 7-21 所示。运行情况表明，系统的品质指标令人较满意，达到了工艺要求。

第三节　均匀控制系统

"串级""简单"控制系统是按系统结构命名的，而"均匀"控制系统是按照一种控制方案所起的作用命名的。虽然有时它像一个简单的液位或压力定值控制系统，有时又像一个液位流量或压力流量的串级控制系统，而实质上却是起"均匀"的作用。

一般炼油、化工的生产都是连续生产过程，生产设备是紧密联系在一起的，往往前一设备的出料是后一设备的进料，而后一设备的出料又源源不断地输送给其他设备作进料。而且，随着生产过程的进行，前后设备的操作情况也是互相关联、互相影响的，均匀控制就是针对工业中这种情况协调前后工序的流量而设计的。

一、均匀控制的工作原理

图 7-22 所示为连续精馏的双塔分离过程的进料，希望两个塔在进料过程中保持平稳。对塔 1 来说，为了稳定操作需保持塔釜液位稳定，为此必然频繁地改变塔底的排出量，这就使塔釜失去了缓冲作用。而对塔 2 来说，从稳定操作的要求出发，希望进料量尽量平稳，也就是前塔的流出量平稳。对于两塔而言，要求前塔塔底液位和流出量（即后塔进料量）两个变量都稳定显然是矛盾的。如果采用图 7-22 所示的两个简单控制方案，两个控制系统将无法同时正常工作，如果塔 1 的液位上升，则液位控制器 LC 就会开大出料阀 1，而这将引起塔 2 进料量增大，于是塔 2 的流量控制器 FC 就要适当关小阀 2，其结果会造成塔 1 液位升高，出料阀 1 需继续开大，如此下去，顾此失彼，解决不了供求之间的矛盾。

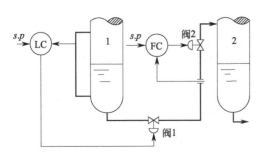

图 7-22　精馏塔 1 和精馏塔 2 的供求关系

为解决这一矛盾，可以在两塔之间增加一个中间缓冲罐，这样既能满足塔 1 控制塔釜液位的要求，又能缓冲塔 2 进料流量的波动，但是该过程需增加设备，使流程复杂化，尤其是物料易分解或聚合时，就不宜在贮罐中久存，故该法存在缺陷，不能完全解决问题。因此，还需从自动控制系统的方案设计上着手，通过自动控制来模拟中间贮罐的缓冲作用，设计一个均匀控制系统。均匀控制系统是把液位和流量的控制统一在一个系统中，从系统内部解决工艺参数之间的矛盾，其控制目的是使这两个变量尽可能地平稳。

从工艺和设备上具体分析，即塔釜有一定的容量，其容量虽不像贮罐那么大，但是液位并不要求保持在恒定值上，允许在一定的范围内波动。至于塔 2 的进料，虽不能做到定值控制，但能使其缓慢变化，与进料量剧烈的波动相比也对塔 2 的操作是有益的。所以，从控制方案出发，解决前后工序供求矛盾，达到前后兼顾协调操作，使液位和流量均匀变化，为此设计的控制系统称为均匀控制系统。

二、均匀控制的特点

均匀控制通常是对液位和流量两个变量同时兼顾控制，使两个互相矛盾的变量相互协调，满足二者均在小范围内缓慢变化的工艺要求。与其他控制相比，均匀控制有以下特点。

1. 两个被控变量在控制过程中都应该是变化的，且变化是缓慢的

均匀控制的目的是使前后设备的物料供求之间均匀。因此，表征前后供求矛盾的两个变量都不应该稳定在某一固定值上，而是在一定的范围内作缓慢变化，如图 7-23 是塔 1 的液位和塔 2 的进料量之间的关系图。若保持塔 1 液位稳定，如图 7-23(a) 所示，塔 1 液位控制成比较平稳的直线，则塔 2 的进料量必然波动较大，这种控制过程只能看作是液位的定值控制，而不能称为均匀控制。相反，若控制塔 2 流量稳定，图 7-23(b) 中塔 2 的进料量控制成比较平稳的直线，则塔 1 的液位也有很大的波动，所以，该过程也只能被看作流量的定值控制，仍不能看作均匀控制。只有如图 7-23(c) 所示的液位和流量的控制曲线才符合均匀控制的要求，液位和流量二者都有一定程度的波动，但波动都比较缓慢。

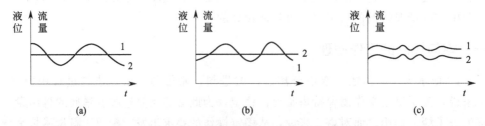

图 7-23　塔 1 的液位和塔 2 的进料量之间的关系

2. 前后互相联系又互相矛盾的两个变量应保持在所允许的范围内波动

明确均匀控制的目的及特点是十分必要的。因为在实际运行中，有时因不清楚均匀控制的设计目的而变成单一变量的定值控制，或者想把两个变量都控制得很平稳，这样最终都会导致均匀控制系统的失败。如图 7-22 中，塔 1 釜液位的升降变化不能超过规定的上下限，否则就有淹过再沸器蒸汽管或被抽干的危险。同样，塔 2 进料量也不能超越它所能承受的最大负荷或低于最小处理量，否则就不能保证精馏过程的正常进行。为此，均匀控制的设计必须满足这两个限制条件。当然，这里的允许波动范围比定值控制过程的允许偏差要大得多。

3. 控制结构上无特殊性

均匀控制系统可以是一个单回路控制系统，例如图 7-22，也可以是一个串级控制系统。因此，均匀控制系统是对控制目的而言的，而不是以控制结构来定的。所以，一个普通结构的控制系统，能否实现均匀控制的每个目的，主要在于系统控制器的参数整定。可以说，均匀控制是通过降低控制回路灵敏度来获得的，而不是靠结构变化得到的。

三、均匀控制的结构

均匀控制系统常用的控制方案有简单均匀控制、串级均匀控制等结构形式。下面主要介绍其结构形式及特点。

1. 简单均匀控制系统

图 7-24 所示为两个精馏塔液位和流量简单均匀控制系统。从控制系统的结构形式来看，它与液位定值控制系统的结构和所用的仪表是完全一样的，但两系统的控制目的截然不同。定值控制系统是通过改变塔 2 进料量来保持塔 1 液位在给定值附近变化，而简单均匀控制系统是为了协调塔 1 液位与塔 2 进料量两个参数之间的关系，且在工艺规定的范围内作缓慢地变化。因此，两个控制系统的区别主要体现在系统的动态特性上，即控制规律选择及参数整定。

简单均匀控制系统就是通过控制器的参数整定来实现控制要求的。控制器一般都采用纯比例控制规律，比例度的整定不能按 4 : 1（或 10 : 1）衰减振荡过程来整定，而是将比例度整定得较大，以使控制作用减弱。当液位变化时，控制器的输出变化较小，则塔 1 排出量也只有微小缓慢的变化。有时为了克服连续发生的同向干扰对被控变量造成的过大偏差，使得液位变化超出一定范围，也可适当引入积分作用。这时比例度一般大于 100%，积分时间也要放大一些。至于微分作用，是和均匀控制的目的相反，因此不采用。

简单均匀控制系统的优点是结构简单，操作方便，成本较低，但其控制质量较差，只适用于干扰小且控制要求较低的场合。

2. 串级均匀控制系统

前面讲的简单均匀控制方案虽结构简单，但也存在一定的局限性。如当塔内或排出端压力变化时，即使控制阀开度不变，流量也会随阀前后压差的变化而改变。直到流量改变影响液位变化后，液位控制器才进行控制，显然这种控制严重滞后。为了克服这一滞后，可在原方案基础上增加一个流量副回路，即构成图 7-25 所示的串级均匀控制系统。

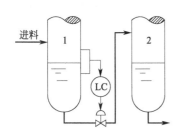

图 7-24　简单均匀控制系统

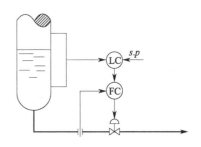

图 7-25　串级均匀控制系统

从系统结构上看，它与典型的液位和流量串级控制系统并无区别。系统中液位控制器 LC 和流量控制器 FC 串接，液位控制器 LC 的输出是流量控制器 FC 的给定值，用流量控制器 FC 的输出来操纵执行器。由于增加了副回路，可以及时克服由于塔内或排出端压力改变所引起的流量变化，以上都是串级控制系统的特点。但串级均匀控制系统设计的目的并不是为了提高主变量液位的控制精度，而是在充分地利用塔釜有效缓冲的条件下，尽可能地使塔釜流出量平稳，使得液位和流量两个变量都在规定的范围内作缓慢地变化，这才是其真正的目的。

串级均匀控制系统中，主、副控制器控制规律的选择是十分重要的，要根据系统所要达到的控制要求及控制过程的具体情况来决定。主、副控制器一般采用比例（P）控制规律，只有在要求较高时，为了防止在同向干扰的连续作用下，液位有可能超出给定值的上、下限，影响生产的正常运行，才适当引入积分控制规律。

和简单均匀控制系统一样，串级均匀控制系统也是通过控制器参数整定来实现两个变量间相互协调的关系。在串级均匀控制系统中，参数整定的目的不是使变量尽快地回到给定值，而是要求变量在允许的范围内作缓慢地变化。参数整定的方法也与一般方法不同。一般控制系统的比例度和积分时间是由大到小地进行调整，但均匀控制系统却是由小到大地进行调整，而且均匀控制系统的控制器参数数值一般都很大。

串级均匀控制系统结构复杂，所用仪表较多，投运维护成本较高，适用于控制阀前后压力干扰显著且对流量平衡要求较高的场合，在生产过程自动化中得到了较多的应用。

第四节　比值控制系统

在化工、炼油及其他工业生产过程中，经常需要将两种或两种以上的物料以一定的比例进行混合或参加化学反应。例如，在锅炉或加热炉燃烧系统中，要保持燃料和空气按一定的比例进入炉膛，才能提高燃烧的经济性，防止环境污染；在造纸生产过程中，必须保证浓纸浆和水按照一定比例混合，才能制造出一定浓度的纸浆，显然这个流量比与产品质量密切关联；在聚乙烯醇生产中，树脂和氢氧化钠必须以一定比例混合，否则树脂将会自聚从而影响生产；在重油汽化的造气生产过程中，进入汽化炉的氧气和重油流量应保持一定的比例，若氧油比过高，会造成炉温过高，导致生产设备喷嘴和耐火砖烧坏，严重时甚至会引起炉子爆炸，若氧油比过低，则生成的炭黑增多，并使生产设备发生堵塞现象。所以保持合理的氧油比，不仅能使生产正常进行，且对安全生产来说具有重要意义。在各种化工生产中这样类似的例子很多，若物料比例失调，将会影响生产正常进行及产品质量，造成经济损失或环境污染，严重时会发生危险或引发生产事故。比例控制就是为了实现物料符合一定的比例关系，从而保证生产正常进行。

一、比值控制的工作原理

实现两个或两个以上参数符合一定比例关系的控制系统，称为比值控制系统。通常为流量比值控制系统。

在需要保持比值关系的两种物料中，必有一种物料处于主导地位，这种物料称之为主物料或主动量，其流量称为主流量，用 Q_1 表示；而另一种物料按主物料进行配比，在控制过程中随主物料量而变化，因此称之为从物料或从动量，其流量称为副流量，用 Q_2 表示。一般情况下，以生产中主要物料为主物料，如上例中的燃料、浓纸浆、树脂和重油均为主物料，而相应跟随变化的空气、水、氢氧化钠和氧气则为从物料。在有些场合，以流量不可控物料作为主物料，利用改变可控物料即从物料的量来实现它们之间的比值关系。

比值控制系统就是要实现主流量 Q_1 与副流量 Q_2 成一定比值关系，满足如下关系式：

$$K = Q_2/Q_1 \tag{7-2}$$

式(7-2)中，K 为副流量与主流量的流量比值。

在比值控制系统中，副流量是随主流量按一定比例变化的。因此，比值控制系统实际上是一种随动控制系统。

二、比值控制的结构

比值控制系统主要有开环比值控制系统、单闭环比值控制系统、双闭环比值控制系统、变比值控制系统等几种方案，本节将详细介绍这几种方案的工作原理及特点。

1. 开环比值控制系统

图 7-26 所示为开环比值控制系统，它是一种最简单的比值控制方案。在图 7-26 中，Q_1 是主流量，Q_2 是副流量。当 Q_1 变化时，Q_2 也将跟着变化，主要通过控制器 FC 及安装在从物料管道上的控制阀来控制 Q_2，使其满足 $Q_2 = KQ_1$ 的要求，其方块图如图 7-27 所示。从图中可以看出，该系统的测量信号取自主流量 Q_1，但控制器的输出却要去控制从物料的流量 Q_2，整个系统没有构成闭环，所以是一个开环系统。

开环比值控制系统结构简单，只需一台纯比例控制器，其比例度可以根据两流量比值要求来设定。仔细分析开环比值控制系统发现其只能保持执行器的阀门开度与 Q_1 之间呈一定比例关系，一旦当 Q_2 因阀门两侧压力差发生变化而波动时，系统将不起控制作用，此时就无法保证 Q_2 与 Q_1 的比值关系。也就是说，这种比值控制方案对副流量 Q_2 本身无抗干扰能力。因此，开环比值控制系统只适用于副流量较平稳且对比值要求不高的场合。实际生产过程中，Q_2 本身常常要受到干扰，因此生产上很少采用开环比值控制方案。

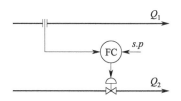

图 7-26　开环比值控制系统

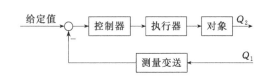

图 7-27　开环比值控制系统方块图

2. 单闭环比值控制系统

为了克服开环比值控制方案的不足，在开环比值控制系统的基础上，通过增加一个副流量的闭环控制系统，就构成了图 7-28 所示的单闭环比值控制系统，其方块图如图 7-29 所示。从图 7-29 中可以看出，单闭环比值控制系统与串级控制系统的结构形式相类似，但二者是不同的。单闭环比值控制系统的主流量 Q_1 相似于串级控制系统中的主变量，但主流量并没有构成闭环，副流量 Q_2 的变化并不影响主流量 Q_1，尽管它也有两个串联的控制器，但只有一个闭合回路，这就是两者的根本区别。

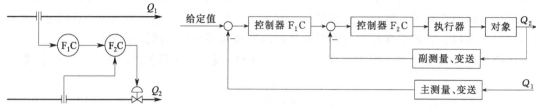

图 7-28 单闭环比值控制系统　　　　　　图 7-29 单闭环比值控制系统方块图

图 7-28 单闭环比值控制系统在稳定工况下，主、副流量满足工艺要求的比值 $K = Q_2/Q_1$。当主流量 Q_1 变化时，其流量信号经测量变送器送到主控制器 F_1C（或其他比值计算器）。F_1C 按预先设置好的比值系数使输出成比例地变化，也就是成比例地改变副流量控制器 F_2C 的给定值，此时副流量闭环控制系统是一个随动控制系统，从而副流量 Q_2 自动跟随主流量 Q_1 变化，使其在新的工况下保持两流量比值 K 不变。当主流量不变而副流量自身受到干扰发生变化时，此副流量闭环系统又是一个定值控制系统，经控制后可以克服自身的干扰，使工艺要求的流量比仍保持不变。

综上可知，单闭环比值控制系统的优点是它不但能实现副流量跟随主流量的变化而变化，而且还可以克服副流量本身干扰对比值的影响，因此主、副流量的比值较为精确。另外，这种方案的结构形式比较简单，实施起来也比较方便，所以得到广泛应用，尤其适用于主物料在工艺上不允许进行控制的场合。图 7-30 为单闭环比值控制系统实例。丁烯洗涤塔的任务是用水除去丁烯馏分所夹带的微量乙腈。为了保证洗涤质量，要求根据进料流量配以一定比例的洗涤水量。

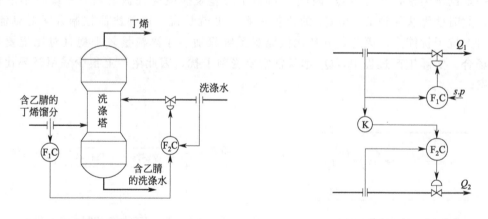

图 7-30 丁烯洗涤塔进料与洗涤水单闭环比值控制系统　　　图 7-31 双闭环比值控制系统

单闭环比值控制系统虽然能保持两物料量比值一定，但由于主流量不受控制，所以当主流量变化时，总的物料量就会跟着变化，这对于负荷变化较大，物料直接进入化学反应器的场合是不适合的。

3. 双闭环比值控制系统

图 7-31 所示的双闭环比值控制系统，是为了克服单闭环比值控制系统主流量不受控制，生产负荷（与总物料量有关）在较大范围内波动的缺点而设计的。它在单闭环比值控制的基础上，增加了主流量控制回路，使得主流量也构成了闭合回路。从图中可以看出，当主流量

Q_1 变化时，一方面通过主流量控制器 F_1C 对它进行控制，另一方面通过比值控制器 K 乘以适当的系数后作为副流量控制器 F_2C 的给定值，使副流量跟随主流量的变化而变化。

图 7-32 是双闭环比值控制系统的方框图。由图可以看出，该系统具有两个闭合回路，分别对主、副流量进行定值控制。同时，由于比值控制器的存在，使得主流量由受到干扰作用开始到重新稳定在给定值的这段时间内，副流量跟随主流量的变化而变化。这样不仅实现了比较精确的流量比值，而且也确保了两物料总量基本不变，故称之为双闭环比值控制。

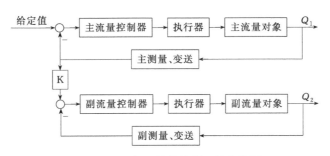

图 7-32　双闭环比值控制系统方块图

双闭环比值控制系统的另一个优点是降负荷比较方便，只要缓慢地改变主流量控制器的给定值就可以升降主流量，同时副流量也就自动跟踪升降，并保持两者比值不变。

双闭环比值控制系统主要适用于主流量干扰频繁，工艺上不允许负荷有较大波动或工艺上经常需要升降负荷的场合。某溶剂厂生产中，进入反应器的二氧化碳要求与氧气呈一定的比例，并要求各自的流量比较稳定，可采用图 7-33 的双闭环比值控制系统。同时，该方案的不足之处是其结构比较复杂，使用的仪表较多，投资较大，系统投运、维护较麻烦。

4. 变比值控制系统

以上介绍的几种控制方案都属于定比值控制系统，控制过程的目的是要保持主、从物料的比值关系为定值。但在实际生产中，维持流量比恒定往往不是控制的最终目的，仅仅是保证产品质量的一种手段，而定比值控制的各种方案只考虑如何来实现这种比值关系，而没有考虑最终的质量是否符合工艺要求。因此，从最终质量来看，这种定比值控制方案，其系统仍然是开环的。由于生产过程存在的干扰因素很多，在有些化学反应过程，两种物料的比值会灵活地随第三变量的需要而加以变化，这样就出现一种变比值控制系统。

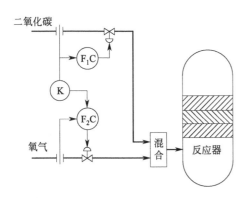

图 7-33　二氧化碳与氧气流量
的双闭环比值控制系统

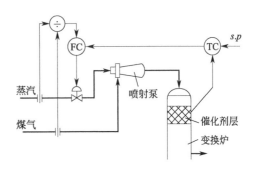

图 7-34　变换炉的半水煤气与
水蒸气变比值控制系统

例如图 7-34 是合成氨生产过程中煤造气工段变换炉的半水煤气与水蒸气变比值控制系统示意图。在变换炉生产过程中，半水煤气与水蒸气的量需保持一定的比值，但其比值系数要能随一段催化剂层的温度变化而变化，才能在较大负荷变化下保持良好的控制质量。在这里，蒸汽与半水煤气的流量经测量变送后，送往除法器，计算得到它们的实际比值，作为流量比值控制器下 FC 的测量值，而 FC 的给定值来自温度控制器 TC，最后通过调整蒸汽量（实际上是调整了蒸汽与半水煤气的比值）来使变换炉催化剂层的温度恒定在工艺要求的数值上。图 7-35 是该变比值控制系统的方块图，从系统的结构上来看，实际上是变换炉催化剂层温度与蒸汽/半水煤气的比值串级控制系统。系统中控制器的选择，温度控制器 TC 按串级控制系统中主控制器要求选择，比值系统按单闭环比值控制系统来确定。

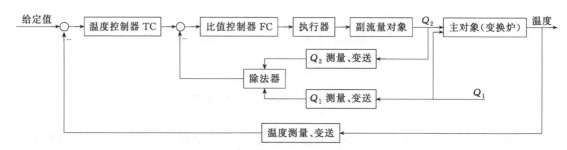

图 7-35 变换炉变比值控制系统方块图

又如图 7-36 所示的硝酸生产中氧化炉温度对氨气/空气串级比值控制方案也是一个变比值控制系统实例。氧化炉是硝酸生产中的关键设备，原料氨气和空气在混合器内混合后经预热进入氧化炉，氨氧化生成一氧化氮气体，同时放出大量的热量。稳定氧化炉操作的关键条件是反应温度，因此氧化炉温度可以间接表征氧化生产的质量指标。

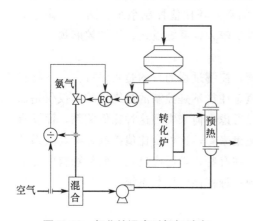

图 7-36 氧化炉温度对氨气/空气串级变比值控制系统

若设计一套定比值控制系统，保证进入混合器的氨气和空气的比值一定，就可基本上控制反应放出的热量，即基本上控制了氧化炉的温度，但影响氧化炉温度变化的其他干扰还有很多。经计算得知，当氨气在混合器中含量增加 1% 时，氧化炉温度将上升 64.9℃。成分变化是在比值不变的情况下改变混合器内氨含量的直接干扰，其他干扰如进入氧化炉的氨气、空气的初始温度的变化，意味着物料带入的能量变化，直接影响炉内温度；负荷的变化关系到单位时间内参加化学反应的物料量，由改变释放反应热的多少而影响炉温；进入混合器的氨气、空气的温度，压力变化，会影响流量测量的精度，若不进行补偿，则要影响它们的真实比值，也将影响氧化炉温度；此外，催化剂的活性变化、大气温度、压力变化等均对氧化炉温度有不同程度的影响。因此仅仅保持氨气和空气的流量比值，尚不能最终保证氧化炉温度不变，还需根据氧化炉温度的变化来适当修正氨气和空气的比例，以保证氧化炉温度的恒定。图 7-36 的变比值控制系统就是根据这样的意图而设计的。由图可知，当出现直接引起氨气/空气流量比值变化的干扰时，可通过比值控制系统及时克服而保持炉温不变，对于其他干扰引起的炉温变化，则通过温度控制器对氨气/空气比值进行修正，使氧化炉温度恒定。

三、比值控制系统的设计

比值控制系统的设计包括主、从物料流量的确定、控制方案的选择、控制规律的确定和比值系数的计算等内容。

1. 主、从物料的确定

设计比值控制系统时，首先需要确定主、从物料，即主、副流量。选择主、从物料流量的一般原则如下。

① 在生产过程中起主导作用的物料流量，一般选为主流量，其余的物料流量以它为准，跟随其变化而变化，选为副流量。

② 在生产过程中不可控的物料流量，一般选为主流量，而可控的物料流量作为副流量。

③ 在可能的情况下，选择流量较小的物料作为副流量，这样，控制阀可以选得小一些，控制比较灵活。

④ 在生产过程中价格较贵的物料流量可选为主流量，或者工艺上不允许控制的物料流量作为主流量，这样不仅节约成本且可以提高产量。

以上是选择主、从流量的一般原则，如当生产工艺有特殊要求时，主、从物料流量的确定应根据工艺情况做具体分析，满足工艺的需要。

2. 控制方案的选择

比值控制有多种控制方案，在具体选择时，应对各种方案的特点进行分析，根据不同的工艺情况、负荷变化、干扰性质及控制要求等情况选择合适的比值控制方案，应考虑如下原则。

控制方案的选择主要根据各种控制方案的特点及工艺的具体情况来确定。

① 单闭环比值控制能使两种物料间的比值一定，方案实施方便，但主流量变化会导致副流量的变化。如果工艺上仅要求两种物料量的比值一定，负荷的变化不大，对总的流量变化无要求时，则可选择此方案。

② 在生产过程中，主、副流量的干扰频繁，负荷变化较大，同时要保证主、从物料的总量恒定，则可选用双闭环比值控制方案。

③ 当生产要求两种物料流量的比值能灵活地随第三变量的需要进行调节时，则可选用变比值控制方案。

3. 控制器控制规律的选择

比值控制器控制规律是由不同控制方案和控制要求来确定的。例如单闭环控制的从动量回路控制器选用 PI 控制规律，因为它将起比值控制和稳定从动量的作用；而双闭环控制的主、从动回路控制器均选用 PI 控制规律，因为变比值控制可仿效串级系统控制器控制规律的选择原则。

① 在单闭环比值控制系统中，主流量控制器 F_1C 仅接收主流量的测量信号，仅起比值控制作用，故选择 P 控制规律或用一个比值器；副流量控制器 F_2C 起比值控制和使副流量相对稳定的作用，故应选 PI 控制规律。

② 在双闭环比值控制系统中，控制器不仅要起到比值控制作用，而且要起稳定各自的

物料流量的作用，所以两个控制器均应选择 PI 控制规律。

③ 变比值控制系统，又称为串级比值控制系统，它具有串级控制系统的一些特点，仿效串级控制系统控制器控制规律的选择原则，主控制器选择 PI 或 PID 控制规律，副控制器选用 P 控制规律。

4. 比值系数的计算

在工业生产过程中，比值控制用于解决两种物料流量之间的比例关系问题，设计比值控制系统时，比值系数的计算是一个十分重要的环节。工艺物料流量的比值 K 是指两种物料流量的体积流量或质量流量之比，即 $K=Q_2/Q_1$。比值系数 K' 是流量比值 K 的函数，通常两者并不相等。当控制方案确定后，必须把工艺上的比值 K 折算成仪表上的比值系数 K'，并正确地设定在相应的控制仪表上，这是保证系统正常运行的前提。

在比值控制系统中，当使用 DDZ-Ⅲ 型仪表时，仪表输出的标准统一信号为 $4\sim20\mathrm{mA}$ (DC) 或 $1\sim5\mathrm{V}$ (DC)，在仪表上所放置的是两个信号的比值系数 $K'=I_2/I_1$（或 V_2/V_1），显然仪表信号 K' 与工艺比值 K 之间具有一定对应关系，比值系数 K' 的计算就是将流量的比值 K 折算成相应仪表的标准统一信号。具体计算方法如下。

(1) 流量与其测量信号之间呈线性关系　如用转子流量计、涡轮流量计等方法测量或用差压法测量，但经开方器后输出信号也和流量值之间呈线性关系。设工艺要求 $K=Q_2/Q_1$，测量流量 Q_2 和 Q_1 的变送器测量范围为 $0\sim Q_{1\max}$ 和 $0\sim Q_{2\max}$，则可用式(7-3)折算成仪表的比值系数 K' 为

$$K'=KQ_{1\max}/Q_{2\max} \tag{7-3}$$

式中　$Q_{1\max}$——测量主流量 Q_1 所用变送器的最大量程；

　　　$Q_{2\max}$——测量副流量 Q_2 所用变送器的最大量程；

　　　K——工艺要求的流量比值，$K=Q_2/Q_1$。

(2) 流量和测量信号之间呈非线性关系　如用差压法测流量时，流量与压差之间呈非线性（开方）关系。由于流量变送器的输出为 $4\sim20\mathrm{mA}$ (DC)，与差压 Δp 成正比，即输出电流与 Q^2 成正比。同理，可用式 (7-4) 折算成仪表的比值系数 K' 为

$$K'=KQ_{1\max}^2/Q_{2\max}^2 \tag{7-4}$$

将计算出的比值系数 K' 设置在比值计算器上，比值控制系统就能按工艺要求正常进行。

第五节　分程控制系统

一、分程控制的工作原理

在一般的控制系统中，通常都是一台控制器的输出只控制一个控制阀动作，控制器信号驱动控制阀从全关到全开（或从全开到全关），此时控制器输出信号的全量程对应控制阀的全行程。然而在生产过程中，有时为了满足工艺的某些特殊要求，需要控制器输出控制若干个控制阀，因此就出现了分程控制。在分程控制系统中，一台控制器的输出可以同时控制两台甚至两台以上的控制阀，于是控制器的输出信号全程被分割成若干个信号范围段，每段信号去控制一台控制阀。这种由一个控制器的输出信号分段分别控制两个或两个以上控制阀动作的系统被称为分程控制系统。分程控制系统的方块图如图 7-37 所示。为实现图中分程控制的目的，一般需要在每个控制阀上附设阀门定位器，阀门定位器相当于一台可变放大系数

且可调零点的放大器，借助它来完成对信号的转换功能。

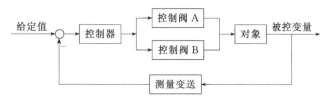

图 7-37　分程控制系统方块图

图 7-38 所示为分程控制系统示意图，图中采用了一台控制器去控制两台分程控制阀 A 和控制阀 B。将执行器的输入信号 20～100kPa 分为两段，要求 A 阀在 20～60kPa 信号范围内作全行程动作（即由全关到全开或由全开到全关）；B 阀在 60～100kPa 信号范围内作全行程动作。也就是说要求附设在控制阀 A 上的阀门定位器应调整在输入信号为 20～60kPa 时，相应输出为 20～100kPa；B 阀的输入信号为 60～100kPa，相应输出为 20～100kPa，这样相当于两个阀的输出都为 20～100kPa，说明这两个阀门均可作全行程动作。在控制过程中，当控制器（包括电气转换器）输出信号小于 60kPa 时，就只有控制阀 A 随着信号压力的变化改变自己的开度，而控制阀 B 则处于某一极限位置（全开或全关）不动；当控制器输出信号大于 60kPa 时，则控制阀 A 因已移至极限位置开度不再变化，控制阀 B 的开度随着信号大小的变化而变化，从而实现分程控制过程。

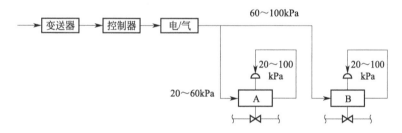

图 7-38　分程控制系统示意图

二、分程控制的结构

分程控制系统中，根据控制阀的气开、气关形式的不同，可分为同向和异向两种类型。

1. 控制阀同向动作

所谓控制阀同向是指两个控制阀的动作方向相同，即随着控制器输出信号（即阀压）的增大或减小，两控制阀都逐渐开大或逐渐关小，其动作过程如图 7-39 所示。图 7-39(a) 表示两个控制阀均为气开阀的情况，当控制器输出信号从 20kPa 增大时，A 阀逐渐打开；当控制器输出信号增大到 60kPa 时，A 阀全开，同时 B 阀开始打开；当控制器输出信号达到 100kPa 时，B 阀也全开。图 7-39(b) 表示两个控制阀均为气关阀的情况，当控制器输出信号从 20kPa 增大时，A 阀由全开状态开始关闭；当控制器输出信号增大到 60kPa 时，A 阀全关，而 B 阀则由全开状态开始关闭；当控制器输出信号达到 100kPa 时，B 阀也全关。这种情况可以扩大控制阀的可调范围，改善控制系统的品质，使系统更为合理可靠。

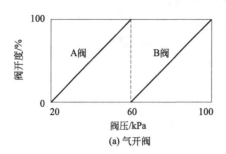
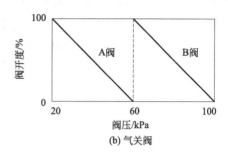

(a) 气开阀 　　　　　　　　　(b) 气关阀

图 7-39　控制阀同向动作的分程控制过程

2. 控制阀异向动作

所谓控制阀异向是指两个控制阀的动作方向相反，即随着控制器输出信号的增大或减小，一个控制阀逐渐开大，另一个控制阀则逐渐关小，其动作过程如图 7-40 所示。图 7-40(a) 表示 A 阀为气关阀、B 阀为气开阀的情况，当控制器输出信号从 20kPa 增大时，A 阀由全开状态开始关闭；当控制器输出信号增大到 60kPa 时，A 阀全关，同时 B 阀逐渐开启；当控制器输出信号达到 100kPa 时，B 阀全开。图 7-40(b) 是 A 阀为气开阀，B 阀为气关阀的情况。当控制器输出信号从 20kPa 增大时，A 阀由全关状态开始打开；当控制器输出信号增大到 60kPa 时，A 阀全开，同时 B 阀逐渐关闭；当控制器输出信号达到 100kPa 时，B 阀全关。

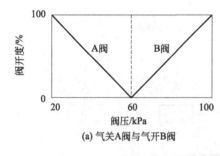
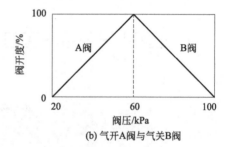

(a) 气关A阀与气开B阀　　　　　　(b) 气开A阀与气关B阀

图 7-40　控制阀异向动作的分程控制过程

分程阀同向或异向动作的选择问题，要根据生产工艺的实际需要来确定。

三、分程控制的特点

分程控制系统在工业生产中广泛应用，其设计及应用具有以下几个特点。

1. 提高控制阀的可调比，扩大控制阀的可调范围，能有效改善控制品质

前面第六章已经学过，控制阀有一个重要的指标，即控制阀的可调比 R。它是一项静态指标，表明控制阀执行规定流量特性运行的有效范围。阀的可调范围可表示为

$$R = Q_{max}/Q_{min} \tag{7-5}$$

式中　Q_{max}——控制阀所能控制的最大流量；

　　　Q_{min}——控制阀所能控制的最小流量。

国产设计的柱塞控制阀可调范围 R 为 30，这已能满足大部分生产过程的需求。但有些生产过程要求流量有较大范围的变化，若采用一个控制阀，该控制阀的可调范围是有限的，满足了最小流量就不能满足最大流量，反之，满足了最大流量就不能满足最小流量。显然，

一个控制阀满足不了流量大范围变化的要求，这时可考虑采用两个控制阀并联使用，用以扩大阀的可调范围，即分程控制方案。

现以某厂蒸汽压力减压系统为例来说明分程控制系统如何扩大控制阀的可调范围。假如锅炉产生的高压蒸汽压力为 10MPa，而生产上需要的是 4MPa 平稳的中压蒸汽。为此，需要通过节流减压的方法将 10MP 的高压蒸汽节流减压成 4MPa 的中压蒸汽。在选择控制阀口径时，为了适应大负荷下蒸汽供应量的需要，控制阀的口径就要选得很大。然而，在正常情况下，蒸汽量却不需要这么大，这就需要将阀门适当关小。也就是说，正常情况下控制阀只在小开度下工作。而大口径阀在小开度下工作时，阀的流量特性会发生畸变，并且易产生噪声和振荡，使控制效果变差，控制质量降低。为解决这一矛盾，可采用图 7-41 所示的两只同向控制阀构成的分程控制方案。

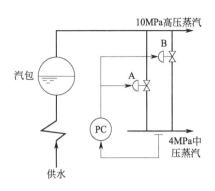

图 7-41　蒸汽减压系统分程控制

在该分程控制方案中，采用了 A、B 两个控制阀，假定根据工艺要求选择两阀均为气开阀。其中 A 阀在控制器的输出压力为 20～60kPa 时，从全关到全开，B 阀在控制器的输出压力为 60～100kPa 时，由全关到全开。在正常情况下，即小负荷时，B 阀处于关闭状态，只通过 A 阀开度的变化进行控制。当大负荷时，A 阀已全开仍然满足不了蒸汽量的需要，中压蒸汽管线的压力仍未达到给定值，这时压力控制器 PC 输出超过了 60kPa，就使 B 阀也逐渐打开，以弥补蒸汽供应量的不足。

由上可见，分程控制既满足了工艺要求，又不会使得阀门开度太小，且扩大了控制阀的可调范围，改善了阀的工作条件，提高了控制质量。这种控制方案已成功应用于废水处理中 pH 值控制及大型化肥厂蒸汽稳压控制系统中。

2. 可以控制两种不同的介质，以满足工艺生产的特殊要求

分程控制还能满足生产过程中的一些特殊要求，下面通过实例来进行说明。

图 7-42 所示是间歇反应器温度分程控制系统。在此化学反应过程中，当反应物料投入设备后，为了使其达到反应温度，在反应开始前，需要给它提供一定的热量。一旦达到反应温度后，就会随着化学反应的进行而不断放出热量，如果不及时移走这些放出的热量，反应就会越来越剧烈，甚至有爆炸的危险。因此，对这种间歇式化学反应器，既要考虑反应前的预热问题，又要考虑反应过程中移走放出的热量问题。

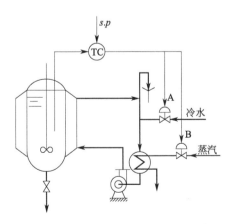

图 7-42　间歇式反应器温度分程控制系统

图 7-42 所示的系统中，利用 A、B 两个控制阀，分别控制冷水与蒸汽这两种不同介质，以满足生产工艺上需要冷却和加热的不同需求。

分程控制图中，冷水控制阀 A 为气关式，蒸汽控制阀 B 为气开式，温度控制器 TC 选择为反作用方向。反应器分程控制的两阀 A、B 输入输出关系如图 7-43 所示。其工作过程为：在进行化学反应前的升温阶段，

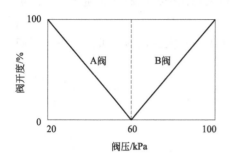

图 7-43 两阀 A、B 的反应器分程
控制系统输入输出特性图

由于温度测量值低于给定值，反作用控制器 TC 输出信号增大（大于 60kPa），使蒸汽阀 B 开度增加，而冷却水阀 A 将关闭，此时通过夹套对反应器内反应物进行加热升温，引发化学反应；当反应物温度达到反应温度时，化学反应开始，于是反应就要放出热量，反应物的温度逐渐升高并超过设定值后，反作用控制器 TC 的输出信号逐渐下降，使蒸汽阀 B 逐渐关小，待控制器输出小于 60kPa 以后，阀 B 全关，而冷水阀 A 则逐渐打开，这时，反应器内所产生的热量就不断被通过夹套中的冷水所移走，从而达到维持反应温度的目的。

本方案中选择蒸汽控制阀为气开式，冷水控制阀为气关式，都是从生产安全角度考虑的。因为一旦出现供气中断时，阀 A 将处于全开，阀 B 将处于全关，这样就不会因为反应器温度过高而导致生产事故。

3. 用作生产安全的保护措施

有时为了生产安全起见，需要采用分程控制方案作为生产的保护措施。

在各类炼油或石油化工厂中，有许多存放各种油品或石油化工产品的储罐，这些储罐大都建在室外。因为空气中的氧气会使油品氧化而变质，甚至引起爆炸，为使这些油品或石油产品不与空气接触，常常在储罐上方充以惰性气体 N_2，以使油品与空气隔绝，通常称之为氮封。为了保证空气不进入储罐，氮封技术一般要求氮气压力呈微正压。

这里需要考虑的一个问题就是当储罐内储存物料量增减时，将导致灌顶氮封压力变化，应及时进行控制，否则将使储罐变形，甚至破裂，造成浪费或引起燃烧、爆炸。例如当抽取物料时，氮封压力会下降，应及时向贮罐中补充 N_2，否则储罐就有被吸瘪的危险。而当向储罐中打料时，氮封压力又会上升，应停止补充氮气，并及时排出适量氮气，否则储罐就可能被鼓坏而造成危险。为了维持氮封压力，可采用图 7-44 所示的分程控制系统。

在氮封分程控制系统中，控制器为反作用方向，进氮气阀 A 为气开式，排氮气阀 B 为气关式。其工作过程为：当罐内压力升高时，测量值将大于给定值，反作用压力控制器 PC 的输出信号将减小，这样进氮气阀 A 将关闭，而排氮气阀 B 将打开，于是通过放空的办法将罐内的压力降下来。反之，当罐内压力降低至测量值小于给定值时，反作用控制器的输出信号将增大，这样排氮气阀 B 将关闭，而进氮气阀 A 将打开，于是通过补充氮气的方法将罐内压力增高。

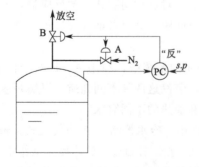

图 7-44 贮罐氮封分程控制系统

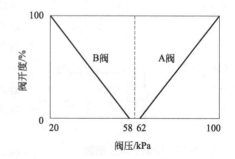

图 7-45 氮封分程控制两阀动作特性图

图 7-45 为氮封分程控制两阀动作特性图，由图看出，在两控制阀信号交接处存在一个中间区，即控制阀输出信号为 58～62kPa，主要是为了防止储罐中压力在给定值附近变化时 A、B 两阀频繁动作，从而影响阀门的使用寿命。方法是通过调整阀门定位器，使 B 阀在 20～58kPa 信号范围内从全开到全关，使 A 阀在 62～100kPa 信号范围内从全关到全开，而当控制器输出压力在 58～62kPa 范围变化时，两阀 A、B 都处于全关位置不动。这样做对于储罐这样一个空间大、时间常数较大且控制精度不是很高的具体压力对象来说，是有益的。因为留有这样一个中间的不灵敏区，将会使控制过程变化趋于缓慢，系统更为稳定。

四、分程控制系统的设计

分程控制系统本质上属于单回路控制系统，因此单回路控制系统的设计原则完全适用于分程控制系统的设计。但是，它与单回路控制系统相比，主要区别是控制器的输出信号需要分程且控制阀较多。所以，在设计分程控制系统时也有一些不同之处。下面就此作一介绍。

1. 分程信号的确定

在分程控制中，控制器输出信号的分段是由生产工艺要求决定的。控制器输出信号需要分成哪几个区段、不同区段信号所控制的控制阀等，完全取决于工艺要求。

2. 控制阀特性的选择

（1）根据工艺需求选择分程阀同向或异向动作

（2）控制阀的泄漏量不可忽视　控制阀泄漏的大小是分程控制系统设计和应用中一个十分重要的问题，必须保证在控制阀全关时，不泄漏或泄漏量极小。若大小阀并联时，大阀的泄漏量大于或接近小阀的正常调节量时，则小阀就不能发挥其应有的控制作用，甚至不能起控制作用。所以大阀的泄漏量一定要小，否则小阀就不能充分发挥扩大可调范围的作用。

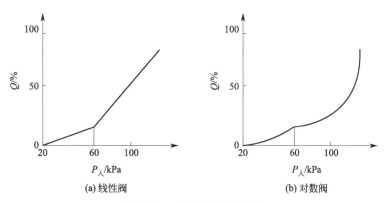

图 7-46　分程控制阀门特性

（3）控制阀流量特性要正确选择　在两个控制阀的分程点上，控制阀的放大倍数可能出现突变，则会影响阀门的特性曲线，主要表现在曲线会产生斜率突变的折点，如图 7-46 所示，这在大小控制阀并联时尤其重要。如果两个控制阀均采用线性特性，情况较严重，如图 7-46（a）所示；如果两个控制阀采用对数特性，分程信号重叠一小段，则情况会有所改善，如图 7-46（b）所示。

3. 控制器控制规律选择和参数整定

分程控制系统本质上属于简单控制系统，因此控制器控制规律的选择及参数整定可参照简单控制系统进行。但是在分程控制系统运行中，两个控制通道特性不会完全相同，就是说广义对象特性是两个，控制器参数不能同时满足两个不同对象特性的要求。这时只好保证正常情况下的被控对象特性，去完成控制器参数的整定，而对另一个阀的操作要求，只要能在工艺允许的范围内即可。也就是说采用互相兼顾的办法，选取一组较为合适的参数整定值即可。

第六节　选择性控制系统

一、选择性控制系统工作原理

前面介绍的所有自动控制系统都只能在生产工艺正常的情况下工作，一旦系统出现异常或发生故障时，还应具有一定的安全保护措施。因此，在现代大型工艺生产过程中，不仅要求控制系统在正常的情况下运行，能够克服外界干扰，维持生产的平稳运行，而且还必须考虑生产操作达到安全极限时，控制系统应有一种应变能力，能采取相应的保护措施，促使生产操作离开安全极限，返回到正常情况，或者使生产暂时停止下来，以防事故的发生或进一步扩大。例如大型压缩机、泵和鼓风机的过载保护措施，精馏塔的防液泛措施等都属于非正常生产过程的保护性措施。

一般来说，生产保护性措施有两类：一类是硬保护措施；另一类是软保护措施。

所谓硬保护措施就是当生产操作达到安全极限时，报警开关接通，通过警灯或者警铃发出报警信号，可以由操作工将控制器切换到人工手动操作，或者通过自动安全联锁系统，强行切断电源或气源，实现自动停车，待维修人员排除故障后重新启动。就人工保护来说，由于大型工厂生产过程中限制性条件多且严格，生产安全保护的逻辑关系往往比较复杂，人工操作难免会出现错误。此外，由于生产过程进行的速度往往很快，操作人员的反应难以跟上，一旦出现危险情况，时间十分紧急，容易出现手忙脚乱的情况，某个环节处理不当，就会使事故发生或扩大。故遇到此类问题时，常常采用联锁保护的办法进行处理。也就是当生产达到安全极限时，通过专门设置的联锁保护线路，自动地使设备停车，达到保护的目的。

通过事先专门设置的联锁保护线路，虽然能在生产操作达到安全极限时起到安全保护的作用，但这种硬性保护方法，动辄就使设备停车，这必然会影响到生产。对于大型连续生产过程来说，即使是短暂的设备停车也会造成巨大的经济损失。因此，这种硬保护措施存在着弊端。随着自动化技术的发展，为确保生产安全，减少开停车次数，就出现了能适应不同生产条件或异常状况的一种生产的软保护措施。

所谓生产的软保护措施，就是通过设计一个特定的自动选择性控制系统，当生产短期内处于不正常情况时，既不使设备停车又能对生产起到自动保护的作用。这种自动选择性控制系统是把工业生产过程中限制条件所构成的逻辑关系叠加到正常的自动控制系统中的一种组合控制方法。即在一个过程控制系统中，配置一套能实现不同控制功能的控制系统，当生产操作趋向极限条件时，通过选择器控制不安全工况的控制方案将取代正常情况下的控制方案，直到生产工况脱离极限条件重新回到安全范围时，又通过选择器使适用于正常工况的控制系统自动投入对生产过程的正常控制。因此，这种选择性控制系统又被称为取代控制系统或自动保护控制系统。某些选择性控制系统甚至能实现自动开、停车控制且无需人参与。

要构成选择性控制系统，生产操作必须具有一定的选择性逻辑关系，而选择性控制的实现需要具有选择功能的高、低值选择器选出能适应生产安全状况的控制信号，以实现对生产过程的自动控制。

二、选择性控制的结构

选择性控制系统在结构上的特点是使用了选择器。选择器可以接在两个或多个控制器的输出端，对控制信号进行选择，也可以接在几个变送器的输出端，对测量信号进行选择，以适应不同生产过程的需要。根据选择器在系统结构中的位置不同，选择性控制系统可以分为开关型选择性控制系统、连续型选择性控制系统和混合型选择性控制系统三种结构类型，下面分别加以介绍。

1. 开关型选择性控制系统

在这一类选择性控制系统中，一般有 A、B 两个可供选择的变量。假定变量 A 是工艺操作的主要技术指标，它直接关系到产品的质量或生产效率；对于变量 B，工艺上对它只有一个限值要求，只要生产操作不超出 B 限值就是安全的，一旦超出 B 限值，生产过程就有发生事故的危险。因此，在正常情况下，变量 B 处于限值以内，生产过程就按照变量 A 来进行连续控制。若变量 B 达到极限值时，为了防止事故的发生，所设计的选择性控制系统将通过专门的装置（电接点、信号器、切换器等）切断变量 A 控制器的输出，而使控制阀迅速关闭或打开，直到变量 B 回到限值以内，系统才自动重新恢复到按变量 A 进行连续控制的状态。因此，开关型选择性控制系统一般都用作系统的限值保护，由于其结构简单，在工业生产过程中得到了广泛的应用。

图 7-47 为丙烯冷却器裂解气出口温度自动控制系统。在乙烯分离过程中，裂解气经五段压缩后其温度已达 88℃。为了进行低温分离，必须将它的温度降到工艺要求的 15℃左右。为此，工艺上利用液态丙烯低温下蒸发吸热的原理，采用丙烯冷却器与裂解气换热的方式，达到降低裂解气温度的目的。

为了保证裂解气经冷却器后的出口温度达到规定要求，一般的控制方案是选取经冷却后的裂解气温度作为被控变量，以液态丙烯流量作为操纵变量，其温度控制系统如图 7-47(a)所示。图 7-47(a) 所示的方案实际上是通过改变换热面积的方法来控制传热量，以达到控制温度的目的，因此控制系统的控制通道滞后比较大。当裂解气出口温度偏高时，控制阀开大，液态丙烯流量就随之增大，冷却器内丙烯的液位就会上升，冷却器内被液态丙烯淹没的列管数量增多，换热面积就增大，于是由丙烯汽化所带走的热量就会增多，因而裂解气的出口温度就会降下来。反过来，当裂解气出口温度偏低时，控制阀关小，冷却器内丙烯的液位下降，换热面积减小，丙烯汽化带走热量也减小，裂解气的出口温度上升。因此，通过对液态丙烯流量的控制就能达到维持裂解气出口温度不变的目的。

但当裂解气温度过高或负荷量过大时，控制阀将要被大幅度地打开，进入冷却器的液态丙烯流量增加。当冷却器中的列管全部被液态丙烯所淹没，而裂解气出口温度仍然降不到设定温度时，就不能再使控制阀开度继续增加了。主要原因：一是这时丙烯的液位继续上升已不再能增加换热面积，换热效果也不再能够提高，再增加控制阀的开度，冷剂量液态丙烯将得不到充分的利用；二是液位的继续上升会使冷却器中的丙烯蒸发空间逐渐减小，甚至会完全没有蒸发空间，造成气相丙烯带液的现象。气相丙烯带液进入压缩机将会损坏压缩机。因此，必须对丙烯液位上升到极限情况时采取防护性措施，在图 7-47(a) 所示的方案基础上进行改造，就构成了如图 7-47(b) 所示的裂解气出口温度与丙烯冷却器液位的开关型选择性控制系统。

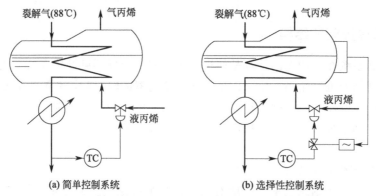

图 7-47　丙烯冷却器裂解气出口温度自动控制系统

控制方案（b）是在控制方案（a）的基础上增加了一个带有上限节点的液位变送器（或报警器）和一个连接于温度控制器 TC 与控制阀之间的电磁三通阀，上限节点一般设定在液位总高度的 75％左右。在正常情况下，液位低于高度的 75％，液位变送器的上限节点断开，电磁阀失电，温度控制器 TC 的输出可直通控制阀，实现温度自动控制。当液位上升达到高度的 75％时，这时主要矛盾已变为保护压缩机不受损，液位变送器的上限节点闭合，电磁阀通电而动作，将温度控制器 TC 的输出切断，同时使控制阀的膜头与大气相通，使膜头压力很快下降为零而关闭（对气开阀而言），这样就终止了液态丙烯继续进入冷却器。待冷却器内液态丙烯逐渐蒸发，液位缓慢下降到低于高度的 75％时，液位变送器的上限节点又断开，电磁阀再次失电，温度控制器的输出又直通控制阀，又可实现温度的自动控制。该开关型选择性控制系统的方块图如图 7-48 所示，图中的方块"开关"实际上是一只电磁三通阀，可以根据液位的不同情况分别让执行器接通温度控制器或接通大气。

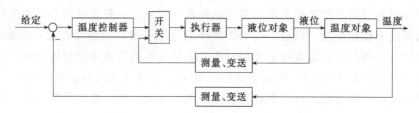

图 7-48　开关型选择性控制系统方块图

上述开关型选择性控制系统也可以通过图 7-49 所示的方案来实现。在该系统中采用了一台信号器和一台切换器。

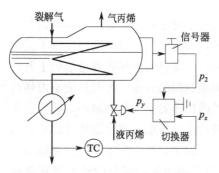

图 7-49　开关型选择性控制系统

信号器的信号关系是：

① 当液位低于 75％时，输出 $p_2 = 0$；

② 当液位达到 75％时，$p_2 = 0.1 MPa$。

切换器的信号关系是：

① 当 $p_2 = 0$ 时，$p_y = p_x$；

② 当 $p_2 = 0.1 MPa$ 时，$p_y = 0$。

在信号器与切换器的配合作用下，当液位低于 75％时，执行器接收温度控制器送来的控制信号，实现温度的连续控制；当液位达到 75％时，执行器接收的信号为零，于是控制阀全关，液位则停止上升并缓慢下降，这就防止了气相丙烯带液现象的发生，对后续的压缩机起着保护作用。

由上例可见，开关型选择性控制系统的选择器装在控制器之后，对控制器的输出信号进行选择。控制一个执行器工作，操作变量只有一个，而被控变量有两个，由选择器在两个被控变量之间选择一个。因此，这种结构的关键是选择被控变量。

2. 连续型选择性控制系统

连续型选择性控制系统与开关型选择性控制系统的不同之处在于：当取代作用发生后，控制阀不是立即全开或全关，而是在阀门原来的开度基础上继续进行连续控制。因此，对执行器来说，控制作用是连续的。

在连续型选择性控制系统中，一般有两台控制器，它们的输出通过一台选择器（高值选择器 HS 或低值选择器 LS）后，送往执行器。这两台控制器，一台在正常情况下工作，另一台在非正常情况下工作。在生产处于正常情况下，系统由用于正常情况下工作的控制器进行控制，一旦生产出现不正常情况时，用于非正常情况下工作的控制器将自动取代正常情况下工作的控制器对生产过程进行控制，直到生产恢复到正常情况。此时，正常情况下工作的控制器又取代非正常情况下工作的控制器，恢复对生产过程的控制。

下面举一个连续型选择性控制系统的应用实例。在大型合成氨工厂中，蒸汽锅炉是一个很重要的动力设备，它直接承担着向全厂提供蒸汽的任务。锅炉生产正常与否，将直接关系到合成氨生产的全局。因此，必须对蒸汽锅炉的运行采取一系列保护性措施。锅炉燃烧系统的选择性控制系统只是这些保护性措施之一。

蒸汽锅炉所用的燃料为天然气或其他燃料气。在正常情况下，根据产汽压力来控制所加入的燃料量。当用户所需蒸汽量增加时，蒸汽压力就会下降。为了维持蒸汽压力不变，必须在增加供水量（供水量另有其他系统进行控制，这里暂不研究）的同时相应地增加燃料气量，反之，当用户所需蒸汽量减少时，蒸汽压力就会上升，这时就得减少燃料气量。对于燃料气压力对燃烧过程的影响，经过研究发现：进入炉膛燃烧的燃料气压力不能过高，当燃料气压力过高时，就会产生脱火现象。一旦脱火现象发生，大量燃料气就会因未燃烧而导致烟囱冒黑烟，这不但会污染环境，更严重的是燃烧室内积存大量燃料气与空气的混合物，有爆炸的危险。为了防止脱火现象的产生，在锅炉燃烧系统中采用了如图 7-50 所示的蒸汽压力与燃料气压力的自动选择性控制系统。

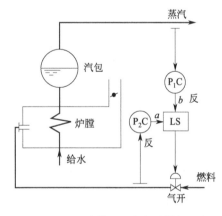

图 7-50 锅炉蒸汽压力与燃料气压力连续型选择性控制系统

图中，采用一台低值选择器 LS（它的特性是能自动地选择两个输入信号中较低的一个作为它的输出信号），通过它来选择蒸汽压力控制器 P_1C 与燃料气压力控制器 P_2C 的输出，送往接在燃料气管线上的控制阀。

本系统的方块图如图 7-51 所示。现在来分析一下该选择性控制系统的工作情况：在正常情况下，燃料气压力低于给定值，燃料气压力控制器 P_2C 是反作用（根据系统控制要求决定的）控制器，其输入信号是负偏差，因此它的输出 a 为高信号。与此同时蒸汽压力控制器 P_1C 的输出 b 则为低信号。这样，低值选择器 LS 将选择蒸汽压力控制器 P_1C 的输出 b

进行控制。这时系统实际上是一个以蒸汽压力作为被控变量的单回路控制系统。

当控制阀开大，燃料气压力升高到超过给定值时，燃料气压力控制器 P_2C 的比例度一般都设置得比较小，一旦出现这种情况时，它的输出 a 将迅速减小且低于 P_1C 的输出 b，于是低值选择器 LS 将选择燃料气压力控制器 P_2C 的输出信号 a 送往执行器，此时防止脱火现象产生已经上升为主要矛盾，因此系统将变成以燃料气压力为被控变量的简单控制系统。待燃料气压力下降到低于给定值时，a 又迅速升高成为高信号，此时蒸汽压力控制器 P_1C 的输出信号 b 又变为低信号，于是蒸汽压力控制器将迅速取代燃料气压力控制器的工作，系统又将恢复到以蒸汽压力作为被控变量的正常控制了。

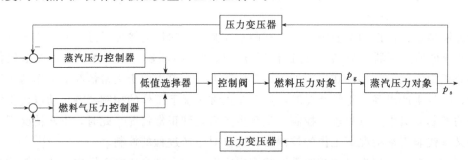

图 7-51　蒸汽压力与燃料气压力选择性控制系统方块图

值得注意的是：当系统处于燃料气压力控制时，蒸汽压力的控制质量将会明显下降，但这是为了防止事故发生所采取的必要的应急措施，这时的蒸汽压力控制系统实际上已停止工作，被非正常情况下工作的燃料气压力控制系统所取代。

3. 混合型选择性控制系统

混合型选择性控制系统中，既包含有开关型选择性控制系统的内容，又包含有连续型选择性控制系统的内容。

例如锅炉燃烧系统既考虑脱火问题又考虑回火的保护问题时，可以通过设计一个混合型选择性控制系统来解决。关于燃料气管线压力过高会产生脱火的问题前面已经作了介绍。然而当燃料气管线压力过低时又会出现什么现象和产生什么危害呢？

在图 7-50 所示的蒸汽压力与燃料气压力连续型选择性控制系统中，如果燃料气压力不足时，燃料气管线的压力就有可能低于燃烧室压力，这样就会出现危险的回火现象，危及燃料气罐，可能使之发生燃烧和爆炸。因此，回火现象和脱火现象一样要设法加以防止。为此，可在图 7-50 所示连续型选择性控制系统的基础上增加一个防止燃料气压力过低的开关型选择性的内容，即如图 7-52 所示的蒸汽锅炉混合型选择性控制系统。

在本方案中增加了一个带下限节点的压力控制器 P_3C 和一台电磁三通阀。当燃料气压力正常时，压力控制器 P_3C 的下限节点是断开的，电磁三通阀失电，此时，系统的工作同图 7-50 所示的蒸汽锅炉连续型选择性控制系统一样，低值选择器 LS 的输出可以通过电磁阀控制执行器。

一旦燃料气压力下降到极限值时，为防止出现回火现象，压力控制器 P_3C 的下限节点接通，电磁阀通电，将低值选择器 LS 的输出切断，同时使控制阀膜头与大气相通，控制阀的膜头内压力迅速下降到零而关闭，这样即可避免回火事故的发生。当燃料气压力上升达到正常时，下限节点又断开，电磁阀失电，于是低值选择器的输出又被送往执行器，恢复成图 7-51 所示的蒸汽压力与燃料气压力连续型选择性控制方案。

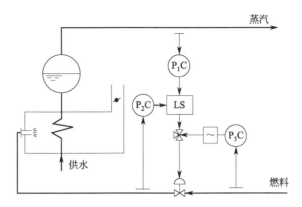

图 7-52 蒸汽锅炉混合型选择性控制系统

三、选择性控制系统的设计

选择性控制系统在一定条件下可等效为两个（或多个）常规控制系统的组合。选择性控制系统设计的关键是选择器的设计选型和多个控制器控制规律的确定。其他如控制阀气开、气关形式的选择，控制器正、反作用方向的确定与常规控制系统设计基本相同。

1. 选择器的选型

选择器是选择性控制系统中的一个重要组成环节。选择器有高值选择器和低值选择器两种，前者选出高值信号通过，后者选出低值信号通过。在具体选型时，根据生产处于不正常情况下，取代控制器的输出信号为高值或低值来确定选择器的类型。如果取代控制器输出信号为高值，则选用高值选择器；反之，则选用低值选择器。

2. 控制器控制规律的确定

对于正常工况下运行的控制器，由于有较高的控制精度和产品质量要求，应选用 PI 控制规律。如果过程的容量滞后较大，控制精度要求高，可以选用 PID 控制规律。对于取代控制器，由于在正常生产情况下处于开环备用状态，为了使工作的控制器能在生产处于不正常情况时迅速而及时地采取有效措施，防止事故发生，一般选用 P 控制规律，且要求放大倍数较大。

3. 控制器参数的整定

选择性控制系统中控制器参数整定时，正常工作控制器的要求与常规控制系统相同，可按常规控制系统的整定方法进行整定。但对于取代常规控制器工作的取代控制器，要求则不同，希望其投入工作时，能输出较强的控制信号，及时产生自动保护作用，其比例度应整定得小一些，如果有积分作用，积分作用也应整定得弱一些。

4. 控制器的抗积分饱和问题

一个具有积分作用的控制器，当其处于开环工作状态时，如果偏差输入信号一直存在，那么由于积分作用的结果，将使控制器的输出不断增加或不断减小，一直达到输出的极限值为止，这种现象称之为"积分饱和"。由上述定义可以看出，产生积分饱和的条件有三个，一是控制器具有积分作用；二是控制器处于开环工作状态，其输出没有被送往执行器；三是控制器的输入偏差信号长期存在。

在选择性控制系统中，任何时候选择器只能选两个控制器中的一个，被选中的控制器其输出送往执行器，而未被选中的控制器则处于开环工作状态。这个处于开环工作状态下的控制器如果具有积分作用，在偏差长期存在的条件下，就有可能产生积分饱和。

当控制器处于积分饱和状态时，它的输出将达到最大或最小的极限值，该极限值已超出执行器的有效输入信号范围。对于气动薄膜控制阀来说，有效输入信号范围为 20～100kPa，也就是说，当输入由 20kPa 变化到 100kPa 时，控制阀就可以由全开变为全关（或由全关变为全开），当输入信号在这个范围以外变化时，控制阀将停留在某一极限位置（全开或全关）不再变化。由于控制器处于积分饱和状态时，它的输出已超出执行器的有效输入信号范围，所以当它在某个时刻重新被选择器选中，需要它取代另一个控制器对系统进行控制时，它并不能立即发挥作用。要使它发挥作用，必须等它退出饱和区，即输出慢慢返回到执行器的有效输入范围以后，才能使执行器开始动作，因而控制是不及时的。这种取代不及时（或者说取代虽然及时，但真正发挥作用不及时）有时会给系统带来严重的后果，甚至会造成事故，因此必须设法防止和克服。

需要指出的是，除选择性控制系统会产生积分饱和现象外，只要满足产生积分饱和的三个条件，其他系统也会产生积分饱和问题。如用于控制间歇生产过程的控制器，当生产停下来而控制器未切入手动时，如果重新开车，控制器就会有积分饱和的问题，其他原因如系统出现故障、阀芯卡住、信号传送管线泄漏等都会造成控制器的积分饱和问题。

目前主要有以下两种防止积分饱和的措施。

(1) 限幅法　所谓限幅法是通过一些专门的技术措施对积分反馈信号加以限制，从而使控制器输出信号被限制在工作信号范围之内。在气动和电动Ⅱ型仪表中有专门的高值限幅器和低值限幅器，在电动Ⅲ型仪表中则有专门设计的限幅型控制器。如果控制器处于开环待命状态，由于积分作用使控制器输出逐渐增大，则要用高值限幅器；反之，则用低值限幅器。采用这种专用控制器后就不会出现积分饱和的问题。

(2) 积分切除法　所谓积分切除法是指控制器具有 PI-P 控制规律。当控制器被选中时具有 PI 控制规律，一旦处于开环工作状态时，就将控制器的积分作用切除，只具有比例作用，这样就不会使控制器的输出一直增大到最大值或一直减小到最小值，当然也就不会产生积分饱和的问题。这是一种特殊设计的控制器，如果用计算机进行选择性控制，只要利用计算机的逻辑判断功能，编制出相应的程序即可。

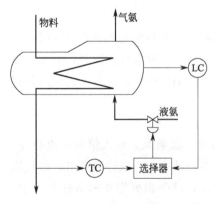

图 7-53　氨冷却器出口温度与液氨液位选择性控制系统

根据以上设计原则，图 7-53 所示氨冷却器出口温度与液氨液位选择性控制系统，可以进行如下设计。

① 为了防止气氨带液进入氨压缩机后影响氨压缩机的安全，控制阀应选择气开式。这样，一旦控制阀失去能源，控制阀就会关闭，不再使液位上升。

② 对于物料出口温度控制系统，控制对象输入液氨流量增加时，其输出物料出口温度下降，为反作用对象，因此要使系统为负反馈，则控制器 TC 必须取"正"作用；对于液氨液位控制系统，控制对象输入液氨流量增加时，其输出液氨液位升高，为正作用对象，因此要使系统为负反馈，则控制器 TC 必须取"反"作用。

③ 氨冷却器的作用是使物料经过换热，出口温度

达到一定的要求，物料出口温度是工艺操作指标。因此，温度控制器是正常情况下工作的控制器。由于温度对象是容量滞后较大的对象，所以温度控制器 TC 应选择比例、积分、微分即 PID 控制规律。液位控制器是非正常情况下工作的控制器，为了在液位上升到安全极限时能迅速地投入工作，液位控制器 LC 应选窄比例式，放大倍数较大的。

④ 液位控制器是非正常情况下工作的控制器，由于它是反作用，在正常情况下，液位低于上限值，其输出为高信号。一旦液位上升到大于上限值，液位控制器输出迅速跌为低信号，为了保证液位输出信号这时能够被选中，选择器必须选低值选择器，以防事故的发生。

习 题

1. 什么叫串级控制系统？试画出串级控系统的典型方块图。

2. 串级控制系统有哪些特点？主要使用在哪些场合？与简单控制系统相比，具有哪些优点？

3. 串级控制系统中的主、副变量应如何选择？

4. 为什么说串级控制系统中的主回路是定值控制系统，而副回路是随动控制系统？

5. 为什么在一般情况下，串级控制系统中的主控制器应选择 PI 或 PID 作用的，而副控制器选择 P 作用的？

6. 串级控制系统中主、副控制器的参数整定主要有哪两种方法？试分别说明之。

7. 图 7-54 所示为聚合釜温度控制系统，试问：

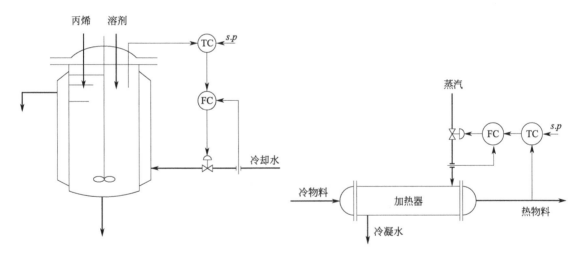

图 7-54　聚合釜温度控制系统　　　　图 7-55　加热器串级控制系统

(1) 这是一个什么类型的控制系统？试画出它的方块图。

(2) 如果聚合釜的温度不允许过高，否则易发生事故，试确定控制阀的气开、气关形式。

(3) 确定主、副控制器的正、反作用。

(4) 简述当冷却水压力变化时的控制过程。

(5) 如果冷却水的温度是经常波动的，上述系统应如何改进？

(6) 如果选择夹套内的水温作为副变量构成串级控制系统，试画出它的方块图，并确定主、副控制器的正、反作用。

8. 图 7-55 所示为加热器串级控制系统，要求：

(1) 试画出该串级控制系统的方块图，并说明主、副变量分别是什么？主控制器、副控制器分别是哪个控制器？

(2) 如果工艺要求加热器温度不能过高，否则易发生事故，试确定控制阀的气开、气关形式。

(3) 确定主、副控制器的正、反作用。

(4) 当蒸汽压力突然增加时，简述该控制系统的控制过程。

(5) 当冷物料流量突然加大时，简述该控制系统的控制过程。

9. 什么是前馈控制系统？它有什么特点？主要应用在什么场合？

10. 在什么情况下要采用前馈-反馈控制系统，试画出它的方块图，为什么控制系统中不单独采用前馈控制，而采用前馈-反馈控制？在该系统中，指出前馈和反馈各起什么作用？

11. 均匀控制系统的目的和特点是什么？

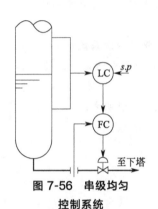

图 7-56　串级均匀控制系统

12. 图 7-56 是串级均匀控制系统示意图，试画出该系统的方块图，并分析这个方案与普通串级控制系统的异同。该图中，如果控制阀选择气开式，试确定 LC 和 FC 控制器的正、反作用。

13. 什么叫比值控制系统？

14. 单闭环比值控制系统与开环比值控制系统相比，前者有什么优点？画出单闭环比值控制系统的原理图，并分析为什么单闭环比值控制系统的主回路是不闭合的？

15. 双闭环比值控制系统与单闭环比值控制系统相比，前者有什么特点？使用在什么场合？试画出其原理图。

16. 什么是变比值控制系统？

17. 什么是分程控制系统？主要应用在什么场合？

18. 从系统的结构来说，分程控制系统与简单控制系统、连续型选择性控制系统的主要区别是什么？分别画出它们的方块图。

19. 采用两个控制阀并联的分程控制系统为什么能扩大控制阀的可调范围？

20. 什么叫生产过程的软保护措施？与硬保护措施相比，软保护措施有什么优点？

21. 选择性控制系统的特点是什么？选择性控制系统有哪几种结构类型？

22. 什么是控制器的"积分饱和"现象？产生积分饱和的条件是什么？

23. 积分饱和的危害是什么？抗积分饱和的主要措施有哪几种？

第八章

>>>>>>

计算机控制系统

计算机控制系统（computer control system，CCS）是应用计算机参与控制并借助一些辅助部件与被控对象相联系，以获得一定控制目的而构成的系统。这里的计算机通常指数字计算机，可以是微型计算机、大型的通用计算机或专用计算机。辅助部件主要指输入输出接口、检测装置和执行装置等。计算机与被控对象的联系以及控制部件间的联系，可以是有线方式，如通过电缆的模拟信号或数字信号进行联系；也可以是无线方式，如用红外线、微波、无线电波、光波等进行联系。

在采用计算机控制系统之前，工厂如果要了解设备和生产过程的现状，只能采用盘装常规仪表控制系统，所有的二次仪表（显示仪表和控制仪表）都安装在一排一排的机柜上，上面大多数是指针式或数字式的显示仪表，或者各类记录仪，一排一排的各种颜色的用于报警的指示灯，各种大大小小的按钮、旋钮以及手操器的指示面板和操作手柄。随着计算机技术在自动化控制领域的应用，一台或几台计算机，即可替代庞大规模的机柜面板，并且由于计算机强大的运算能力和通信能力使得工业自动化控制模式日新月异。

计算机控制系统是计算机技术与自动化技术、检测与传感器技术以及通信与网络技术紧密结合的产物。随着计算机技术、自动控制技术、检测和传感技术、智能仪表、网络通信技术的快速发展，各类计算机控制装置已经成了工业生产的基本条件和重要保证，是现代工业生产中不可替代的神经中枢。

第一节　概　　述

一、计算机控制系统的组成

计算机控制系统是利用计算机（通常称为工业控制计算机）来实现工业过程自动控制的系统。在计算机控制系统中，由于工业控制机的输入和输出是数字信号，而现场采集到的信号或送到执行机构的信号大多是模拟信号，因此与常规的按偏差控制的闭环负反馈系统相比，计算机控制系统需要有 D-A（数/模）转换和 A-D（模/数）转换这两个环节。如图 8-1

所示，测量元件（传感器）、变送单元（变送器）所获得的模拟信号经由 A-D（模/数）转换，转换为数字信号，计算机将此数字信号与输入端的设定值相比较，根据差值按一定的运算法则进行运算，所得的数字量作为输出信号经过 D-A 转换，转换为模拟信号送到执行机构，再由执行机构对被控对象进行控制。简单说就是在传统的仪表控制系统中，利用计算机系统代替控制器。

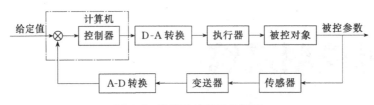

图 8-1　计算机控制系统框图

广义的计算机控制系统包括了工控机和生产过程两大部分。计算机控制系统和一般的计算机系统一样也由软件和硬件构成。硬件包括计算机本身、输入输出接口、人机接口、通信设备、现场仪表、系统总线等。软件是指完成各种功能的计算机程序的总和，通常包括系统软件和应用软件。其中，系统软件一般包括操作系统、语言处理程序和服务性程序等，它们通常由计算机制造厂商为用户配套提供，有一定的通用性。应用软件是为实现特定控制目的而编制的专用程序，如数据采集程序、控制决策程序、输出处理程序和报警处理程序等，它们涉及被控对象的自身特征和控制策略等，由实施控制系统的专业人员自行编制。

二、计算机控制系统的分类

按照系统构成、控制目的、控制方案和应用特点可将工业过程计算机控制系统分为操作指导控制系统（OGC 系统）、直接数字控制系统（DDC 系统）、监督控制系统（SCC 系统）、集散控制系统（DCS）和现场总线控制系统（FCS）等。

1. 操作指导控制系统（OGC）

操作指导控制（operation guide control）系统又称数据采集和监视系统，它是计算机应用于生产过程控制最早的一种类型，在这种应用中，计算机只承担数据的采集和处理工作，而不直接参与控制。它对生产过程各种工艺变量进行巡回检测、处理、记录及变量的超限报警，同时对这些变量进行累计分析和实时分析，得出各种趋势分析，为操作人员提供参考。

2. 直接数字控制系统（DDC）

直接数字控制（direct digital control）系统是用一台计算机取代模拟控制器直接控制执行器，使被控变量保持在给定值。计算机通过模拟量输入通道（AI）和开关量输入通道（DI）采集实时数据，然后按照一定的控制规律进行计算，最后发出控制信号，并通过模拟量输出通道（AO）和开关量输出通道（DO）直接控制生产过程。因此 DDC 系统是一个闭环控制系统，是计算机在工业生产过程中最普遍的一种方式。

DDC 系统中的计算机直接承担着控制任务，因而要求实时性好、可靠性高和适应性强。为充分发挥计算机的利用率，一台计算机通常要控制几个或几十个回路，因此必须合理设计应用软件使其稳定、实时地完成所有功能。

3. 监督控制系统（SCC）

监督控制（supervisory computer control）中，系统根据生产过程的工况和已定的数学模型，进行优化分析计算，产生最优化设定值，然后送到模拟调节器或直接数字控制系统执行。监督控制系统承担着高级控制与管理任务，但其输出值不直接控制执行器，需与模拟控制器或 DDC 系统联用才能发挥作用。

4. 集散控制系统（DCS）

集散控制系统（distributed control system）又称分布控制系统或分散型控制系统，它采用分散控制、集中操作，分级管理和综合协调的设计原则和网络化的控制结构，把系统从上到下分为现场级、分散过程控制级、集中操作监控级、综合信息管理级等。早期的计算机控制系统中，一台计算机往往要控制十几个回路，一旦计算机出现故障，就会对整个生产带来很大的影响，从而使系统的故障危险集中。为了提高系统的安全性和可靠性，将控制权分级和分散，采用多个以微型处理机为基础的现场控制站，各自实现"分散控制"。通过计算机网络形成的高速数据通道，将过程信息传输到上位机，以便对生产过程进行监督和管理，从而构成了集散控制系统。

5. 现场总线控制系统（FCS）

现场总线控制系统（fieldbus control system）是新一代分布式控制系统。所谓现场总线是一种工业数据总线，是自动化领域中底层通信网络。简单说，现场总线就是以数字通信替代了传统 4~20mA 模拟信号及普通开关量信号的传输。从本质上说，它是一种数字通信协议，是连接智能现场设备和自动化系统的数字式、全分散、双向传输、多分支结构的通信网络。现场总线控制系统是控制技术、仪表工业技术和计算机网络技术三者的结合，具有现场通信网络、现场设备互连、互操作性、分散的功能块、通信线供电和开放式互联网络等技术特点。这些特点不仅保证了它完全可以适应目前工业界对数字通信和自动控制的需求，而且它能与互联网（Internet）互连，使构成不同层次的复杂网络成为可能，代表了今后工业控制体系发展的方向。

第二节　集散控制系统

DCS（distributed control system），直译应该是分布式控制系统，我国的习惯叫法是集散控制系统，这种叫法是相对于集中式控制系统而言的。在 20 世纪 60 年代，当计算机刚刚诞生时，有人试图用计算机对整个工厂设备进行控制，这时的控制系统称为集中式控制系统，这种系统中一旦计算机的公共部分发生故障时，就有可能威胁到整个系统。因此，后来将设计修改为分散型的结构，即一个系统包括多个计算机，每个计算机系统只包含 8 个或稍多一些的回路控制器，这种系统被称为分布式控制系统。第一套 DCS 是美国霍尼韦尔（Honeywell）公司制造的 TDC2000 系统，一推出市场就十分受欢迎，当时主要应用在石油和石化工业，后来在所有连续流程的制造业中都获得了广泛的应用。

一、集散控制系统的组成

DCS 通常适用于规模较大的控制系统，由三级系统构成，分别是现场控制站、操作站和工程师站。

最底层是现场控制站，通常由放在一个大型机柜内的模块组成，每个机柜内的模块与 PLC 的结构类似，有 CPU 模块、电源模块、通信模块、I/O 模块和存储模块，这些模块均插在一个通信底板上，一个 CPU 往往可以带多个底板。通常，CPU、通信、电源模块具有冗余热备份功能，平时一个是主模块，一个是从模块，当主模块故障时，从模块自动充当主模块的功能，数据从原来的主模块自动无扰动地切换到从模块中来。坏了的主模块可以带电拔掉，换上好的模块再插回原处，该模块又自动工作在从模块的状态。冗余热备份功能是DCS的主要特点。另外，I/O模块通常比实际的I/O点要多，防止一旦输入输出点增加须重新采购，或者底板的插槽不够。除了冗余功能外，DCS的CPU模块内部通常有许多固化的程序，包括PID、各类函数发生器、阀门控制和电机控制等功能。

尽管DCS的分布式控制的原意是将控制器分布在工厂的各处，但由于种种原因，实际中DCS的安装并非如此。除了远程工作站外，通常整个DCS都是集中在一个控制室内，将所有的仪表和执行机构的电线电缆全部汇集到这里，只不过它的控制站的设计是按装置分开的。

现场控制站的上面一层是操作站，负责DCS的人机界面功能。通常，操作站通过内部总线与控制站进行通信。操作站也可以冗余备份。操作站内部运行有DCS的组态软件，该软件通常有组态编程和运行两种状态。在组态编程状态时，该软件是一种填空式的组态方式，用户不必编写任何程序语言，只需将有关功能按规则填写在组态画面的空格上即可，组态软件还有画图功能，可以在电脑上画出工厂的流程图。这种组态方式和作图功能也是DCS在20世纪80年代到90年代大受工厂欢迎的原因之一。在运行状态时，组态软件可以有数据采集、数据处理、PID运算、逻辑联锁运算、画面显示、数据存储、报警、报表等功能。操作站通常采用功能键盘，将工厂的许多标准功能直接以一个功能键体现出来，便于操作。还有一部分功能键可以由用户自定义。与集中式控制系统不同，所有的DCS都要求有系统组态功能，可以说，没有系统组态功能的系统就不能称其为DCS。

工程师站是对DCS进行离线的配置、组态工作和在线的系统监督、控制、维护的网络节点，其主要功能是提供对DCS进行组态、配置工作的工具软件（即组态软件），并在DCS在线运行时，实时地监视DCS网络上各个节点的运行情况，使系统工程师可以通过工程师站及时调整系统配置及一些系统参数的设定，使DCS随时处在最佳的工作状态之下。另外，工程师站可以供工程师调节和设定PID控制回路的参数或者运行优化软件时用。它可以具备操作站的功能，但不需要那么高的可靠性，通常可以用普通的计算机代替。其中，软件是由DCS厂商提供的编程软件或优化软件。

控制站与操作站以及工程师站的连接是通过DCS的骨架——系统网络进行连接的。由于网络对DCS整个系统的实时性、可靠性和扩充性起着决定性的作用，因此各厂家都在这方面进行了精心的设计。对于DCS的系统网络来说，它必须满足实时性的要求，即在确定的时间限度内完成信息的传送。这里所说的"确定"的时间限度，是指无论在何种情况下，信息传送都能在这个时间限度内完成，而这个时间限度则是根据被控制过程的实时性要求确定的。因此，衡量系统网络性能的指标并不是网络的速率，即通常所说的每秒比特数（bps），而是系统网络的实时性，即能在多长的时间内确保所需信息的传输完成。

系统网络还必须非常可靠，为了保证无论在任何情况下，网络通信都不能中断，多数厂家的DCS均采用双总线、环形或双重星形的网络拓扑结构。为了满足系统扩充性的要求，系统网络上可接入的最大节点数量应比实际使用的节点数量大若干倍。这样，一方面可以随时增加新的节点，另一方面也可以使系统网络在较轻的通信负荷状态下运行，以确保系统的实时性和可靠性。在系统实际运行过程中，各个节点的上网和下网是随时可能发生的，特别是操作员站，而这种操作绝对不能影响系统的正常运行。因此，系统网络应该具有很强的在线网络重构功能。

进入 20 世纪 90 年代以后，计算机技术突飞猛进，更多新的技术被应用到了 DCS 之中。DCS 虽然在系统的体系结构上没有发生重大改变，但是经过不断地发展和完善，其功能和性能都得到了巨大的提高。主要体现在硬件种类的增加、控制性能的提高和软件运算功能、控制算法、图形界面和通信功能的提高方面。有人预计，随着计算机的功能提高和可靠性的提高，DCS 有可能又变成一个集中式的控制系统，即由一台功能强大的服务器式的电脑配以可靠的软件再加上冗余功能，就可以完成整个 DCS 的功能。也有人提出了刚好相反的发展方向，即采用现场总线仪表，所有的功能分散到全厂各处，上面仅仅保留一个人机界面而已。

总的说来，DCS 在 20 世纪 90 年代末期后，受到 PLC、现场总线、以及 PC-BASED 控制系统的冲击比较大，具体表现在其年增长率只有 6％左右，而同期，PLC 却保持着 12％的年复合增长率。但 DCS 在传统的流程工业领域中（化工、电力、石化等）仍然牢牢地占据着领先地位。

二、集散控制系统的应用

DCS 控制系统的种类很多，生产厂家也有上百个，如西门子（SIEMENS）公司的 S7，ABB 公司的 800xA，还有国产品牌的浙大中控、和利时等。这些产品在国内已经大量使用，取得较好的信誉。每一种 DCS 的操作方法各不相同，虽然这几年有些标准逐步统一，但许多细节上的差别还很大。下面将以美国 Honeywell 公司的 Experion PKS 系统为例简单介绍集散控制系统的构成和基本操作方法。

图 8-2 为 Experion PKS 系统的结构示意图，其基本组件包括混合型过程控制器（C200 控制处理器，现场总线型设备接口，可选远程接线端子，I/O 模块）、过程服务器（冗余或非冗余选项，大量的第三方控制器驱动程序接口，分布式服务器结构）、人机接口（循环和固定操作站，高质量的图形操作画面）、系统软件（Control Builder、Display Builder、Quick Builder、Knowledge Builder）、控制网络（Control Net：冗余的通信介质）等。具体功能介绍如下。

1. PKS 系统的结构和功能

PKS 系统采用分布式服务器结构（DSA），DSA 是集成多个控制过程，或多段控制单元的解决方案，用于地理位置上分散的集散系统的互联，有多个远程站连接于中央控制室。主要包括服务器、操作员站、控制器、网络拓扑等软硬件结构。

PKS 系统通过服务器、操作站等操作和管理装置，可以完成数据采集、逻辑控制、回路控制、顺序控制、批量控制、设定点控制、处方控制等一系列控制。同时，符合现场总线基金会标准的仪表和设备包括调节器阀门、变送器和传感器等，也能集成到 PKS 操作中（例如回路调节控制、顺序控制、逻辑控制等）。

操作站提供了点的细目画面，也提供了组态用户自定义操作画面的软件，用户可以创建自己所需的操作画面。根据不同的操作权限，操作站分为操作员站、循环操作员站以及本地工作站，不同权限的工作站可以通过软件定义，用户可以根据所分配的 ID 和口令进行登录、注销和相应权限的操作。

2. PKS 系统软件

（1）系统服务器软件　系统要求在 Windows 2000 SP5 以上版本的环境中运行，网卡有效。如使用 C200 控制器，则需安装 KTC 专用网卡，并且连接好控制器及各模块。

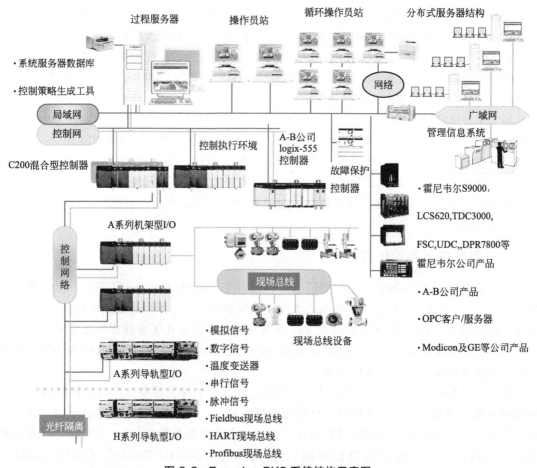

图 8-2 Experion PKS 系统结构示意图

（2）控制方案组态软件（Control Builder）Control Builder 是一个面向对象的开发软件包，支持 C200 控制器控制策略的组态，具有组态文本、监视等功能，是为控制器建立控制策略的图形工具。

（3）系统数据库管理软件（Quick Builder）一般用于建立和管理第三方控制器数据库，定义控制器类型、工作站类型等。建立的组态数据下载到服务器关系数据库，并成为组态数据库的一部分。

（4）用户画面生成软件（Display Builder）Display Builder 是用于绘制用户流程图、连接显示数据、组态数据及图形参数的工具，它的基本图素为图元，图元可以缩放、移动，可定位在画面的任意位置。多种图元可以组合成一个图元。

（5）操作站软件（Station）

3. 操作站的使用

PKS 系统的人机交互主要通过操作站软件来实现。开机后，PKS 操作站将自动运行，其窗口画面如图 8-3。

登录时将提示操作员输入操作员号和口令，只有登录成功才能对系统进行操作。每个操作员被赋予一定的权级，如：ENGR（工程师）、SUPV（监视员）或 MNGR（管理员）是在监控组态时设置的。系统还提供了注销功能，用于防止他人随意操作系统。在命令区输入

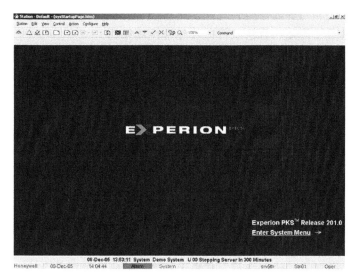

图 8-3 PKS 系统开机界面

bye 和按＜ENTER＞键，系统将注销该用户并退至初始画面，提示用户登录。

PKS 操作站操作画面如图 8-4 所示，包括菜单栏、工具条、消息区、命令区、监控区、报警条以及状态栏等。

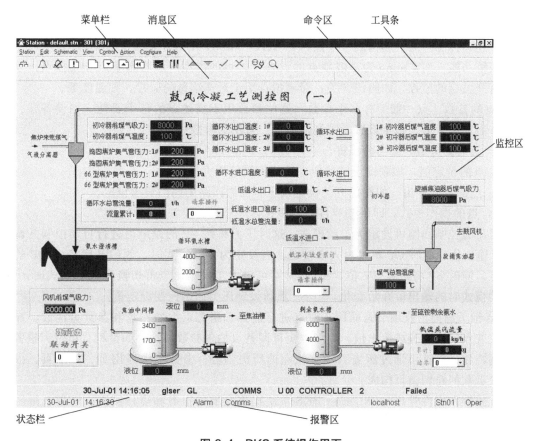

图 8-4 PKS 系统操作界面

① 菜单栏：提供相当多的命令管理操作站及进行监控组态。

② 工具条：提供了简便的方法执行一些经常性操作。

③ 消息区：用于对用户操作的信息进行提示和反馈，如所选点的值或要求改变的级别。

④ 命令区：用于输入系统命令，如调用组、报表或级别密码。

⑤ 监控区：系统及用户数据监控区，执行监控组态或数据浏览。

⑥ 报警区：指示最新或最早产生的报警信息。

⑦ 状态栏：指示当前系统的运行状态，包括日期时间、报警、通信、消息、停机、服务器、操作站、安全级别等。

（1）画面使用　操作画面用于对系统的监控及维护，分为系统画面和用户画面，一般每个画面有相应的页号。系统画面多为细节、趋势、组等，用户画面一般为流程画面。画面可通过菜单栏调用或者通过工具条选择，画面对象主要分为三种：

① 数据编辑框 9999.99 ：用于数据输入和显示。

② 指示条██████████：数据指示，其指示范围由数的量程决定。

③ 列表框██████████：用于从一组值中选择一个来设置数据点的值，如手动、自动模式选择。

（2）点的使用

① 点的概念。点在系统中为一组相关信息的集合，比如某一设备某一部位的温度与它的设备描述、标志号等一起构成一个点，如 TIA♯nnnn，T 表示温度，IA 分别表示该点有指示和报警功能，而♯nnnn 为该温度点的设备号。点的类型一般有数字点和模拟点。数字点用于对开关量的监控，如阀门开关；而模拟点用于对连续量的监控，如温度等。

② 点的参数。点一般拥有多个参数，这些参数用于描述点的各个属性，如设备号、设备描述、当前测量值、报警设置、控制输出等。常用的参数如下：

PV：当前测量值，如当前温度。

SP：点的设定值，如联锁设定或压力回路控制的压力设定。

OP：点的控制输出，如阀门开关设定或压力控制回路的阀门输出设定。

MD：点的操作模式，即手动或自动等模式。

如对压力控制回路可设定为自动模式，这时压力将按 SP 的设定值进行自动控制并调节阀门 OP 输出值，此时 OP 不可由人工设定。当设定为手动模式时，阀门开度将由 OP 的输出值决定，同时 SP 将跟踪 PV 值，SP 此时不可由人工设定。当再切换为自动模式时，OP 值从手动模式时的输出值开始变化，由 SP 重新设定压力回路控制设定值。

③ 点细节画面。点细节画面用于对点进行监控和组态，由操作盘和参数页构成。操作盘用于改变点的设定值或输出值，而参数页可调整点的各参数属性，如量程、单位、报警和回路控制特性，而且可通过历史页浏览该点的历史趋势。参数页由通用页、扫描页、报警页、历史页和回路调整页构成。

（3）报警和事件管理　Experion PKS 系统提供全面的报警和事件监测、管理、报告功能，提供多种快速查找报警和事件点的方法。综合页报警项按顺序包括以下信息：日期、时间、点号、条件、级别、描述、参数。事件按时间顺序记录系统的所有重要变化，如报警和操作员的操作。当事故发生时一般通过它可分析出事故原因。

（4）趋势和报表　趋势显示有标准的单棒图、双棒图、多笔趋势图、多量程趋势图、X-Y图、数据表、组趋势图等。系统提供标准报表格式，包括报警和事件日志报表、报警持续时间报表和批量处理报表等。

第三节　现场总线控制系统

现场总线是顺应智能现场仪表而发展起来的一种开放型的数字通信技术，其发展的初衷是用数字通信代替一对一的I/O连接方式，把数字通信网络延伸到工业过程现场。根据国际电工委员会（IEC）和美国仪表协会（ISA）的定义，现场总线是连接智能现场设备和自动化系统的数字式、双向传输、多分支结构的通信网络，它的关键标志是能支持双向、多节点、总线式的全数字通信。

随着现场总线技术与智能仪表管控一体化（仪表调校、控制组态、诊断、报警、记录）的发展，这种开放型的工厂底层控制网络构造了新一代的网络集成式全分布计算机控制系统，即现场总线控制系统（FCS）。FCS作为新一代控制系统，采用了基于开放式、标准化的通信技术，突破了DCS采用专用通信网络的局限；同时还进一步变革了DCS中"集散"系统结构，形成了全分布式系统架构，把控制功能彻底下放到现场。

简而言之，现场总线将把控制系统最基础的现场设备变成网络节点连接起来，实现自下而上的全数字化通信，可以认为是通信总线在现场设备中的延伸，把企业信息沟通的覆盖范围延伸到了工业现场。

一、现场总线控制系统技术的特征

如图8-5所示，传统计算机控制系统中，现场仪表和控制器之间均采用一对一的物理连接。一只现场仪表需要一对传输线来单向传输一个模拟信号。这种传输方式一方面需要使用大量的信号电缆，另一方面也给现场安装、调试及维护带来困难，使得处于最底层的模拟变送器和执行机构成了计算机控制系统中最薄弱的环节。

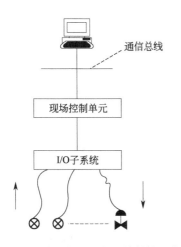

图8-5　传统计算机控制系统结构示意图

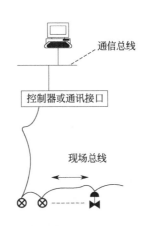

图8-6　现场总线控制系统结构示意图

现场总线采用数字信号传输，允许在一条通信线缆上挂接多个现场设备，而不再需要

A/D、D/A 等 I/O 组件，如图 8-6 所示，这与传统的一对一的连接方式是不同的。当需要增加现场控制设备时，现场仪表可就近连接在原有的通信线上，无需增设其它任何组件。

从结构上看，DCS 实际上是"半分散""半数字"的系统，而 FCS 采用的是一个"全分散""全数字"的系统架构。FCS 的技术特征可以归纳为以下几个方面：

（1）全数字化通信　现场信号都保持着数字特性，现场控制设备采用全数字化通信。

（2）开放型的互联网络　可以与任何遵守相同标准的其它设备或系统相连。

（3）互操作性与互用性　互操作性的含义是指来自不同制造厂的现场设备可以互相通信、统一组态；而互用性则意味着不同生产厂家的性能类似的设备可进行互换，实现互用。

（4）现场设备的智能化　总线仪表除了能实现基本功能之外，往往还具有很强的数据处理、状态分析及故障自诊断功能，系统可以随时诊断设备的运行状态。

（5）系统架构的高度分散性　它可以把传统控制站的功能块分散地分配给现场仪表，构成一种全分布式控制系统的体系结构。

二、现场总线控制系统国际标准化

现场总线自 20 世纪 90 年代开始发展以来，一直是世界各国关注和研究的热点。世界各国在开发研究的过程中，同步制定了各自的标准，同时都力求将自己的协议标准变成各级别标准化组织的标准。各大公司为了自己的利益，经过十多年的纷争，于 1999 年 8 月形成了由 8 个不同类型组成的 IEC 61158 现场总线国际标准，分别是：Type1 TS61158、Type2 ControlNet、Type3 Profibus、Type4 PNet、Type5 FF-HSE、Type6 SwiftNet、Type7 WorldFIP 和 Type8 Interbus。IEC 61158 国际标准只是一种模式，它不改变各组织专有的行规，各种类型都是平等的，其中 Type2～Type8 需要对 Type1 提供接口，而标准本身不要求 Type2～Type8 之间提供接口，目的是保护各自的利益。2001 年 8 月制定出由 10 种类型现场总线组成的第三版现场总线标准，在原来 8 种现场总线基础上增加了 Type9 FF H1 和 Type10 PROFInet。

归纳起来，P-Net 和 SwiftNet 是用于有限领域的专用现场总线，ControlNet、Profibus、WorldFIP 和 Interbus 是由以 PLC 为基础的控制系统发展起来的现场总线，FF H1 和 FF-HSE 是由传统 DCS 发展起来的现场总线，总线功能较为复杂和全面，它们是 IEC 推荐的国际现场总线标准。目前在楼宇自控领域，Lonworks 和 CAN 总线具有一定的优势；在过程自动化领域，过渡型的 HART 协议也是智能化仪表主要的过渡通信协议。相比较而言，FF 和 Profibus 是过程自动化领域中最具竞争力的现场总线，它们得到了众多著名自动化仪表设备厂商的支持，也具有相当广泛的应用基础。

三、现场总线控制系统简介

1. FF 总线系统

基金会总线（foundation fieldbus，FF）是在过程自动化领域拥有广泛支持且具有良好发展前景的技术。其前身是以美国 Fisher-Rosemount 公司为首，联合 Foxboro、横河、ABB、西门子等 80 家公司制订的 ISP 协议，以及以 Honeywell 公司为首，联合欧洲等地的 150 家公司制订的 World FIP 协议。两大集团于 1993 年合并，成立了现场总线基金会，共同制定现场总线标准。

在 FF 协议标准中，FF 被分为低速 H1 总线和高速 H2 总线两种。H1 主要针对过程自动化，传输速率为 31.25kbps，传输距离可达 1900m（可采用中继器延长），支持总线供电和本质安全防爆。高速总线协议 H2 主要用于制造自动化，传输速率分为 1Mbps 和 2.5Mbps 两种。但原来规划的 H2 高速总线标准现在已经被现场总线基金会所放弃，取而代之的是基于以太网的高速总线 HSE。基金会现场总线采用曼彻斯特编码技术将数据编码加载到直流电压或电流上形成"同步串行信号"。

为了实现通信系统的开放性，FF 通信模型参考了 OSI 模型，H1 总线的通信模型包括物理层、数据链路层、应用层和用户层。物理层采用了 IEC 61158-2 的协议规范；数据链路层 DLL 规定如何在设备间共享网络和调度通信，通过链路活动调度器 LAS 来管理现场总线的访问；应用层则规定了在设备间交换数据、命令、事件信息以及请求应答中的信息格式。数据链路层和应用层往往被看作一个整体，统称为通信栈。

HSE 采用了基于 Ethernet 和 TCP/IP 的六层协议结构的通信模型。其中，第一层至第四层为标准的 Internet 协议；第五层是现场设备访问会话，为现场设备访问提供会话组织和同步服务；第六层是应用层，也划分为 FMS 和现场设备访问 FDA 两个子层，其中 FDA 的作用与 H1 的 FAS 相类似，也是基于虚拟通信关系为 FMS 提供通信服务。

现场总线基金会除了推出 FF 总线标准外，为促进该总线系统的推广和发展，还推出了开发平台，其中的开发工具包括协议监控和诊断工具、总线分析器、仿真软件、数据描述软件工具、评测工具和性能测试工具。基金会的董事会囊括了世界上主要的自动化设备供应商，基金会成员所生产的自动化设备占世界市场的 90% 以上。因此，基金会总线具有一定的影响力和权威性。

2. PROFIBUS 现场总线

PROFIBUS 是过程现场总线（process field bus）的缩写。它是德国国家标准 DIN 19245 和欧洲标准 EN 50170 所规定的现场总线标准。它由三个兼容部分组成，即 ROFI-BUS-FMS、PROFIBUS-DP 和 PROFIBUS-PA。FMS 定义了物理层、数据链路层、应用层和用户接口，物理层提供了光纤和 RS485 两种传输技术。DP 定义了物理层、数据链路层和用户接口，其中的物理层和数据链路层与 FMS 中的定义完全相同，二者采用了相同的传输技术和统一的总线控制协议（报文格式）。PA 主要应用于过程控制领域，相当于 FF 的 H1 总线，它可支持总线供电和本质安全防爆，当使用分段耦合器，PA 装置能很方便地连接到 DP 网络上。

PROFIBUS 现场总线是世界上应用最广泛的现场总线技术之一，既适合于自动化系统与现场 I/O 单元的通信，也可用于直接连接带有接口的各种现场仪表及设备。DP 和 PA 的完美结合使得 PROFIBUS 现场总线在结构和性能上优于其它现场总线。

PROFIBUS 提供了 RS 485 传输、IEC 1158-2 传输和光纤传输三种类型。RS 485 传输用于 PROFIBUS－DP/－FMS，其最大传输速率可达 12Mbps，在不加中继器的情况下，IEC 1158-2 的传输技术用于 PROFIBUS-PA，是一种位同步协议，通过 ±9mA 对基本电流（约 10mA）的调制，以 31.25kbps 的速率传输。

PROFIBUS 的总线存取协议，是一种包括主站之间的令牌方式和主站与从站之间的主从方式的混合协议。

令牌环是所有主站的组织链，按照它们的地址构成逻辑环。在令牌环中，令牌在逻辑环中循环一周的最长时间是事先规定的，令牌需要在规定的时间内按照地址的升序在各主站中依次传递。

主从方式允许主站在得到总线存取令牌时与从站进行通信，每个主站均可向从站发送或索取信息。当某主站得到令牌报文后，该主站可在一定时间内执行主站工作。在这段时间内，它可依照主从关系表与所有从站通信，也可依照主关系表与所有主站通信。

3. HART 总线

HART 总线是 highway addressable remote transducer 的缩写，最早是由美国 Rosemount 公司开发。其特点是在现有的模拟信号传输线上实现数字通信，因此属于模拟系统向数字系统转变过程中的过渡性协议。由于该协议与 FF 等协议相比较为简单，故实施也比较方便，因而 HART 仪表的开发与应用发展迅速，有一定的市场竞争力。

HART 协议的应用层规定了三类命令，第一类称为通用命令，这是所有设备都理解、都执行的命令；第二类称为一般行为命令，所提供的功能可以在许多现场设备（尽管不是全部）中实现，这类命令包括最常用的现场设备的功能库；第三类称为特殊设备命令，以便于某些设备在工作中完成特殊功能。

HART 采用统一的设备描述语言 DDL（模式数据定义语言）。现场设备开发商采用这种标准语言来描述设备特性，由 HART 基金会负责登记管理这些设备描述并把它们编为设备描述字典。主设备运用 DDL 技术来理解这些设备的特性参数而不必为这些设备开发专用接口。但由于它是一种模拟数字混合信号，导致难以开发出一种能满足各公司要求的通信接口芯片。HART 能利用总线供电，可满足本质安全防爆要求，并能够组成由手持编程器与管理系统主机作为主设备的双主设备系统。

 习 题 ◀◀◀

1. 计算机控制系统与传统的仪表控制系统相比有何异同？
2. 什么是计算机控制系统？它由哪几部分组成？
3. 集散控制系统有什么特点？简述集散控制系统的组成。
4. 如何理解 PKS 系统中的"点"？
5. 试述现场总线控制系统与一般通信总线的区别。
6. 主要的现场总线控制系统有哪些？它们的特点各是什么？

第九章

>>>>>>

典型单元操作的控制方案

　　化工自动化控制设计是化工工艺设计的重要组成部分。化工工艺流程由单元操作组成。因此，化工装置的自动化控制过程也可由组成工艺过程的单元操作的控制方案组合而成。一个好的控制方案，必须是兼顾上下游工艺过程的逻辑性以及本单元的控制逻辑，保证控制方法的介入不会导致物料的累积和造成上下游之间的控制矛盾。所以，化工自动化控制设计既要保证工艺质量指标满足物料平衡和安全约束条件，又要考虑提高机械效率和能源利用率、降低成本等因素。单元操作的控制方案要从其内在机理来讨论。有关各单元操作的设备结构原理和特性，在相关课程尤其是化工原理课程中已有系统的讨论，本章将选择一些典型的化工单元，从自动控制的角度进行讨论，分析典型化工单元操作中具有代表性的设备控制方案，从中理解设计控制方案的共同原则和方法。本章主要针对连续生产进行讨论，对于间歇生产过程，可以根据生产的实际要求，参考连续生产的控制方案进行设计。

第一节　流体输送过程的自动控制

　　在化工生产中所处理的对象大多数是流体。流体在管道内流动，从流体输送设备（泵、风机、压缩机等）处获得能量，以克服流动阻力、升高压力或者提升高度。有些固体的输送也可流态化以后进行气力输送，其实质是动量的传递过程。

　　流体输送设备的根本任务是使流体获得一定的流量和压头。对于连续性的化工生产过程，除了某些特殊情况，如机泵的启动、停止以及基于安全生产的信号联锁外，对流体输送设备的控制则主要有流量控制和压力控制。有些生产过程要求系统平稳，往往希望输送设备的出口压力或者流量保持定值，则控制系统可采用单回路的定值控制；有些生产过程要求各物料保持合适的比例，则需要采用比值控制系统。此外，为了保护输送设备不至于损坏，有些系统还需要采取一些保护性的控制方案，例如离心式压缩机的防喘振控制等。

　　流体输送设备有液体输送设备和气体输送设备两种，分别有以下种类。

$$\text{液体输送设备}\begin{cases}\text{离心式} & \text{（离心泵、旋涡泵、轴流泵）}\\ \text{回转式} & \text{（齿轮泵、螺杆泵）}\\ \text{往复式} & \text{（往复泵、柱塞泵）}\end{cases}\begin{matrix}\text{容积式}\\ \text{又称正位移式}\end{matrix}$$

$$\text{气体输送设备}\begin{cases}\text{离心式（离心通风机、离心鼓风机、离心压缩机）}\\ \text{回转式（罗茨鼓风机、水环真空泵）}\\ \text{往复式（往复式压缩机、隔膜压缩机）}\\ \text{流体作用式（蒸汽喷射真空泵、水喷射真空泵）}\end{cases}$$

一、离心泵控制方案

离心泵是最常见的流体输送设备，它的压头是由叶轮的高速旋转而产生的。离心泵的控制主要是流量控制，其目的是将泵的输送量稳定于某个数值上。离心泵的流量控制主要有以下三种方法。

1. 控制出口阀门的开度

在"化工原理"课程中我们已经了解到，离心泵的工作点是泵的特性曲线和管路特性曲线的交点，如图 9-1 所示，曲线 A 为离心泵的特性曲线，曲线 1 为管路特性曲线，其交点 C_1 为工作点，其所对应的流量即为泵的实际出口流量。当控制阀关小时，泵的特性曲线不会发生变化，但随着管路阻力的增加，管路特性曲线可能会变成曲线 2 或者曲线 3，工作点由 C_1 变为 C_2 或者 C_3，泵出口流量也由 Q_1 变为 Q_2 或者 Q_3。通过调节出口阀的开度改变管路阻力进而改变管路特性曲线，从而达到了调节流量的目的。当某一扰动作用使被控变量（流量）偏离给定值时，控制器发出信号，阀门发生动作，使流量回到设定值。离心泵的出口调节本质上是增加管路阻力，因此会导致机械效率的降低，特别是控制阀开度较小时，阀上的压降较大，故不宜用于排出量低于正常值 30% 的场合，特别是对于大流量的输送设备，因流量调节而导致的能量损耗更是非常可观。但由于出口调节操作简单控制方便因而在工业上得到广泛的采用。典型的控制方案如图 9-2 所示，为防止吸入管路阻力过大而导致泵的气蚀，控制阀一般安装在出口管路上而不是进口管。

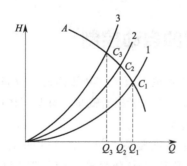

图 9-1　离心泵的工作点

A—离心泵特性曲线；1，2，3—管路特性曲线

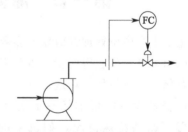

图 9-2　离心泵出口节流调节控制方案

2. 旁路控制

如图 9-3 所示，为离心泵的旁路调节控制方案，将泵的部分排出量通过旁路重新送回泵的吸入管路，通过改变旁路阀门的开度来控制泵的实际出口流量。旁路出口可以返回泵入口

也可以返回储槽。这种方案由于泵出口的高压流体的部分能量被白白消耗，故经济性较差。但也存在着类似出口节流调节的便捷性，在实际生产中也常被采用。

3. 调节泵的转速

改变叶轮转速也可以达到调节离心泵出口流量的目的。此时改变的是离心泵的特性曲线，进而改变泵的工作点。如图 9-4 所示，曲线 B 为管路特性曲线，曲线 1、2、3 分别是不同转速下泵的特性曲线。转速较低时，液体获得的能量较小，对应的工作点的流量也较小，所需原动机提供的能量也较小。这种控制方案由于按实际所需提供能量，因而是最经济的。改变叶轮转速与原动机有关，大部分离心泵采用电机驱动，可以通过改变电机的交变频率来改变转速；对于蒸汽透平驱动的原动机，改变透平蒸汽的流量即可改变离心泵叶轮的转速，从而达到流量调节的目的。如图 9-5 所示为蒸汽透平离心泵的流量

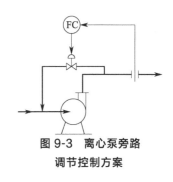

图 9-3　离心泵旁路调节控制方案

控制。近年来，由于变频技术的进步，使得变频调速方案的设备投入大大降低，尤其在大功率的离心泵中，有逐渐扩大采用的趋势。

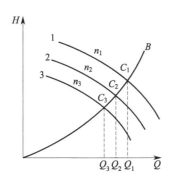

图 9-4　不同转速下离心泵的工作点

B—管路特性曲线；1，2，3—离心泵不同转速下的特性曲线

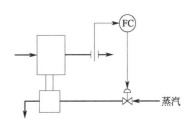

图 9-5　蒸汽透平泵的流量控制

二、容积式泵控制方案

容积式泵分为往复式和回转式两类，主要包括往复泵、柱塞泵、齿轮泵、螺杆泵等，多应用于流量较小而压头较高的场合，也是工业生产当中常用的一类流体输送设备。

容积式泵的主要特点是泵的排出量与管路系统无关，而只取决于泵的结构形式以及回转速度，因此一定结构形式的容积式泵的排出量取决于回转速度。当原动机转速确定的情况下，其排出量为定值，即便关小阀门，也只能使管路阻力增加，进而导致电机电流的增加，而不会改变流量，出口阀一旦关死，会发生泵体损坏和电机损毁的严重事故。因此，容积式泵不能像离心泵那样采用出口调节的方式来调节流量。

容积式泵一般采用旁路调节和改变原动机转速两种方法进行控制，控制原理与离心泵的旁路调节和转速调节相同。

三、气体输送机械控制方案

气体输送机械按出口压力高低不同可分为真空泵、通风机、鼓风机、压缩机等类型；按作用原理不同主要有离心式、回转式和往复式几类。气体输送机械的控制与泵的控制方案有很多相似之处，其被控变量也主要是流量和压力。

1. 直接流量调节

对于低压的离心式通风机或鼓风机，一般可采用出口节流的方法来控制，由于气体输送管径一般较大，执行器可采用蝶阀。其余情况下，为了防止出口压力过高，通常在入口端控制流量。

由于气体的密度随压力的变化较大，在入口端加装阀门，当入口阀门开度减小时，会在入口端形成负压。在负压条件下，吸入同样体积的气体，其质量流量减小，从而达到流量控制的目的。这种控制方案对往复式和回转式的气体输送机械同样适用。需注意的是，对压缩机而言，当流量降低至额定值的50%～70%以下时，压缩机负压严重，机械效率大为降低。这种情况下，可采用分程控制方案，如图9-6所示。出口温度控制器FC操纵两个控制阀，即调节幅度较小时采用入口节流，而调节幅度较大时，采用旁路调节。

2. 旁路调节

气体输送机械无论是鼓风机还是压缩机，都可采用旁路调节的方法进行调节，其控制方案与离心泵的控制方案完全相同。对于压缩比很高的多段压缩系统，从出口直接旁路回到入口是不适宜的，这样控制阀前后压差太大，功率损耗太大。为了解决这个问题，可以在中间某段安装控制阀，使其回到入口端，用一只控制阀可满足一定工作范围的需要。

3. 调节转速

与离心泵的控制相同，调节原动机的转速同样可以达到调节流量和压力的目的。原动机为电动或者蒸汽透

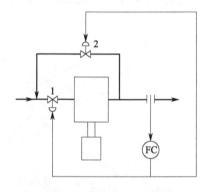

图9-6 压缩机的分程控制

平可分别采用变频调速和调整透平蒸汽用量的方法实现。此种方法最为经济。当采用变频调速调节流量时，转速增大，流量增大，压头也增大；而采用控制阀节流调节时，控制阀开度增大，流量增大，但压头降低。这其中的不同，在设计控制方案时应予以注意。

第二节　换热过程的自动控制

化工生产过程中，换热设备种类很多，主要有换热器、再沸器、冷凝器、蒸发器、加热炉等。由于传热的目的不同，被控变量也不完全一样。在多数情况下，被控变量是工艺物料的出口温度。从换热介质的应用来分又有使用公用工程提供的载热体（冷却水或加热蒸汽）和利用系统内部热量两种方案。

从传热的基本方程式可以帮助理解控制出口温度的各种控制方案的基本原理。

不妨假设某工艺物料需要冷却，冷却介质采用循环水，若不考虑传热过程的热损失，则热流体释放的热量必然等于冷流体所得到的热量，即热负荷为

$$Q = W_h c_{p_h}(T_1 - T_2) = W_c c_{p_c}(t_2 - t_1) \tag{9-1}$$

式中　　Q——单位时间内传递的热量，kJ/h；

W_c、W_h——冷、热流体的质量流量，kg/h；

c_{p_c}、c_{p_h}——冷、热流体的比热容，kJ/(kg·℃)；

T_1、T_2——工艺物料的进、出口温度，℃；

t_1、t_2——冷却介质的进、出口温度，℃。

另外传热过程中的传热速率可按下式计算

$$Q = KS\Delta T_m \tag{9-2}$$

式中　K——总传热系数；

S——传热面积；

ΔT_m——两流体间的对数平均温度差。

由于冷热流体间的换热既符合热平衡方程式(9-1)，又符合速率方程式(9-2)，因此有下列关系式：

$$W_h c_{p_h}(T_1 - T_2) = KS\Delta T_m \tag{9-3}$$

移项后可改写为

$$T_2 = T_1 - \frac{KS\Delta T_m}{W_h c_{p_h}} \tag{9-4}$$

从式(9-4)可以看出，在实际操作过程当中，T_1、W_h、c_{p_h}为工艺物料所决定，不可调节。因此，影响热流体出口温度T_2的主要因素是传热系数K、传热面积S和温差ΔT_m。通常总传热系数K变化不大，可调节的主要是温差和传热面积。

以下对不同的换热过程介绍其控制方案。

一、载热体换热控制方案

换热过程的目的是使工艺物料加热（或冷却）到某一温度，自动控制的目的就是通过改变换热器的热负荷，以保证工艺物料在换热器出口的温度恒定在给定值上。用来加热（或冷却）的加热（或冷却）介质大多数情况下是利用公用工程所提供的载热体，最为常用的加热介质是蒸汽，冷却介质通常是冷却循环水。

1. 改变载热体流量

改变载热体流量是应用最为普遍的控制方案，适用于无相变和有相变的各种换热场合，如图 9-7 所示。根据热衡算式（9-1），当载热体流量改变时，载热体出口温度也会发生变化，这就必然导致ΔT_m发生变化，从而使得传热速率和工艺物料的出口温度得以改变。

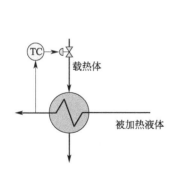

图 9-7　改变载热体流量控制换热温度

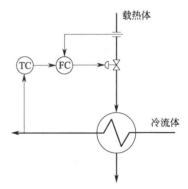

图 9-8　载热体流量-温度串级控制换热温度

当载热体本身的压力不稳定时，对传热控制影响较大，可另设压力稳定控制系统，或采用如图 9-8 所示的以温度为主变量，载热体流量（或压力）为副变量的串级控制系统。由于引起载热体入口压力波动的各种干扰可以在副回路里得到有效的克服，因而可以改善对象特性，从而提高系统的控制品质。

2. 控制载热体旁路流量

某些特殊场合下，当载热体流量不允许改变时，可以通过改变载热体的旁路流量来调节工艺物料的出口温度，如图 9-9 所示。这种控制方案也是利用改变温差的手段来达到控制温度的目的。这里采用三通阀来改变进入换热器的载热体流量与旁路流量的比例，这样既可以改变进入换热器的载热体流量，又可以保证载热体总流量不受影响。这种控制方案导致高品位的载热体没有经过换热即混入低品位的载热体中，造成了浪费。例如蒸汽加热物料过程的旁路调节，会导致蒸汽从旁路直接混入冷凝回水中。

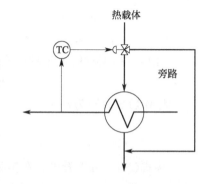

图 9-9　载热体旁路控制换热温度

3. 调节换热面积

在化工生产中常利用蒸汽加热物料，蒸汽由气相变为液相释放热量，加热工艺物料。如果要求加热到 200℃ 以上时，常用一些有机物作为载热体。对于蒸汽加热过程，除了可以改变加热蒸汽流量来调节出口温度外，还可以根据式（9-4）通过调节有效换热面积来调节出口温度。如图 9-10 所示，将控制阀安装在凝液管线上，如果被加热物料温度高于给定值，说明传热量过大，可将凝液控制阀关小，凝液就会积聚，减少了蒸汽冷凝的有效面积，使传热量减小，工艺物料的出口温度就会降低。反之，如果被加热物料的出口温度低于给定值，可以开大凝液控制阀，增大有效传热面积，使传热量相应增大。

这种控制方案由于凝液至传热面积的通道是个滞后环节，控制作用比较迟钝。当工艺物料的出口温度偏离给定值后，往往需要较长时间才能矫正过来。比较有效的办法是采用如图 9-11 所示的液位和温度的串级控制。

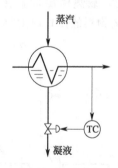

图 9-10　控制凝液排出量以控制换热温度

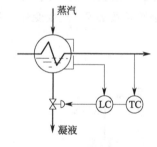

图 9-11　液位-温度串级控制出口温度

二、工艺物料间换热控制方案

在化工生产过程当中，有许多工艺物料需要冷却，也有许多工艺物料需要加热，如果某一需冷却的物料温度高于需加热的物料，则可将这两股物料进行换热，使系统内部的热量得到综合利用，这是十分经济的。当温度匹配的两股工艺物料进行换热时，大多数情况下是不能直接通过对流量进行调节来控制出口温度的。此时首先需要分别按两股物料的控制要求进行热量衡算，比较热负荷的大小，然后通过热负荷较大的物料旁路流量调节来实现控制目标。实际上，该方案中只能准确控制热负荷较小的物料出口温度，如果热负荷较大的物料的出口温度也需要准确控制，则需串联换热器，用载热体换热，并用载热体流量控制其出口温度，如图 9-12(a)、图 9-12(b) 所示。

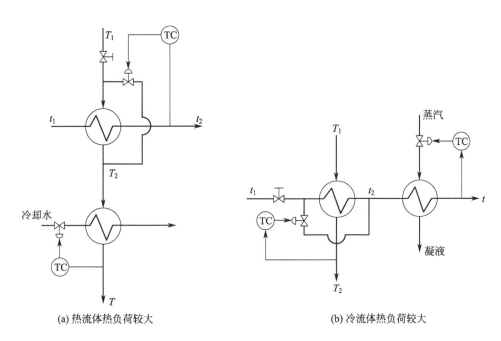

(a) 热流体热负荷较大　　　　　　　　(b) 冷流体热负荷较大

图 9-12　工艺流体之间换热的温度控制

三、蒸发过程控制方案

蒸发操作的目的是汽化溶剂，获得纯溶剂（或者浓缩溶液），属于传质过程。由于汽化的速率取决于传热速率，因此蒸发操作通常采用传热过程的方法进行计算和控制。根据化工原理的知识可知，在忽略热损失时，热衡算式如下

$$Q = W_h r = W r' \tag{9-5}$$

式中　W——单位时间蒸发量，kg/h；

　　　W_h——加热蒸汽流量，kg/h；

　　　r——加热蒸汽的相变热，kJ/kg；

　　　r'——二次蒸汽的相变热，kJ/kg。

传热速率可按下式计算，即

$$Q = KS(T - t) \tag{9-6}$$

式中　T——加热蒸汽的温度，℃；

　　　t——二次蒸汽的温度，℃。

由式(9-5)及式(9-6)可知，单位时间蒸发量 W 作为蒸发过程主要的被控变量，与传热速率相关，其值可通过加热蒸汽流量进行调节，如图 9-13 所示。由于相变的原因，加热蒸汽的温度和二次蒸汽的温度取决于操作压力和溶液浓度，因此一般情况下，蒸发温度需要单独控制。

四、冷冻系统控制方案

当水或空气作为冷却剂不能满足冷却温度的要求时，需要用其它冷却剂，主要有液氨、乙烯、丙烯等。这些液体冷却剂在冷却器中汽化时会吸收大量的热，从而使工艺物料得以冷却。以液氨为例，在常压下汽化时，可以使物料冷却到−30℃的低温。以下以氨冷器为例介绍几种常见的控制方案。

1. 冷却剂流量控制

改变载热体流量控制出口温度的方法在此也是适用的，如图 9-14 所示，当工艺物料出口温度高于规定值时，相应增加液氨的进入量（阀门开度增大）使氨冷器内液位上升，液体的传热面积增大，从而使传热量增大，物料出口温度下降，达到调节的目的。显然在这种控制方案中，液位是一个传递变量，液位的高低决定了传热面积的大小，但液位不宜过高，过高的液位会使蒸发器上方的气液分离空间不足，导致汽化的氨气夹带大

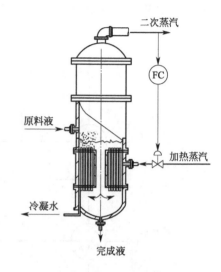

图 9-13 蒸发量的控制

量来不及分离的液氨，引起氨压缩机事故。因此，这种控制方案常带有液位上限报警或联锁装置。

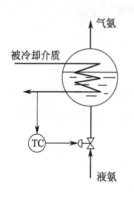

图 9-14 改变载热体流量控制冷却温度

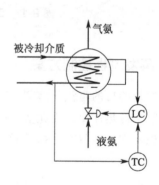

图 9-15 温度-液位串级控制出口温度

2. 温度与液位的串级控制

如上所述，通过改变冷却剂流量控制冷却温度的过程中，液位是一个传递变量。因此，在控制过程中，可以以温度为主变量，液位为副变量，构成串级控制系统，如图 9-15 所示。这种控制方案仍然是改变传热面积，但由于采用了串级控制，将各种干扰作用导致的液位变化包含于副回路内，从而提高了控制质量。

3. 控制汽化压力

由于氨的汽化温度与压力有关，所以可以通过控制操作压力来改变氨的汽化温度，从而改变温差，达到调节物料温度的目的，如图 9-16 所示。当工艺物料温度高于给定值时，开大氨出口阀，使器内压力下降，汽化温度随之下降，冷却剂与工艺物料之间的温差增大，传热量增大，最终使工艺物料的温度降低达到调节目的。

这种控制方案依然要考虑液位不宜过高，需单独对液位进行控制或报警。

通过压力来控制汽化温度，快速便捷，控制灵敏，但需要设备有一定的耐压程度，并且当整个控制系统的要求使得气氨压力不能随意调节时，则不能采用。

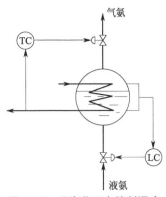

图 9-16　用汽化压力控制温度

第三节　精馏过程的自动控制

精馏是化工生产中广泛应用的一种传质分离过程，利用混合物中各组分挥发度的不同，将混合物中各组分分离，并达到规定的纯度要求。如图 9-17 所示，一般的精馏装置由精馏塔、再沸器、原料预热器、冷凝器、回流罐等设备组成。精馏装置是一个多输入多输出的多变量过程，既包含传质过程，又包含传热过程，内在机理复杂，变量之间相互关联，一个变量的变化很可能影响其它关联变量的变化，所以精馏装置的控制是一个极为复杂的系统工程。

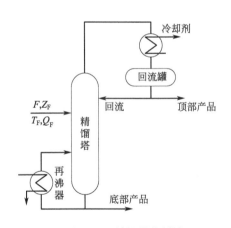

图 9-17　精馏塔物料流程

一、精馏塔的控制要求

精馏塔的控制目标是，在保证产品质量合格的前提下，尽量降低物料消耗、增大回收率和降低能耗。具体来说，包含以下四个方面。

1. 保证质量指标

对于正常操作的精馏塔，一般应当使塔顶产品达到规定的纯度要求，塔釜产品的组成要在规定的范围以内，也有少数的精馏塔，其主产品从塔釜获得。对于以塔顶馏出物作为主产品的精馏塔来说，塔顶产品的组成便成为被控变量，这就要求被控变量首先应该能够被检测变送为标准信号，然而目前分析检测仪表行业还不能相应地生产出测量滞后小而又精确的分析仪表，少数装置由于生产过程的在线检测仪表的测量精度问题和滞后问题，其控制效果仍然较差。大多数情况下是将塔顶温度作为被控变量来间接控制塔顶产品的组成的。

2. 保证平稳运行

精馏塔内存在复杂的传质传热平衡，正常生产过程中应当尽量维持这个平衡，一旦破坏平衡则会影响到产品质量、能耗、物料消耗等工艺指标。比如，塔内压力的变化会导致塔顶温度的波动；进料温度的变化会影响进料板附近的塔板效率；进料量、塔顶采出量和塔釜采出量的变化将直接影响塔内气、液相流量。运行过程中要维持平稳操作而不能剧烈波动。因此必须把塔内可控干扰尽可能预先克服，同时尽可能缓和一些不可控的主要干扰，调节变量时，应尽可能选择对其他变量干扰小的操纵变量。

3. 约束条件

为保证正常操作，需规定某些参数的极限值为约束条件。例如对塔内气速的限制，气速过高会导致液泛；气速过低则会降低塔板效率。尤其对于操作弹性较小的筛板塔和乳化塔，气速的控制则显得尤为重要。因此通常在塔底和塔顶之间装有压差测量仪表，用来监控气速的变化。除此以外，塔釜液位、回流罐液位、塔顶压力等参数都有上限和下限的要求，通常会有相应的调节和报警装置。

4. 节能要求和经济性

精馏操作的能量消耗主要体现在塔釜加热量和冷凝器冷却量的消耗上。较大的回流比可以保证塔顶产品质量，但同时也额外增加了塔釜加热负荷和塔顶冷凝负荷，如何在确保质量的前提下尽量降低能耗，是精馏控制设计和操作的重要目标。

二、精馏塔塔顶产品质量控制的被控变量选择

从精馏塔塔顶获得一定组成的合格产品是精馏过程的基本要求，因此精馏塔塔顶产品的组成作为被控变量是精馏操作最重要的指标，基于检测信号的不同一般有直接和间接两种测量方案。

1. 采用产品组成作为直接被控变量来进行质量控制

以产品成分分析的检测信号进行变送处理作为直接的被控变量，应该说是最理想的。过去，因成分参数在检测上的困难，难以直接对产品成分进行测控。近年来，成分检测仪表发展迅速，尤其是工业色谱的在线应用，为成分信号作为质量控制的被控变量创造了条件。然而，组成分析仪表受可靠性差、反应缓慢、操作滞后等因素的制约，至今直接应用的成功实例还是不多。因此，目前在精馏操作中，温度仍然是最常用的间接质量指标。

2. 采用温度为被控变量间接进行质量控制

温度作为间接质量控制指标，是精馏塔产品质量控制中应用最早也是目前最为常见的一种。对于一个二元组分的精馏塔来说，在一定的压力条件下，沸点和产品的组成有单值对应关系。即只要塔压恒定，塔板的温度就反映了组成的大小。对于多组分精馏，情况虽然稍复杂，但温度和组成之间也近似有对应关系。因此通过控制塔顶温度可以间接控制塔顶产品质量。

3. 测温点的选择和灵敏板

精馏塔内，从塔底到塔顶温度逐次降低，而轻组分的组成逐次升高，一定的组成对应着相应的饱和温度。因此，间接以温度控制塔顶产品组成时，需将测温点设置在塔顶处，对于塔底产品的质量控制，测温点需设置在塔釜处。但实际上，很少有直接将测温点设置在塔顶或塔釜的，这是因为在塔顶和塔釜处，轻重组分产品的纯度都较高，相邻两块塔板之间的温差是很小的，因此，塔温的轻微波动就可能导致产品质量不合格。因而，测温仪表需要很高的精确度和灵敏度才能满足控制要求，这一点实现起来有一定的困难，在实际应用中往往是把温度检测点下移或上移至灵敏板上。所谓灵敏板，就是当塔受到干扰或控制作用时，塔内各板的组成随之将发生变化，各板的温度也将发生变化，当达到新的稳态时，温度变化最大

的那块板即称之为灵敏板。灵敏板的位置可以通过逐板计算得到，但由于板效率不易估算准确，计算还有比较大的偏差，通常根据计算结果得到大致范围，在它的附近设多个检测点，根据实际运行情况，从中选择最佳点作为灵敏板温度检测点。

除了灵敏板以外，有时也只是下移或上移测温点。因全塔温度的变化有相同的趋势，对塔顶温度来说，干扰或控制作用往往是由下而上传导，因此，下移塔顶温度检测点可以使温度变化提前至测温塔板，从而提前预判产品质量的波动；对釜温来讲，上移测温点，同样可以起到预判塔釜温度波动的情况。

4. 温差控制

用温度作为间接变量时，塔内压力必须是定值，虽然精馏塔的压力一般是受控的，但在某些沸点比较接近的体系或者控制要求较高的场合，压力的微小波动将极大地影响温度与组成之间的关系，从而影响产品质量。这种情况下可以采用温差控制，一个测温点放在塔顶（或稍下移几块塔板），而另一个测温点放在灵敏板附近，然后取两个测温点的温差 ΔT 作为间接指标控制产品组成，此时塔内压力的影响几乎可以相互抵消。

在石油化工和炼油生产中，温差控制已应用于苯-甲苯、甲苯-二甲苯、乙烯-乙烷和丙烯-丙烷等精密精馏塔。温差控制要应用得当，关键在于选点正确、温差设置合理（不能过大）以及工况稳定。

5. 双温差控制

当精密精馏塔的塔板数、回流比、进料组成和进料板位置确定后，塔顶和塔底组分之间的关系就被固定下来，如果塔顶重组分增加，就会引起精馏段灵敏板温度较大的变化；反之，如果塔底轻组分增加，则会引起提馏段灵敏板温度较大的变化。相对的，在靠近塔底或塔顶处的温度变化较小。分别将精馏段和提馏段温度变化最小的塔板称为精馏段参照板和提馏段参照板。如果能分别将精馏段参照板与灵敏板的温度梯度和提馏段参照板与灵敏板的温度梯度控制稳定，就能达到质量控制的目的。双温差控制方案如图 9-18 所示，ΔT_1 为精馏段灵敏板与参照板的温差；ΔT_2 为提馏段灵敏板与参照板的温差，以两个温差的差值 $\Delta T_{\mathrm{d}} C = \Delta T_1 - \Delta T_2$ 作为被控变量，进行控制。从实际应用情况来看，只要合理选择灵敏板和参照板的位置，可以达到较好的控制效果。

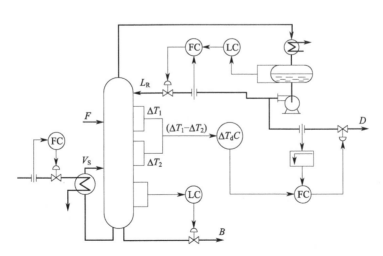

图 9-18　精馏塔的双温差控制系统

三、精馏塔整体控制方案

精馏塔的精馏过程是一个多变量的控制过程，可供选择的被控变量和操纵变量众多。通常，塔压和塔顶温度（或温差）是关系产品质量的主要被控变量。此外，为维持正常的稳定生产，还有进料温度、进料流量、回流罐液位、回流液温度、塔釜液位等辅助的变量作为被控变量加以控制，各个变量的操纵变量的选择也是多方案的，例如塔釜温度、回流比等因素都可以影响塔顶温度。因此精馏塔的控制方案是非常多的，需根据工艺、塔结构的不同权衡斟酌，很难简单判定哪个方案最佳。以下介绍两种常见的基本控制方案。

1. 精馏段温度控制方案

采用精馏段温度作为塔顶产品组成的间接被控变量，以回流量为操纵变量的控制方案即为精馏段温度控制方案，如图9-19所示。除了以塔顶温度作为主要控制外，精馏段温度控制还包括几个辅助控制系统，对进料量、进料温度、塔压、塔釜采出量进行系统的控制。

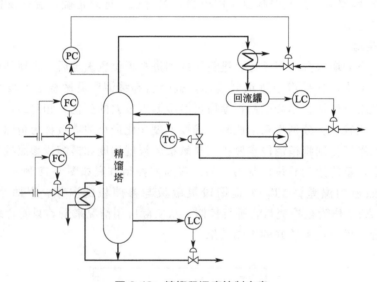

图 9-19　精馏段温度控制方案

（1）塔压　为维持塔压恒定，操纵变量为塔顶冷凝器冷剂量。

（2）塔顶采出量和回流罐液位　以塔顶采出液量来控制，但由于回流液量确定时（控制塔顶温度）塔顶采出量不可调节，因此采用均匀控制，兼顾塔顶液位。

（3）塔釜液位和塔釜采出　塔釜采出采用流量控制，由于要考虑塔釜液位也需以采出量作操纵变量，因此也设置均匀控制，兼顾塔釜采出和塔釜液位。尤其当塔釜产品作为下一精馏塔的进料时，尚需考虑下一精馏塔的进料稳定。

（4）塔釜温度　当采用精馏段温度控制时，塔釜温度由塔顶温度决定，再沸器的任务是保证提供足够的上升气体流量。因此，一般不进行单独温控以保持恒定的蒸发量，即采用再沸器蒸汽流量自控。也有一些流程在这种情况下采用塔釜温度为被控变量，而以加热蒸汽流量为操纵变量，但此时对釜温设定值需根据温差确定，不能单独设定从而影响回流比和塔顶温度的控制。若塔顶组成采用双温差控制则可避免此种矛盾。

（5）进料预热温度　进料温度需根据设定的进料热状况进行温度控制。对于纯液体进料和纯气相进料（即进料热状况参数 $q \geqslant 1$ 或 $q \leqslant 0$）可采用预热温度作为被控变量；对于汽液混合进料（$0 < q < 1$）则单纯以温度作为被控变量不能确定其汽化比例，必要时可采用热焓控制的方法进行控制。

（6）进料流量　进料量一般采用定值控制，以维持平稳的生产。如若与上游工段发生控制矛盾而不可控时，两者均采用均匀控制。

2. 提馏段温度控制方案

如果采用提馏段温度作为产品组成的间接被控变量，以再沸器加热剂用量为操纵变量作为控制手段的方案，就称为提馏段温度控制方案，如图 9-20 所示。提馏段温度控制大多用于塔釜产品纯度要求较高的场合。

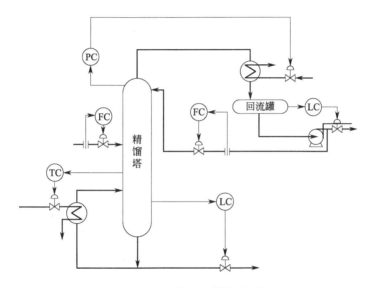

图 9-20　提馏段温度控制方案

除了上述主要控制系统外，提馏段温度控制也还设置有辅助控制系统，分别对塔压、进料量、进料温度、回流罐液位、塔顶采出等参量进行控制，控制方案与精馏段温度控制相同。

第四节　化学反应过程的自动控制

化学反应器是化工生产中重要的设备之一，反应器控制的好坏不仅关系到生产的产量、质量指标，而且关乎安全生产等方面。

由于反应器在结构、物料流程、反应机理、传热情况等方面的差异，自控要求不尽相同，自控方案也千差万别。但一般说来，反应器的控制应从以下几个方面考虑。

（1）质量控制　在化学反应器设计和操作过程中，转化率显而易见是最主要的被控变量。但直接测定转化率的难度很大，与之相关联的反应物组成或者产物组成的在线监测也无法直接获得可靠的无滞后测量信号。因此，反应器的质量控制仍是以温度、压力等工艺条件作为被控变量，使之尽量保证在最优工艺条件下运行。

（2）物料平衡　为使反应器在最优工艺条件下运行，一般要求维持进入反应器的物料符合一定的配比，为此各物料流股需采用流量定值控制或比例控制。另外，在有些有物料循环的反应系统中，为保证原料的组成和物料平衡，需设置辅助系统。例如为解决合成氨生产过程中的惰性气体累积问题而设置的驰放气系统。

（3）约束条件　对于反应器，除了温度、压力、原料配比外，很多反应器仍有一些特别的约束条件。例如，有些反应器由于强放热、高温、高压等因素使得安全生产要求较高，需配备报警、联锁装置以保证不会因超温、超压而发生安全事故；在流化床反应器中，流化速度的控制等。需在对工艺过程认真研判的基础上，科学合理地设置自动控制系统。

化学反应器种类繁多，根据反应物料的聚集状态可分为均相反应器和非均相反应器；从传热情况可分为绝热反应器和等温反应器；从结构上可分为釜式、管式、固定床、流化床反应器等多种形式。以下对几种常见的反应器的控制方案作简单介绍。

一、釜式反应器控制方案

釜式反应器在化学工业中应用十分广泛，反应物料为液体，停留时间一般较长，其控制变量一般是反应温度，操纵变量的选择视情况分为以下几种。

1. 控制进料温度

对于反应热效应较小的过程，可以通过改变进料预热温度来改变反应釜中物料的温度，从而达到维持釜内温度恒定的目的。如图 9-21 所示，此时操纵变量为预热器载热体流量。这种方案本质上是利用加热物料的显热抵消反应热效应，只能在连续釜中采用，对间歇反应不宜使用。

2. 控制传热量

大多数釜式反应伴有热效应，因此温度控制的关键主要是抵消反应热效应，如对于放热反应需要有冷却装置以移走反应热；对于吸热反应需要有加热装置以补充热量。大多数的釜式反应器采用夹套或盘管的方式通入载热体。因此，改变载热体流量就可以控制反应温度，如图 9-22 所示。这是一种结构简单、成本低廉、应用最为广泛的控制方案。但是，由于反应釜容量、传热速率等因素的影响，釜内温度往往滞后较大。特别是反应物料黏度较大时，混合不均匀、传热效率差，很容易局部过热而导致温度失控。

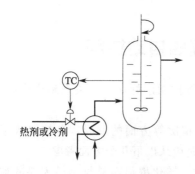

图 9-21　改变进料温度控制反应温度

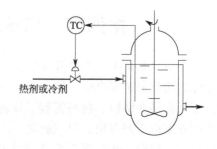

图 9-22　改变载热体流量控制反应温度

3. 串级控制

当反应釜温度滞后较大时，可以采用串级控制。根据主要干扰因素的不同，可以采用不同的副变量参与控制。如图 9-23 所示，主要有载热体流量-釜温串级控制［图 9-23（a）］；夹套温度-釜温串级控制［图 9-23(b)］和釜压-釜温串级控制［图 9-23(c)］几种形式。

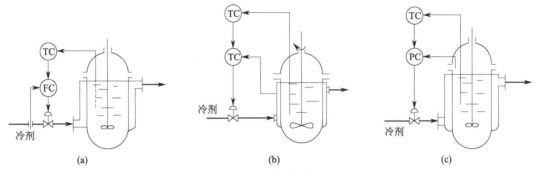

图 9-23　反应釜的串级控制

二、固定床反应器控制方案

流体物料通过静止不动的固体反应物或固体催化剂层而进行反应的装置称为固定床反应器，其中以气-固相催化反应占主导地位。如催化重整、芳烃异构化、合成氨等生产过程，都是气体物料通过固定床催化剂进行反应。气-固相催化反应大多数都伴随热效应，而温度的变化对化学反应速率和化学平衡以及催化剂的催化活性等方面都有重要的影响，因此传热与控温是固定床反应器操控的关键所在。根据传热情况，固定床反应器主要有绝热式反应器和连续换热式反应器两种，其主要的控制方案如下。

1. 绝热式反应器

绝热式反应器是指在反应段不设置加热和冷却装置，其温度控制需依赖其它工艺条件的反应器。

（1）改变进料浓度　对于放热反应来说，原料浓度越高，反应放热量越大，床层温度也就越高。以硝酸生产为例，当氨浓度在 9%～11%范围内时，氨含量每增加 1%可使反应温度提高 60～70℃。因此，这类系统就可以通过改变反应物浓度达到控制反应温度的目的。如图 9-24 所示，该方案就是利用变比值控制系统调节氨和空气的比例来控制床层温度的。FC 为变比值控制器，控制器 TC 向 FC 提供氨气与空气的比值设定。

（2）改变进料温度　改变进料温度，使进入反应器的总热能发生变化，从而达到控制床层温度的目的。一般是以载热体流量作为操纵变量。对于强吸热反应，如催化重整，由于反应温度较高，须采用加热炉对原料进行预热，因此可以以加热炉燃料流量作为操纵变量；对于放热反应，可以利用高温的反应器出口物料来预热原料，但反应器出口物料作为载热体须采用旁路调节，如图 9-25 所示。

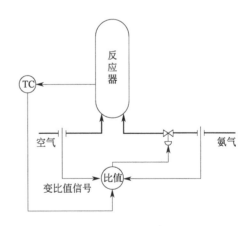

图 9-24　改变进料浓度控制反应温度

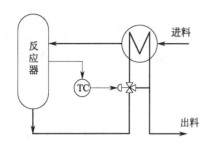

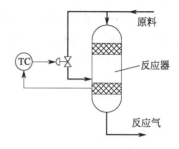

图 9-25　用反应器出口物料控制预热温度　　　　图 9-26　改变段间冷激物料流量控制反应温度

（3）改变段间物料量　在原料冷激式多段反应器中，通常是把部分温度较低的原料从段间引入，使其与上一段的反应物混合，从而降低下一段的温度。可以通过改变冷激气的量来控制反应温度，如图 9-26 所示。这种方案由于原料从段间引入，部分物料并未经过前段催化剂床层，因此对转化率有较大的影响。

2. 连续换热式反应器

对于在固定床反应器内进行的热效应较大的强放热反应或强吸热反应，通常将催化剂装填于列管之内，管外以载热体冷却或加热，其温控类似于图 9-7 的换热过程的温控。

三、流化床反应器控制方案

在实际生产中，有些反应的热效应很大，采用固定床反应器时床层温度难以控制，尤其是很难防止床层局部过热。另外，当反应物和产物是固体，或者参与反应的催化剂由于活性的变化需要再生和更换时，常常需要将固体物料连续地从反应器中取出，涉及固体物料的输送。固定床很难达到这一要求。流化床反应器就是以固体颗粒的流态化为特征，从而解决床层温度控制和固体输送问题。当气速在一定的范围内时，床层可以流态化而不至于将固体带出，则由于流化床中固体颗粒不断地剧烈运动，使得传热、传质效果大大地强化，床层内温度易于维持均匀，容易控制。

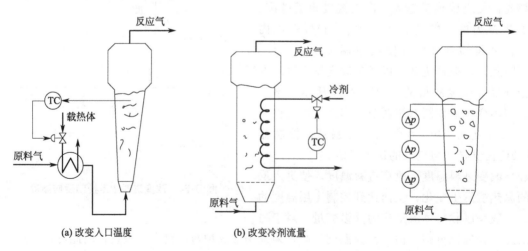

(a) 改变入口温度　　　　　(b) 改变冷剂流量

图 9-27　流化床温度控制　　　　　图 9-28　流化床压降监控系统

与固定床类似，流化床的温度依然是重要的被控变量，温控方案类似于固定床温控。如图 9-27 所示，为了自动控制流化床的温度，可以通过改变原料入口温度（a）和改变进入流化床冷剂流量（b），以控制流化床反应器内的温度。另外，在流化床中，为了保证有一个合适的流化状态，在实现温度控制的同时，还要设置流型监测系统。过小的气速会造成床层沉降变成固定床，而过大的气速会导致颗粒被气体带出。一般，床层流型与床层压降关系密切，工业上常采用床层压降作为被控变量控制流型。如图 9-28 所示，为流化床压降监控系统。

习 题

1. 化工单元自动控制的设计原则有哪些？

2. 离心泵的控制方案有哪些？各有什么优缺点？

3. 举例说明哪些泵属于正位移泵？其流量控制方案与离心泵相比有什么不同？

4. 用蒸汽加热某物料（无相变）的换热过程可采用哪些控制方案，试绘图说明。

5. 以液氨为介质的冷冻系统其控制方案有哪些？各有什么特点？

6. 在图 9-7 所示的换热系统中，如果载热体压力波动为频繁干扰项，有何方案加以控制，绘图说明。

7. 精馏塔的控制要求是什么？

8. 什么情况下可以采用温差控制？什么情况下可以采用双温差控制？

9. 什么是精馏段温度控制和提馏段温度控制？两者各有什么特点？

10. 在化学反应器控制中，为什么大多以温度为被控变量？

11. 试举例说明复杂控制在反应器控制设计中的应用。

12. 试比较固定床反应器和流化床反应器温度控制的不同点。

附　录

附录一　常用压力表规格及型号

名称	型号	结构	测量范围/MPa	精度等级
弹簧管压力表	Y-60	径向	$-0.1\sim0, 0\sim0.1, 0\sim0.16, 0\sim0.25, 0\sim0.4, 0\sim0.6, 0\sim1, 0\sim1.6, 0\sim2.5, 0\sim4, 0\sim6$	2.5
	Y-60T	径向带后边		
	Y-60Z	轴向无边		
	Y-60ZQ	轴向带前边		
	Y-100	径向	$-0.1\sim0, -0.1\sim0.06, -0.1\sim0.15, -0.1\sim0.3, -0.1\sim0.5, -0.1\sim0.9, -0.1\sim1.5, -0.1\sim2.4, 0\sim0.1, 0\sim0.16, 0\sim0.25, 0\sim0.4, 0\sim0.6, 0\sim1, 0\sim1.6, 0\sim2.5, 0\sim4, 0\sim6$	1.5
	Y-100T	径向带后边		
	Y-100TQ	径向带前边		
	Y-150	径向		
	Y-150T	径向带后边	同上	
	Y-150TQ	径向带前边		
	Y-100	径向	$0\sim10, 0\sim16, 0\sim25, 0\sim40, 0\sim60$	1.5
	Y-100T	径向带后边		
	Y-100TQ	径向带前边		
	Y-150	径向		
	Y-150T	径向带后边		
	Y-150TQ	径向带前边		
电接点压力表	YX-150	径向	$-0.1\sim0.1, -0.1\sim0.15, -0.1\sim0.3, -0.1\sim0.5, -0.1\sim0.9, -0.1\sim1.5, -0.1\sim2.4, 0\sim0.1, 0\sim0.16, 0\sim0.25, 0\sim0.4, 0\sim0.6, 0\sim1, 0\sim1.6, 0\sim2.5, 0\sim4, 0\sim6$	1.5
	YX-150TQ	径向带前边		
	YX-150A	径向	$0\sim10, 0\sim16, 0\sim25, 0\sim40, 0\sim60$	
	YX-150TQ	径向带前边		
	YX-150	径向	$-0.1\sim0$	
活塞式压力计	YS-2.5	台式	$-0.1\sim0.25$	0.02 0.05
	YS-6	台式	$0.04\sim0.6$	
	YS-60	台式	$0.1\sim6$	
	YS-600	台式	$1\sim60$	

附录二 铂铑10-铂热电偶分度表

分度号 S

单位：μV

测量温度/℃	0	1	2	3	4	5	6	7	8	9
0	0	5	11	16	22	27	33	38	44	50
10	55	61	67	72	78	84	90	95	101	107
20	113	119	125	131	137	142	148	154	161	167
30	173	179	185	191	197	203	210	216	222	228
40	235	241	247	254	260	266	273	279	286	292
50	299	305	312	318	325	331	338	345	351	358
60	365	371	378	385	391	398	405	412	419	425
70	432	439	446	453	460	467	474	481	488	495
80	502	509	516	523	530	537	544	551	558	566
90	573	580	587	594	602	609	616	623	631	638
100	645	653	660	667	675	682	690	697	704	712
110	719	727	734	742	749	757	764	772	780	787
120	795	802	810	818	825	833	841	848	856	864
130	872	879	887	895	903	910	918	926	934	942
140	950	957	965	973	981	989	997	1005	1013	1021
150	1029	1037	1045	1053	1061	1069	1077	1085	1093	1101
160	1109	1117	1125	1133	1141	1149	1158	1166	1174	1182
170	1190	1198	1207	1215	1223	1231	1240	1248	1256	1264
180	1273	1281	1289	1297	1306	1314	1322	1331	1339	1347
190	1356	1364	1373	1381	1389	1398	1406	1415	1423	1432
200	1440	1448	1457	1465	1474	1482	1491	1499	1508	1516
210	1525	1534	1542	1551	1559	1568	1576	1585	1594	1602
220	1611	1620	1628	1637	1645	1654	1663	1671	1680	1689
230	1698	1706	1715	1724	1732	1741	1750	1759	1767	1776
240	1785	1794	1802	1811	1820	1829	1838	1846	1855	1864
250	1873	1882	1891	1899	1908	1917	1926	1935	1944	1953
260	1962	1971	1979	1988	1997	2006	2015	2024	2033	2042
270	2051	2060	2069	2078	2087	2096	2105	2114	2123	2132
280	2141	2150	2159	2168	2177	2186	2195	2204	2213	2222
290	2232	2241	2250	2259	2268	2277	2286	2295	2304	2314
300	2323	2332	2341	2350	2359	2368	2378	2387	2396	2405
310	2414	2424	2433	2442	2451	2460	2470	2479	2488	2497
320	2506	2516	2525	2534	2543	2553	2562	2571	2481	2590
330	2599	2608	2618	2627	2636	2646	2655	2664	2674	2683
340	2692	2702	2711	2720	2730	2739	2748	2758	2767	2776
350	2786	2795	2805	2814	2823	2833	2842	2852	2861	2870
360	2880	2889	2899	2908	2917	2927	2936	2946	2955	2965
370	2974	2984	2993	3003	3012	3022	3031	3041	3050	3059

测量温度/℃	0	1	2	3	4	5	6	7	8	9
380	3069	3078	3088	3097	3107	3117	3126	3136	3145	3155
390	3164	3174	3183	3193	3202	3212	3221	3231	3241	3250
400	3260	3269	3279	3288	3298	3308	3317	3327	3336	3346
410	3356	3365	3375	3384	3394	3404	3413	3423	3433	3442
420	3452	3462	3471	3481	3491	3500	3510	3520	3529	3539
430	3549	3558	3568	3578	3587	3597	3607	3616	3626	3636
440	3645	3655	3665	3675	3684	3694	3704	3714	3723	3733
450	3743	3752	3762	3772	3782	3791	3801	3811	3821	3831
460	3840	3850	3860	3870	3879	3889	3899	3909	3919	3928
470	3938	3948	3958	3968	3977	3987	3997	4007	4017	4027
480	4036	4046	4056	4066	4076	4086	4095	4105	4115	4125
490	4135	4145	4155	4164	4174	4184	4194	4204	4214	4224
500	4234	4243	4253	4263	4273	4283	4293	4303	4313	4323
510	4333	4343	4352	4362	4372	4382	4392	4402	4412	4422
520	4432	4442	4452	4462	4472	4482	4492	4502	4512	4522
530	4532	4542	4552	4562	4572	4582	4592	4602	4612	4622
540	4632	4642	4652	4662	4672	4682	4692	4702	4712	4722
550	4732	4742	4752	4762	4772	4782	4792	4802	4812	4822
560	4832	4842	4852	4862	4873	4883	4893	4903	4913	4923
570	4933	4943	4953	4963	4973	4984	4994	5004	5014	5024
580	5034	5044	5054	5065	5075	5085	5095	5105	5115	5125
590	5136	5146	5156	5166	5176	5186	5197	5207	5217	5227
600	5237	5247	5258	5268	5278	5288	5298	5309	5319	5329
610	5339	5350	5360	5370	5380	5391	5401	5411	5421	5431
620	5442	5452	5462	5473	5483	5493	5503	5514	5525	5534
630	5544	5555	5565	5575	5586	5596	5606	5617	5627	5637
640	5648	5658	5668	5679	5689	5700	5710	5720	5731	5741
650	5751	5762	5772	5782	5793	5803	5814	5824	5834	5845
660	5855	5866	5876	5887	5897	5907	5918	5928	5939	5949
670	5960	5970	5980	5991	6001	6012	6022	6038	6043	6054
680	6064	6075	6085	6096	6106	6117	6127	6138	6148	6195
690	6169	6180	6190	6201	6211	6222	6232	6243	6253	6264
700	6274	6285	6295	6306	6316	6327	6338	6348	6359	6369
710	6380	6390	6401	6412	6422	6433	6443	6454	6465	6475
720	6486	6496	6507	6518	6528	6539	6549	6560	6571	6581
730	6592	6603	6613	6624	6635	6645	6656	6667	6677	6688
740	6699	6709	6270	6731	6741	6752	6763	6773	6784	6795
750	6805	6816	6827	6838	6848	6859	6870	6880	6891	6902
760	6913	6923	6934	6945	6956	6966	6977	6988	6999	7009
770	7020	7031	7042	7053	7063	7074	7085	7096	7107	7117
780	7128	7139	7150	7161	7171	7182	7193	7204	7215	7225
790	7236	7247	7258	7269	7280	7291	7301	7316	7323	7334

测量温度/℃	0	1	2	3	4	5	6	7	8	9
800	7345	7356	7367	7377	7388	7399	7410	7421	7432	7443
810	7454	7465	7476	7486	7497	7508	7519	7530	7541	7552
820	7563	7574	7585	7596	7607	7618	7629	7640	7651	7661
830	7672	7683	7694	7705	7716	7727	7738	7749	7760	7771
840	7782	7793	7804	7815	7826	7837	7848	7959	7870	7881
850	7892	7904	7935	7926	7937	7948	7959	7970	7981	7992
860	8003	8014	8025	8036	8047	8058	8069	8081	8092	8103
870	8114	8125	8136	8147	8158	8169	8180	8192	8203	8214
880	8225	8236	8247	8258	8270	8281	8292	8303	8314	8325
890	8336	8348	8359	8370	8381	8392	8404	8415	8426	8437
900	8448	8460	8471	8482	8493	8504	8516	8527	8538	8549
910	8560	8572	8583	8594	8605	8617	8628	8639	8650	8662
920	8673	8684	8695	8707	8718	8729	8741	8752	8763	8774
930	8786	8797	8808	8820	8831	8842	8854	8865	8876	8888
940	8899	8910	8922	8933	8944	8956	8967	8978	8990	9001
950	9012	9024	9035	9074	9058	9069	9081	9092	9103	9115
960	9126	9138	9149	9160	9172	9183	9195	9206	9217	9229
970	9240	9252	9263	9275	9286	9298	9309	9320	9332	9343
980	9355	9366	9378	9389	9401	9412	9424	9435	9447	9458
990	9470	9481	9493	9504	9516	9527	9539	9550	9562	9573

附录三　镍铬-铜镍热电偶分度表

分度号 E　　　　　　　　　　　　　　　　　　　　　单位：μV

测量温度/℃	0	10	20	30	40	50	60	70	80	90
0	0	591	1192	1801	2419	3047	3683	4329	4983	5646
100	6317	6996	7683	8377	9078	7987	10501	11222	11949	12681
200	13419	14161	14909	15661	16417	17178	17942	18710	19481	20256
300	21033	21814	22597	23383	24171	24061	25754	26549	27345	28143
400	28943	29744	30546	31350	32155	32960	33767	34574	35382	36190
500	36999	37808	38617	39426	40236	41045	41853	42662	43470	44278
600	45085	45891	46697	47502	48306	49109	49911	50713	51513	52312
700	53110	53907	54703	55498	56291	57083	57873	58663	59451	60237
800	61022	61806	62588	63368	64147	64924	65700	66473	67245	68015
900	68783	69549	70313	71075	71835	72593	73350	74104	74857	75608
1000	76358									

附录四 镍铬-镍硅热电偶分度表

分度号 K

单位：μV

测量温度/℃	0	1	2	3	4	5	6	7	8	9
0	0	39	79	119	158	198	238	277	317	357
10	397	437	477	517	557	597	637	677	718	758
20	798	838	879	919	960	1000	1041	1081	1122	1162
30	1203	1244	1285	1325	1366	1407	1448	1489	1529	1570
40	1611	1652	1693	1734	1776	1817	1858	1899	1940	1981
50	2022	2064	2105	2146	2188	2229	2270	2312	2353	2394
60	2436	2477	2519	2560	2601	2643	2684	2726	2767	2809
70	2850	2892	2933	2975	3016	3058	3100	3141	3183	3224
80	3266	3307	3349	3390	3432	3473	3515	3556	3598	3639
90	3681	3722	3764	3805	3847	3888	3730	3971	4012	4054
100	4095	4137	4178	4219	4261	4302	4342	4384	4426	4467
110	4508	4549	4590	4632	4672	4714	4755	4796	4837	4878
120	4919	4960	5001	5042	5083	5124	5164	5205	5246	5287
130	5327	5368	5409	5450	5490	5531	5571	5612	5652	5693
140	5733	5774	5814	5855	5895	5936	5976	6016	6057	6097
150	6137	6177	6218	6258	6298	6338	6378	6419	6459	6499
160	6539	6579	6619	6659	6699	6739	6779	6819	6859	6899
170	6939	6979	7019	7059	7099	7139	7179	7219	7259	7299
180	7338	7378	7418	7458	7498	7538	7578	7618	7658	7697
190	7737	7777	7817	7857	7897	7937	7977	8017	8057	8097
200	8137	8177	8216	8256	8296	8336	8376	8416	8456	8497
210	8537	8577	8617	8657	8697	8737	8777	8817	8857	8898
220	8938	8978	9018	9058	9099	9139	9179	9220	9260	9300
230	9341	9381	9421	9462	9502	9543	9583	9624	9664	9705
240	9745	9786	9826	9867	9907	9948	9989	10029	10070	10111
250	10151	10192	10233	10274	10315	10355	10396	10437	10478	10519
260	10560	10600	10641	10682	10723	10764	10805	10846	10887	10928
270	10969	11010	11051	11093	11134	11175	11216	11257	11298	11339
280	11381	11422	11463	11504	11546	11587	11628	11669	11711	11752
290	11793	11835	11876	11918	11959	12000	12042	12083	12125	12166
300	12207	12249	12290	12332	12373	12415	12456	12498	12539	12581
310	12623	12664	12706	12747	12789	12831	12872	12914	12955	12997
320	13039	13080	13122	13164	13205	13247	13289	13331	13372	13414
330	13456	13497	13539	13581	13623	13665	13706	13748	13790	13832
340	13874	13915	13957	13999	14041	14083	14125	14167	14208	14250
350	14292	14334	14376	14418	14460	14502	14544	14586	14628	14670
360	14712	14754	14796	14838	14880	14922	14964	15006	15048	15090
370	15132	15174	15216	15258	15300	15342	15384	15426	15468	15510
380	15552	15594	15636	15679	15721	15763	15805	15847	15889	15931

测量温度/℃	0	1	2	3	4	5	6	7	8	9
390	15974	16016	16058	16100	16142	16184	16227	16269	16311	16353
400	16395	16438	16480	16522	16564	16607	16649	16691	16733	16776
410	16818	16860	16902	16945	16987	17029	17072	17114	17156	17199
420	17241	17283	17326	17368	17410	17453	17495	17537	17580	17622
430	17664	17707	17749	17792	17834	17876	17919	17961	18004	18046
440	18088	18131	18173	18216	18258	18301	18343	18385	18428	18470
450	18513	18555	18598	18640	18683	18725	18768	18810	18853	18895
460	18938	18980	19023	19065	19108	19150	19193	19235	19278	19320
470	19363	19405	19448	19490	19533	19576	19618	19661	19703	19746
480	19788	19831	19873	19916	19959	20001	20044	20086	20129	20172
490	20214	20257	20299	20342	20385	20427	20470	20512	20555	20598
500	20640	20683	20725	20768	20811	20853	20896	20938	20981	21024
510	21066	21109	21152	21194	21237	21280	21322	21365	21407	21450
520	21493	21535	21578	21621	21663	21706	21749	21791	21834	21876
530	21919	21962	22004	22047	22090	22132	22175	22218	22260	22303
540	22346	22388	22431	22473	22516	22559	22601	22644	22687	22729
550	22772	22815	22857	22900	22942	22985	23028	23070	23113	23156
560	23198	23241	23284	23326	23369	23411	23454	23497	23539	23582
570	23624	23667	23710	23752	23795	23837	23880	23923	23965	24008
580	24050	24093	24136	24178	24221	24263	24306	24348	24391	24434
590	24476	24519	24561	24604	24646	24689	24731	24774	24917	24859
600	24902	24944	24987	25029	25072	25114	25157	25199	25242	25284
610	25327	25369	25412	25454	25497	15539	25582	25624	25666	25709
620	25751	25794	25836	25879	25921	25964	26006	26048	26091	26133
630	26176	26218	26260	26303	26345	26387	26430	26472	26515	26557
640	26599	26642	26684	26726	26769	26811	26853	26896	26938	26980
650	27022	27065	27107	27149	27192	27234	27276	27318	27361	27403
660	27445	27487	27529	27572	27614	27656	27698	27740	27783	27825
670	27867	27909	27951	27993	28035	28078	28120	28162	28204	28246
680	28288	28330	28372	28414	28456	28498	28540	28583	28625	28667
690	28709	28751	28793	28835	28877	28919	28961	29002	29044	29086
700	29128	29170	29212	29254	29296	29338	29380	29422	29464	29505
710	29547	29589	29631	29673	29715	29756	29798	29840	29882	29924
720	29965	30007	30049	30091	30132	30174	30216	30257	30299	30341
730	30383	30424	30466	30508	30549	30591	30632	30674	30716	30757
740	30799	30840	30882	30924	30965	31007	31048	31090	31131	31173
750	31214	31256	31297	31339	31380	31422	31463	30504	31546	31587
760	31629	31670	31712	31753	31794	31836	31877	31918	31960	32001
770	32042	32084	32125	32166	32207	32249	32290	32331	32372	32414
780	32455	32496	32537	32578	32619	32661	32702	32743	32784	32825
790	32866	32907	32948	32990	33031	33072	33113	33154	33195	33236

测量温度/℃	0	1	2	3	4	5	6	7	8	9
800	33277	33318	33359	33400	33441	33482	33523	33564	33694	33645
810	33686	33727	33768	33809	33850	33891	33931	33972	34013	34054
820	34095	34136	34176	34217	34258	34299	34339	34380	34421	34461
830	34502	34543	34583	34624	34665	34705	34746	34787	34827	34868
840	34909	34949	34990	35030	35071	35111	35152	35192	35233	35273
850	35314	35354	35395	35436	35476	35516	35557	35597	35637	35678
860	35718	35758	35799	35839	35880	35920	35960	36000	36041	36081
870	36121	36162	36202	36242	36282	36323	36363	36403	36443	36483
880	36524	36564	35604	36644	36684	36724	36764	36804	36844	36885
890	36925	36965	37005	37045	37085	37125	37165	37205	37245	37285
900	37325	37365	37405	37445	37484	37524	37564	37604	37644	37684
910	37724	37764	37803	37843	37883	37923	37963	38002	38042	38082
920	38122	38162	38201	38241	38281	38320	38360	38400	38439	38479
930	38519	38558	38598	38638	38677	38717	38756	38796	38836	38875
940	38915	38954	38994	39033	39073	39112	39152	39191	39231	39270
950	39310	39349	39388	39428	39487	39507	39546	39585	39625	39664
960	39703	39743	39782	39821	39881	39900	39939	39979	40018	40057
970	40096	40136	40175	40214	40253	40292	40332	40371	40410	40449
980	40488	40527	40566	40605	40645	40684	40723	40762	40801	40840
990	40879	40918	40957	40996	41035	41074	41113	41152	41191	41230

附录五　铂电阻分度表

分度号 Pt100 ($R_0 = 100.00\Omega$)　　　　　　　　　　　　　　　单位：Ω

测量温度/℃	0	1	2	3	4	5	6	7	8	9
0	100.00	100.39	100.78	101.17	101.56	101.95	102.34	102.73	103.13	103.51
10	103.90	104.29	104.68	105.07	105.46	105.85	106.24	106.63	107.02	107.40
20	107.79	108.18	108.57	108.96	109.35	109.73	110.12	110.51	110.90	111.28
30	111.67	112.06	112.45	112.83	113.22	113.61	113.99	114.38	114.77	115.15
40	115.54	115.93	116.31	116.70	117.08	117.47	117.85	118.24	118.62	119.01
50	119.40	119.78	120.16	120.55	120.93	121.32	121.70	122.09	122.47	122.86
60	123.24	123.62	124.01	124.39	124.77	125.16	125.54	125.92	126.31	126.69
70	127.07	127.45	127.84	128.22	128.60	128.98	129.37	129.75	130.13	130.51
80	130.89	131.27	131.66	132.04	132.42	132.80	133.18	133.56	133.94	134.32
90	134.70	135.08	135.46	135.84	136.22	136.60	136.98	137.36	137.74	138.12
100	138.50	138.88	139.26	139.64	140.02	140.39	140.77	141.15	141.53	141.91
110	142.29	142.66	143.04	143.42	143.80	144.17	144.55	144.93	145.31	145.68
120	146.06	146.44	146.81	147.19	147.57	147.94	148.32	148.70	149.07	149.45
130	149.82	150.20	150.57	150.95	151.33	151.70	152.08	152.45	152.83	153.20
140	153.58	153.95	154.32	154.70	155.07	155.45	155.82	156.19	156.57	156.94
150	157.31	157.69	158.06	158.43	158.81	159.18	159.55	159.93	160.30	160.67
160	161.04	161.42	161.79	162.16	162.53	162.90	163.27	163.65	164.02	164.39
170	164.76	165.13	165.50	165.87	166.24	166.61	166.98	167.35	167.72	168.09

测量温度/℃	0	1	2	3	4	5	6	7	8	9
180	168.46	168.83	169.20	169.57	169.94	170.31	170.68	171.05	171.42	171.79
190	172.16	172.53	172.90	173.26	173.63	174.00	174.37	174.74	175.10	175.47
200	175.84	176.53	176.57	176.94	177.31	177.68	178.04	178.41	178.78	179.14
210	179.51	179.88	180.24	180.61	180.97	181.34	181.71	182.07	182.44	182.80
220	183.17	183.53	183.90	184.26	184.63	184.99	185.36	185.72	186.09	186.45
230	186.82	187.18	187.54	187.91	188.27	188.63	189.00	189.36	189.72	190.09
240	190.45	190.81	191.18	191.54	191.90	192.26	192.63	192.99	193.35	193.71
250	194.07	194.44	194.80	195.16	195.52	195.88	196.24	196.60	196.96	197.33
260	197.69	198.05	198.41	198.77	199.13	199.49	199.85	200.21	200.57	200.93
270	201.29	201.65	202.01	202.36	202.72	203.08	203.44	203.80	204.16	204.52
280	204.88	205.23	205.59	205.95	206.31	206.67	207.02	207.38	207.74	208.10
290	208.45	208.81	209.17	209.52	209.88	210.24	210.59	210.95	211.31	211.66
300	212.02	212.37	212.73	213.09	213.44	213.80	214.15	214.51	214.86	215.22
310	215.57	215.93	216.28	216.64	216.99	217.35	217.70	218.05	218.41	218.76
320	219.12	219.47	219.82	220.18	220.53	220.88	221.24	221.59	221.94	222.29
330	222.65	223.00	223.35	223.70	224.06	224.41	224.76	225.11	225.46	225.81
340	226.17	226.52	226.87	227.22	227.57	227.92	228.27	225.62	228.97	229.32
350	229.67	230.02	230.37	230.72	231.07	231.42	231.77	232.12	232.47	232.82
360	233.17	233.52	233.87	234.22	234.56	234.91	235.26	235.61	235.96	236.31
370	236.65	237.00	237.35	237.70	238.05	238.39	238.74	239.09	239.43	239.78
380	240.13	240.47	240.82	241.17	241.51	241.86	242.20	242.55	242.90	243.24
390	243.59	243.93	244.28	244.62	224.97	245.31	245.66	246.00	246.35	246.69
400	247.04	247.38	247.73	248.07	248.41	248.76	249.10	249.45	249.79	250.13
410	250.48	250.82	251.16	251.50	251.85	252.19	252.53	252.88	253.22	253.56
420	253.90	254.24	254.59	254.93	255.27	255.61	255.95	256.29	256.64	256.98
430	257.32	257.66	258.00	258.34	258.68	259.02	259.36	259.70	260.04	260.38
440	260.72	261.06	261.40	261.74	262.08	262.42	262.76	263.10	263.43	263.77
450	264.11	264.45	264.79	265.13	265.47	265.80	266.14	266.48	266.82	267.15
460	267.49	267.83	268.17	268.50	268.84	269.18	269.51	269.85	270.19	270.52
470	270.86	271.20	271.53	271.87	272.20	272.54	272.88	273.21	273.55	273.88
480	274.22	274.55	274.89	275.22	275.56	275.89	276.23	276.56	276.89	277.23
490	277.56	277.90	278.23	278.56	278.90	279.23	279.56	279.90	280.23	280.56
500	280.90	281.23	281.56	281.89	282.23	282.56	282.89	283.22	283.55	283.89
510	284.22	284.55	284.88	285.21	285.54	285.87	286.21	286.54	286.87	287.20
520	287.53	287.86	288.19	288.52	288.85	289.18	289.51	289.84	290.17	290.50
530	290.83	291.16	291.49	291.81	292.14	292.47	292.80	293.13	293.46	293.79
540	294.11	294.44	294.77	295.10	295.43	295.75	296.08	296.41	296.74	297.06
550	297.39	297.72	298.04	298.37	298.70	299.02	299.35	299.68	300.00	300.33
560	300.65	300.98	301.31	301.63	301.96	302.28	302.61	302.93	303.26	303.58
570	303.91	304.23	304.56	304.88	305.20	305.53	305.85	306.18	306.50	306.82
580	307.15	307.47	307.79	308.12	308.44	308.76	309.09	309.41	309.73	310.05
590	310.38	310.70	311.02	311.34	311.67	311.99	312.31	312.63	312.95	313.27
600	313.59	313.92	314.24	314.56	314.88	315.20	315.52	315.84	316.16	316.48
610	316.80	317.12	317.44	317.76	318.08	318.40	318.72	319.04	319.36	319.68
620	319.99	320.31	320.63	320.95	321.27	321.59	321.91	322.22	322.54	322.86
630	323.18	323.49	323.81	324.13	324.45	324.76	325.08	325.40	325.72	326.03
640	326.35	326.66	326.98	327.30	327.61	327.93	328.25	328.56	328.88	329.19
650	329.51	329.82	330.14	330.45	330.77	331.08	331.41	331.71	332.03	332.34

附录六　铜电阻（Cu50）分度表

分度号 Cu50（$R_0 = 100\Omega$；$\alpha = 0.004280$）

测量温度/℃	0	1	2	3	4	5	6	7	8	9
	电阻值/Ω									
−50	39.29	—	—	—	—	—	—	—	—	—
−40	41.40	41.18	40.97	40.75	40.54	40.32	40.10	39.89	39.67	39.46
−30	43.55	43.34	43.12	42.91	42.69	42.48	42.27	42.05	41.83	41.61
−20	45.70	45.49	45.27	45.06	44.34	44.63	44.41	44.20	43.98	43.77
−10	47.85	47.64	47.42	47.21	46.99	46.78	46.56	46.35	46.13	45.92
−0	50.00	49.78	49.57	49.35	49.14	48.92	48.71	48.50	48.28	48.07
0	50.00	50.21	50.43	50.64	50.86	51.07	51.28	51.50	51.71	51.93
10	52.14	52.36	52.57	52.78	53.00	53.21	53.43	53.64	53.86	54.07
20	54.28	54.50	54.71	54.92	55.14	55.35	55.57	55.78	56.00	56.21
30	56.42	56.64	56.85	57.07	57.28	57.49	57.71	57.92	58.14	58.35
40	58.56	58.78	58.99	59.20	59.42	59.63	59.85	60.06	60.27	60.49
50	60.70	60.92	61.13	61.34	61.56	61.77	61.98	62.20	62.41	62.63
60	62.84	63.05	63.27	63.48	63.70	63.91	64.12	64.34	64.55	64.76
70	64.98	65.19	65.41	65.62	65.83	66.05	66.26	66.48	66.69	66.90
80	67.12	67.33	67.54	67.76	67.97	68.19	68.40	68.62	68.83	69.04
90	69.26	69.47	69.68	69.90	70.11	70.33	70.54	70.76	70.97	71.18
100	71.40	71.61	71.83	72.04	72.25	72.47	72.68	72.90	73.11	73.33
110	73.54	73.75	73.97	74.18	74.40	74.61	74.83	75.04	75.26	75.47
120	75.68	75.90	76.11	76.33	76.54	76.76	76.97	77.19	77.40	77.62
130	77.86	78.05	78.26	78.48	78.69	78.91	79.12	79.34	79.55	79.77
140	79.98	80.20	80.41	80.63	80.84	81.06	81.27	81.49	81.70	81.92
150	82.13	—	—	—	—	—	—	—	—	—

附录七　铜电阻（Cu100）分度表

分度号 Cu100（$R_0 = 100\Omega$；$\alpha = 0.004280$）

测量温度/℃	0	1	2	3	4	5	6	7	8	9
	电阻值/Ω									
−50	78.49	—	—	—	—	—	—	—	—	—
−40	82.80	82.36	81.94	81.50	81.08	80.64	80.20	79.78	79.34	78.92
−30	87.10	88.68	86.24	85.82	85.38	84.95	84.54	84.10	83.66	83.22
−20	91.40	90.98	90.54	90.12	89.68	86.26	88.82	88.40	87.96	87.54
−10	95.70	95.28	94.84	94.42	93.98	93.56	93.12	92.70	92.26	91.84
−0	100.00	99.56	99.14	98.70	98.28	97.84	97.42	97.00	96.56	96.14
0	100.00	100.42	100.86	101.28	101.72	102.14	102.56	103.00	103.43	103.86
10	104.28	104.72	105.14	105.56	106.00	106.42	106.86	107.28	107.72	108.14
20	108.56	109.00	109.42	109.84	110.28	110.70	111.14	111.56	112.00	114.42
30	112.84	113.28	113.70	114.14	114.56	114.98	115.42	115.84	116.28	116.70
40	117.12	117.56	117.98	118.40	118.84	119.26	119.70	120.12	120.54	120.98
50	121.40	121.84	122.26	122.68	123.12	123.54	123.96	124.40	124.82	125.26
60	125.68	126.10	126.54	126.96	127.40	127.82	128.24	128.68	129.10	129.52
70	129.96	130.38	130.82	131.24	131.66	132.10	132.52	132.96	133.38	133.80
80	134.24	134.66	135.08	135.52	135.94	136.33	136.80	137.24	137.66	138.08
90	138.52	138.96	139.36	139.80	140.22	140.66	141.08	141.52	141.94	142.36
100	142.80	143.22	143.66	144.08	144.50	144.94	145.36	145.80	146.22	146.66
110	147.08	147.50	147.94	148.36	148.80	149.22	149.66	150.08	150.52	150.94
120	151.36	151.80	152.22	152.66	153.08	153.52	153.94	154.38	154.80	155.24
130	155.66	156.10	156.52	156.96	157.38	157.82	158.24	158.68	159.10	159.54
140	159.96	160.40	160.82	161.28	161.68	162.12	162.54	162.98	163.40	163.84
150	164.27	—	—	—	—	—	—	—	—	—

［1］ 厉玉鸣．化工仪表及自动化．第 6 版．北京：化学工业出版社，2019.

［2］ 厉玉鸣，刘慧敏．化工仪表及自动化例题习题集．第 3 版．北京：化学工业出版社，2016.

［3］ 付宝祥，王桂云．化工现场测控仪表．北京：化学工业出版社，2013.

［4］ 孟华，刘娜，厉玉鸣．化工仪表及自动化．北京：化学工业出版社，2009.

［5］ 尹美娟．化工仪表自动化．北京：科学出版社，2009.

［6］ 乐建波．化工仪表及自动化．第 3 版．北京：化学工业出版社，2011.

［7］ 刘美，司徒莹，禹柳飞．化工仪表及自动化．北京：中国石化出版社，2014.

［8］ 李学聪，林德杰．化工仪表及自动化．第 2 版．北京：机械工业出版社，2017.

［9］ 张光新，杨丽明，王会芹．化工自动化及仪表．北京：化学工业出版社，2016.

［10］ 许秀，肖军，王莉．石油化工自动化及仪表．第 2 版．北京：清华大学出版社，2017.

［11］ 张蕴端．化工自动化及仪表．第 2 版．上海：华东化工学院出版社，1990.

［12］ 何衍庆．集散控制系统原理及应用．第 3 版．北京：化学工业出版社，2009.

［13］ 任永胜，王淑杰，等．化工原理．北京：清华大学出版社，2017.